JN234646

ベクトル
行列
行列式
徹底演習

林 義実／著

森北出版株式会社

●本書のサポート情報を当社Webサイトに掲載する場合があります．下記のURLにアクセスし，サポートの案内をご覧ください．

https://www.morikita.co.jp/support/

●本書の内容に関するご質問は，森北出版 出版部「（書名を明記）」係宛に書面にて，もしくは下記のe-mailアドレスまでお願いします．なお，電話でのご質問には応じかねますので，あらかじめご了承ください．

editor@morikita.co.jp

●本書により得られた情報の使用から生じるいかなる損害についても，当社および本書の著者は責任を負わないものとします．

■本書に記載している製品名，商標および登録商標は，各権利者に帰属します．

■本書を無断で複写複製（電子化を含む）することは，著作権法上での例外を除き，禁じられています．複写される場合は，そのつど事前に（一社）出版者著作権管理機構（電話03-5244-5088，FAX03-5244-5089，e-mail：info@jcopy.or.jp）の許諾を得てください．また本書を代行業者等の第三者に依頼してスキャンやデジタル化することは，たとえ個人や家庭内での利用であっても一切認められておりません．

は　し　が　き

これは，おもに高専から大学編入を目指す学生のために，「ベクトル・行列・行列式」の基本的な部分を演習形式で行う授業用テキストとしてつくったものであり，以下の点に特徴がある．

- 1回の授業で1節ずつ進むことで全体がほぼ1年間の授業回数に合うように構成した．
- 定理の証明はできるだけ簡単に述べるにとどめ，面倒なものについては証明を省略した．また，証明が簡単か難しいかは別にして，重要な性質を羅列しただけのところもある．つまり，演習書としての役割を考え，厳密に証明しながら理論を展開することよりも，その結果をうまく利用して計算に役立てることに重点をおいている．
- しかし，ただ計算して答さえ合っていればいいということでは理解が深まらないであろうし，少し観点を変えた設問には答えることができなくなることもあろう．そのため詳しく説明したり，関連する事項を加えたりした部分がある．その際，あとで定義される事項を先取りして，説明の要点としたところもある．やや難しいことを述べているように感じるならば，その部分を読み飛ばして，あとで振り返ることでもよい．
- 各節ごとに練習問題を設け，その節の本文で説明の足りないことを補ったり，あるいはさらに理解が深まるようにした．ここで扱っているのはいわゆる過去問であり，難易度にかなりの差があるものも含まれている．そのため，詳しい解答を用意し，独学する学生にも配慮している．ただし，ほかにもっとよい解答も考えられるであろうから，それらの解答に頼らず，できるだけ自分で考えることが望ましい．
- 外国人留学生への便宜をはかり，用語に英語名をできるだけ併記した．
- 理工学系に限らず，大学1〜2年の学生に対して，線形代数の基礎知識として必要となる範囲の内容であるので，大学での演習用テキストあるいは自習用テキストとしても十分活用できるようにした．その際も，具体的で詳しい解答が役立つであろう．

はしがき

　各章ごとに定理や例題の番号をつけているが，第5章の後半で，平面上の図形や空間内の図形を行列式を用いて表現するところでは，それを定理としてかかげるほどでもないと考え，特に[**公式**]という見出しにし，通し番号をつけた．

　「徹底演習」として，1つの問題をさまざまな角度から解説したり，その問題の周辺も説明したりしたが，もっと広くあるいは深く考えなければならないところもあるかもしれない．また，練習問題数に不足を感じるならば，たとえば『高専の数学 2問題集』（森北出版）なども併用することで，さらに実力がアップすると思う．

　なお，練習問題に取り上げたのは，実際に受験した学生から提供してもらった貴重な過去問が多くあり，それらの協力がなければこのテキストはできなかったであろう．また，久保和俊君（釧路高専学生）には解答の点検を手伝ってもらった．学生諸君の協力に深く感謝したい．

　最後に，この本の出版にあたっては，函館工業高等専門学校の中島正美氏，旭川工業高等専門学校の山田敏清氏，釧路工業高等専門学校の東正慶氏と澤柳博文氏から貴重な助言をいただき，また森北出版第三出版部の利根川和男氏にたいへんお世話になった．ここに記して感謝の意を表したい．

　　2002年5月　　　　　　　　　　　　　　　　　　　　　林　　義　実

目　　次

- 第1章　ベクトルと行列 1
  - 1.1　2次元と3次元のベクトル 2
  - 1.2　ベクトルの内積 7
  - 1.3　ベクトルの外積 11
  - 1.4　行　列 14
  - 1.5　行列によるベクトルの変換 18

- 第2章　行　列　式 24
  - 2.1　行列式の定義 25
  - 2.2　行列式の性質 30
  - 2.3　行列式の展開 35
  - 2.4　行列式の因数分解 39
  - 2.5　連立方程式の解法 42
  - 2.6　連立方程式の解法 (つづき) 47

- 第3章　行列と行列式 51
  - 3.1　逆行列 51
  - 3.2　行列の基本変形と逆行列 56
  - 3.3　行列のべき 61
  - 3.4　逆行列の応用，連立方程式の解法 68
  - 3.5　ベクトルの1次独立 72

- 第4章　1　次　変　換 78
  - 4.1　行列の階数 79
  - 4.2　逆変換・直交変換 82
  - 4.3　固有値と固有ベクトル 87
  - 4.4　固有値と固有ベクトル (つづき) 94
  - 4.5　対称行列の対角化 98

目次

   4.6 対称行列の対角化(つづき) 101

第5章　いろいろな応用 109
   5.1 対角化の応用，行列のべき 109
   5.2 2次曲線の標準形 114
   5.3 2次形式の標準化 118
   5.4 平面上の図形 121
   5.5 空間内の図形 127
   5.6 ベクトル空間と部分空間 130

練習問題の解答と解説 136
索　　引 201

1 ベクトルと行列

　この章ではベクトルと行列についての基本事項を学ぶ．できるだけイメージがつかみやすいように，平面上か空間内で話をする．ただし，ここでいう空間とは，たて・よこ・高さのある日常的な空間のことであり，あとで議論する抽象的な空間の意味ではない．

　平面は，たてとよこの広がりをもっていて，その中にある点 P は，ふつう，直交座標 (x, y) で表される．つまり，平面とは 2 つの**実数** (real numbers) の組 (x, y) によって表される点 P の全体ということである．そのことから平面を $\mathbf{R}^2$ という記号で表すことがある．ただし，平面 $\mathbf{R}^2$ はそのような点からなる単なる集合ではなく，2 点 $\mathrm{P}(x_1, y_1)$ と $\mathrm{Q}(x_2, y_2)$ との間の距離

$$\mathrm{PQ} = \sqrt{(x_2 - x_1)^2 + (y_2 - y_1)^2}$$

が定義されていて，あとで述べる**ベクトル** (vector) の構造が入っているものである．したがって，$\mathbf{R}^2$ という記号で平面を考えるとき，その対象にするのは点ではなく，ベクトルである．

　同じように，たて・よこ・高さのある空間は 3 つの実数の組 (x, y, z) で表される点 P の全体なので，$\mathbf{R}^3$ という記号で表す．ここでも，空間内の 2 点 $\mathrm{P}(x_1, y_1, z_1)$ と $\mathrm{Q}(x_2, y_2, z_2)$ との間の距離が

$$\mathrm{PQ} = \sqrt{(x_2 - x_1)^2 + (y_2 - y_1)^2 + (z_2 - z_1)^2}$$

で定義されていて，考える対象となるのはベクトルである．

　このように考えていくと，平面 $\mathbf{R}^2$ と空間 $\mathbf{R}^3$ の違いは単に，2 つの実数の組で表されるベクトルの全体か，3 つの実数の組なのか，というだけになる．実際，そのことを別にすれば，抽象的な空間としての構造は同じものになる．つまり，ベクトルとベクトルの和とか，ベクトルとスカラーの積などが定義され，それらに関する性質がまったく同じなのである．そのため，平面 $\mathbf{R}^2$ を **2 次元のベクトル空間** (two-dimensional vector space) といい，空間 $\mathbf{R}^3$ を **3 次元のベクトル空間** (three-dimensional vector space)

という.

そうなると, 4次元の空間 $\mathbf{R}^4$ とか, 一般に n 次元の空間 $\mathbf{R}^n$ とかも考えることができるが, 最初は, 2次元と3次元に限定して話を始める.

ベクトル空間とベクトル空間をつなぐのが**行列** (matrix) である. それは, ベクトル空間 $\mathbf{R}^2$（または $\mathbf{R}^3$）からベクトル空間 $\mathbf{R}^2$（または $\mathbf{R}^3$）への写像のうち, あとで詳しく述べる**線形性** (linearity) をもっているものを具体的に表す記法のことである. 線形性とは何かというと「1次の関係がある」ということで, たとえば, 直線の方程式

$$y = 2x + 3$$

があるとき, 2つの変数 x, y は1次の関係で結ばれている. それに対して, 円の方程式

$$x^2 + y^2 = 4$$

は2次式であり, 変数 x, y は1次の関係であるとはいえない.

ベクトル, 行列, そして次の章に出てくる**行列式** (determinant) は互いに密接に関連し合っているテーマであり, そのうちの1つだけを議論しようとすると非常に狭い範囲しか考えることができない. また, これらのテーマを結ぶキーワードは線形性である. したがって, これらを扱う数学の分野を**線形代数** (linear algebra) という. そう考えると, このテキストのタイトルを「線形代数」とすればよかったかもしれないが, わかりやすいように「ベクトル, 行列, 行列式」の3つの言葉を使うことにした. あとで, 線形性を意味する「1次の関係」といたるところで出会うことになるであろう.

この章では, ベクトルと行列について基本的な事項を学ぶことにするが, これらの議論は行列式が使えないと深まらないこともあるので, ここでは簡単な話にとどめ, 詳しいことはあとの章で考えることにする. 実は, 行列式のほうが歴史的には行列より早いので, そちらから説明を始めたほうが話の流れがスムーズにいくかもしれない. したがって, もしベクトルと行列についてある程度の知識がすでにある場合には, この章を軽く飛ばして, 次の章へ進むのがよいであろう.

1.1 2次元と3次元のベクトル

まず平面上のベクトル, つまり2次元のベクトルを考えよう. それを平面上の矢線を使って説明するが, ここで述べることの大部分はもっと次元の高い空間でいえることであり, 平面上での直感的なイメージによって理解を深めてから, 3次元空間内のベクトル, さらに高次元の抽象的なベクトルの理解へと進むことにしよう.

図1.1のように, 平面上に2点 A, B があるとき, 点 A から点 B へ向かう線分と, 逆に点 B から点 A へ向かう線分を区別して考え, この向きをもつ線分を**有向線分**

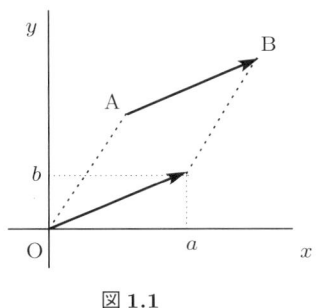

図 1.1

(directed segment) という．そして前者を $\overrightarrow{AB}$，後者を $\overrightarrow{BA}$ のように表す．2 点 A,B 間の距離つまり線分 AB の長さを記号 $|\overrightarrow{AB}|$ で表す．明らかに $|\overrightarrow{AB}| = |\overrightarrow{BA}|$ である．

このように考えると有向線分は向きと大きさの 2 つの量を同時に表している．ほかにも，たとえば，力，速度なども向きと大きさをもった量である．一般にこのような量を**ベクトル** (vector) という．それに対して，たとえば，温度，長さ，面積，重さなど，大きさだけの量を**スカラー** (scalar) という．

有向線分 $\overrightarrow{AB}$ によって表されるベクトルがあるとき，点 A を**始点** (starting point)，点 B を**終点** (end point) という．始点と終点が違っても，向きと大きさが同じならば，それぞれの有向線分が表すベクトルは同じものだと考えるべきで，したがって，ベクトルとは平行移動によって重ねることのできる有向線分族の総称または代表であると考えることができる．そこで，始点を座標軸の原点に重なるように有向線分 $\overrightarrow{AB}$ を平行移動し，終点となる点の座標を (a,b) としたとき，その座標をたてに並べて $\begin{pmatrix} a \\ b \end{pmatrix}$ のように表し，これを有向線分 $\overrightarrow{AB}$ によって表されるベクトルの**成分表示** (representation by components) という．このときベクトルの**大きさ** (volume)(**長さ** (length) ともいう) は

$$|\overrightarrow{AB}| = \sqrt{a^2+b^2}$$

である．さらに，2 点 $A(a_1, a_2)$，$B(b_1, b_2)$ に対して，有向線分 $\overrightarrow{AB}$ によって表されるベクトルを $\mathbf{v}$ とするとき

$$\mathbf{v} = \begin{pmatrix} b_1 - a_1 \\ b_2 - a_2 \end{pmatrix}, \quad |\mathbf{v}| = \sqrt{(b_1-a_1)^2 + (b_2-a_2)^2}$$

となることがわかる．

《注》 以下，ベクトルを考えるとき，同じ向きと大きさになるような有向線分を適当にとって，それをそのベクトルと同一視して考えることが多い．また，ベクトルを表す記号として $\mathbf{v}$ のように太字のローマ字小文字を用い，スカラーに対しては $a, b, c, \cdots$ のようにふつうのローマ字小文字（ときにはギリシャ文字 $\alpha, \beta, \cdots$）を用いて区別して表すが，実際の編入試験問題では，$\vec{a}, \vec{v}, \cdots$ のように表記したり，場合によってはスカラーと区別がつかない $a, b, \cdots$ のような表記と出会うことがあるので注意が必要である．

特に大きさが 0 で，向きをもたないベクトルを考え，これを**ゼロ・ベクトル** (zero vector) と呼び，記号 $\mathbf{0}$ で表す．その成分表示は

$$\mathbf{0} = \begin{pmatrix} 0 \\ 0 \end{pmatrix}$$

である．

ベクトル $\mathbf{v} = \begin{pmatrix} x \\ y \end{pmatrix}$ とスカラー a があるとき，**スカラー倍** $a\mathbf{v}$ を

$$a\mathbf{v} = \begin{pmatrix} ax \\ ay \end{pmatrix}$$

のように定義する．つまり

$$\begin{cases} a > 0 \text{ のとき，向きを変えず，大きさを } a \text{ 倍にしたもの} \\ a = 0 \text{ のとき，ゼロ・ベクトル} \\ a < 0 \text{ のとき，向きを逆にして，大きさを } |a| \text{ 倍にしたもの} \end{cases}$$

である．

2 つのベクトル $\mathbf{v_1} = \begin{pmatrix} x_1 \\ y_1 \end{pmatrix}$，$\mathbf{v_2} = \begin{pmatrix} x_2 \\ y_2 \end{pmatrix}$ に対して**加法** (addition) と**減法** (subtraction) を

$$\mathbf{v_1} + \mathbf{v_2} = \begin{pmatrix} x_1 + x_2 \\ y_1 + y_2 \end{pmatrix}, \quad \mathbf{v_1} - \mathbf{v_2} = \begin{pmatrix} x_1 - x_2 \\ y_1 - y_2 \end{pmatrix}$$

のように定義する．

有向線分で考えると，一般に次の等式が成り立つことがわかる．

$$\overrightarrow{\mathrm{BA}} = -\overrightarrow{\mathrm{AB}}, \quad \overrightarrow{\mathrm{AB}} = \overrightarrow{\mathrm{OB}} - \overrightarrow{\mathrm{OA}}, \quad \overrightarrow{\mathrm{AB}} = \overrightarrow{\mathrm{AC}} + \overrightarrow{\mathrm{CB}}$$

ここで点 C は平面上の任意の点であってよい．点 O は原点を表すものであるが，これを任意の点として考えても等式が成り立つ．また，加法に関して次の**三角不等式**

(trigonometric inequality) と呼ばれる関係が成り立つ.
$$|\mathbf{v_1} + \mathbf{v_2}| \leq |\mathbf{v_1}| + |\mathbf{v_2}|$$

次の 2 つのベクトルは特別なものとして**基本ベクトル** (fundamental vectors) という.
$$\mathbf{i} = \begin{pmatrix} 1 \\ 0 \end{pmatrix}, \quad \mathbf{j} = \begin{pmatrix} 0 \\ 1 \end{pmatrix}$$

平面上の任意のベクトル $\mathbf{v}$ はこの基本ベクトルによって, 次のように一意に表される.
$$\mathbf{v} = x\mathbf{i} + y\mathbf{j}$$

一般に, いくつかのベクトル $\mathbf{v}_1, \mathbf{v}_2, \cdots, \mathbf{v}_n$ とスカラー $a_1, a_2, \cdots, a_n$ との積和
$$a_1\mathbf{v}_1 + a_2\mathbf{v}_2 + \cdots + a_n\mathbf{v}_n$$
を **1 次結合** (linear combination) という.

例 1.1 直線 $y = 2x + 1$ 上の任意の点 P をとるとき, ベクトル $\mathbf{v} = \overrightarrow{\mathrm{OP}}$ を考えよう.

解 点 P の座標を (x, y) とするとき, つねに $y = 2x + 1$ という関係があるので,
$$\mathbf{v} = \begin{pmatrix} x \\ 2x + 1 \end{pmatrix} = x\mathbf{i} + (2x+1)\mathbf{j}$$
である. 右辺は基本ベクトルによる 1 次結合で表した式である. これに対して, 別な 1 次結合を考えると
$$\mathbf{v} = \begin{pmatrix} x \\ 2x \end{pmatrix} + \begin{pmatrix} 0 \\ 1 \end{pmatrix} = x \begin{pmatrix} 1 \\ 2 \end{pmatrix} + \begin{pmatrix} 0 \\ 1 \end{pmatrix}$$
となる. この式の右辺は, 直線 $y = 2x + 1$ が点 $(0, 1)$ を通り, 傾きが 2 の方向に無限に伸びているという図形的な意味を表している. ∎

3 次元の空間の中でベクトルを考えるときも, 有向線分というイメージを使って, 平面の場合と同じように話を進めることができる. 任意のベクトル $\mathbf{v}$ は 3 つの基本ベクトル

$$\mathbf{i} = \begin{pmatrix} 1 \\ 0 \\ 0 \end{pmatrix}, \quad \mathbf{j} = \begin{pmatrix} 0 \\ 1 \\ 0 \end{pmatrix}, \quad \mathbf{k} = \begin{pmatrix} 0 \\ 0 \\ 1 \end{pmatrix}$$

を用いて

$$\mathbf{v} = x\mathbf{i} + y\mathbf{j} + z\mathbf{k}$$

のように一意的に表すことができる．またこのベクトルの大きさは

$$|\mathbf{v}| = \sqrt{x^2 + y^2 + z^2}$$

である．

例 1.2 空間内で $|\mathbf{v}| = a$（a は正の定数）を満たすベクトル $\mathbf{v}$ はどんな図形を表すか考えよう．

解 $\mathbf{v} = x\mathbf{i} + y\mathbf{j} + z\mathbf{k}$ とおくと，$\sqrt{x^2 + y^2 + z^2} = a$ であるから

$$x^2 + y^2 + z^2 = a^2$$

これは原点と中心とし，半径 a の球面である．∎

《注》 基本ベクトルは非常に重要なものであり，ここでは $\mathbf{i}, \mathbf{j}, \mathbf{k}$ という記号で表しているが，これでは一般に n 次元の場合，その基本ベクトルを表すとき困ってしまう．したがって，拡張性を考えると $\mathbf{e}_1, \mathbf{e}_2, \mathbf{e}_3$ のように表すことのほうがよいであろう．ただし，2次元と3次元の場合には $\mathbf{i}, \mathbf{j}, \mathbf{k}$ の記号を使うことがよくある．

座標軸についても同じことがいえる．3次元までなら，x 軸，y 軸，z 軸のようにいうことができるが，4次元以上になると困るので，たとえば，x_1 軸，x_2 軸，$\cdots$，x_n 軸ということがある．

このような記法について，統一しない部分があちこちに見つかるかもしれないが，それは実際の編入問題によっても違うので，あえて統一させずそのままにしている．よく考えながら問題に取り組むことが大切である．

■ **練習問題 1.1**

1. 空間内に3点 A, B, C があり，線分 BC の中点を M とするとき，ベクトル $\overrightarrow{AM}$ を $\overrightarrow{OA}, \overrightarrow{OB}, \overrightarrow{OC}$ の1次結合で表せ．
2. 例 1.1 の直線について，原点 O からその直線までの最短距離を求めよ．
3. 平面上に次の直線または曲線 C を考える．その上に任意の点 P をとるとき，ベクトル $\overrightarrow{OP}$ を求めよ．
    (1) 直線 $C : ax + by = c$ （$ab \neq 0$ とする）
    (2) 単位円 $C : x^2 + y^2 = 1$

4. 上の問の直線 (1) について，原点 O からその直線までの最短距離を求めよ．
5. 空間内の円柱 $x^2 + y^2 = 1$ を考え，その上に任意の点 P をとる．ベクトル $\overrightarrow{OP}$ を求めよ．
6. 空間内に 3 点 A$(t,0,0)$, B$(0,t,0)$, C$(0,0,t)$ がある．その 3 点を通る平面の方程式を求めよ．またその平面上に任意の点 P をとるとき，ベクトル $\overrightarrow{OP}$ を求めよ．さらにそれをベクトル $\overrightarrow{CA}$, $\overrightarrow{CB}$, $\overrightarrow{OC}$ の 1 次結合で表せ．

1.2　ベクトルの内積

図 1.2 のように 2 つのベクトル $\mathbf{v}, \mathbf{w}$ がそれぞれ有向線分で $\mathbf{v} = \overrightarrow{OA}, \mathbf{w} = \overrightarrow{OB}$ のように表現されているとする．

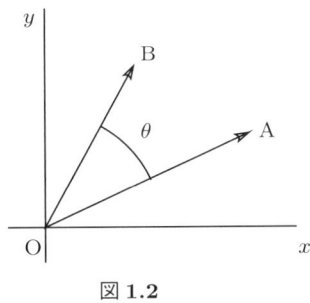

図 1.2

そのなす角 (the angle between two vectors) を θ とする（なす角は $0 \leq \theta \leq \pi$ 内の値をとる）．このときベクトルの内積 (inner product)（または，スカラー積 (scalar product) ともいう）は記号 $\mathbf{v} \cdot \mathbf{w}$ で表され，

$$\mathbf{v} \cdot \mathbf{w} = |\mathbf{v}| |\mathbf{w}| \cos \theta$$

のように定義される．もしどちらかのベクトルがゼロ・ベクトルならば，なす角の意味がなくなるので，そのときは $\mathbf{v} \cdot \mathbf{w} = 0$ とする．

内積の性質

1. 基本ベクトルに対して

$$\mathbf{i} \cdot \mathbf{i} = \mathbf{j} \cdot \mathbf{j} = 1, \qquad \mathbf{i} \cdot \mathbf{j} = \mathbf{j} \cdot \mathbf{i} = 0$$

2. 任意のベクトル $\mathbf{u}, \mathbf{v}, \mathbf{w}$ と任意のスカラー a について以下のことが成り立つ．
   (1)　$\mathbf{v} \cdot \mathbf{v} = |\mathbf{v}|^2$
   (2)　$\mathbf{v} \cdot \mathbf{w} = \mathbf{w} \cdot \mathbf{v}$　（交換法則）
   (3)　$(a\mathbf{v}) \cdot \mathbf{w} = \mathbf{v} \cdot (a\mathbf{w}) = a(\mathbf{v} \cdot \mathbf{w})$

(4) $\mathbf{u}\cdot(\mathbf{v}+\mathbf{w}) = \mathbf{u}\cdot\mathbf{v}+\mathbf{u}\cdot\mathbf{w}$ （分配法則）

(5) $|\mathbf{v}\cdot\mathbf{w}| \leq |\mathbf{v}||\mathbf{w}|$

3. 垂直条件 （$\mathbf{v}, \mathbf{w}$ はゼロ・ベクトルでないとする）

$$\mathbf{v} \perp \mathbf{w} \iff \mathbf{v}\cdot\mathbf{w} = 0$$

以上の性質は図を書くことで，あるいは簡単な計算により，すぐわかるであろう．また，性質 (5) はコーシー・シュワルツの不等式 (Cauchy–Schwartz inequality) と呼ばれる．それは定義式より，$|\cos\theta| \leq 1$ だから，明らかではあるが，一般に n 次元のベクトルに対しても通用する証明を示しておこう．

証明 任意のスカラー a に対して

$$(a\mathbf{v}+\mathbf{w})\cdot(a\mathbf{v}+\mathbf{w}) \geq 0$$

左辺を展開すると

$$a^2|\mathbf{v}|^2 + 2a(\mathbf{v}\cdot\mathbf{w}) + |\mathbf{w}|^2 \geq 0$$

この不等式が任意の a に対して成り立つためには，判別式は 0 または負でなければならないから，

$$(\mathbf{v}\cdot\mathbf{w})^2 - |\mathbf{v}|^2|\mathbf{w}|^2 \leq 0$$

ゆえに $|\mathbf{v}\cdot\mathbf{w}| \leq |\mathbf{v}||\mathbf{w}|$ である．∎

上の基本ベクトルに対する性質から，ベクトル

$$\mathbf{v} = \begin{pmatrix} x_1 \\ y_1 \end{pmatrix}, \quad \mathbf{w} = \begin{pmatrix} x_2 \\ y_2 \end{pmatrix}$$

に対して，内積の成分表示

$$\mathbf{v}\cdot\mathbf{w} = x_1 x_2 + y_1 y_2$$

が得られる．これを使うと，2 つのベクトルの**なす角**は次の式から求めることができる．

$$\cos\theta = \frac{\mathbf{v}\cdot\mathbf{w}}{|\mathbf{v}||\mathbf{w}|} = \frac{x_1 x_2 + y_1 y_2}{\sqrt{x_1{}^2 + y_1{}^2}\sqrt{x_2{}^2 + y_2{}^2}}$$

また，コーシー・シュワルツの不等式の成分表示は

$$x_1 x_2 + y_1 y_2 \leq \sqrt{x_1{}^2 + y_1{}^2}\sqrt{x_2{}^2 + y_2{}^2}$$

となる.

3次元のベクトルの場合も, 有向線分というイメージを使って, 平面の場合と同じように内積を定義することができるが, 3つの基本ベクトル

$$\mathbf{i} = \begin{pmatrix} 1 \\ 0 \\ 0 \end{pmatrix}, \quad \mathbf{j} = \begin{pmatrix} 0 \\ 1 \\ 0 \end{pmatrix}, \quad \mathbf{k} = \begin{pmatrix} 0 \\ 0 \\ 1 \end{pmatrix}$$

を考えると

$$\mathbf{i} \cdot \mathbf{i} = \mathbf{j} \cdot \mathbf{j} = \mathbf{k} \cdot \mathbf{k} = 1, \quad \mathbf{i} \cdot \mathbf{j} = \mathbf{j} \cdot \mathbf{k} = \mathbf{k} \cdot \mathbf{i} = 0$$

であるから, ベクトル

$$\mathbf{v} = \begin{pmatrix} x_1 \\ y_1 \\ z_1 \end{pmatrix}, \quad \mathbf{w} = \begin{pmatrix} x_2 \\ y_2 \\ z_2 \end{pmatrix}$$

に対して, 内積の成分表示

$$\mathbf{v} \cdot \mathbf{w} = x_1 x_2 + y_1 y_2 + z_1 z_2$$

が得られる. また, 2つのベクトルの**なす角**を θ とすると

$$\cos\theta = \frac{\mathbf{v} \cdot \mathbf{w}}{|\mathbf{v}||\mathbf{w}|} = \frac{x_1 x_2 + y_1 y_2 + z_1 z_2}{\sqrt{x_1{}^2 + y_1{}^2 + z_1{}^2}\sqrt{x_2{}^2 + y_2{}^2 + z_2{}^2}}$$

となり, コーシー・シュワルツの不等式の成分表示は

$$x_1 x_2 + y_1 y_2 + z_1 z_2 \leq \sqrt{x_1{}^2 + y_1{}^2 + z_1{}^2}\sqrt{x_2{}^2 + y_2{}^2 + z_2{}^2}$$

となる.

このように, 成分表示を使うと, 内積の定義式を図形を用いずにでき, そこから逆にベクトルのなす角を定義することもできる. このことから, 4次元以上になると図に頼った (すなわち, なす角による) 定義ができなくなるので, ベクトルは有向線分ではなく成分表示で, また, 内積も成分表示で定義することになる. つまり, n 次元のベクトル $\mathbf{v} = \begin{pmatrix} v_1 \\ v_2 \\ \vdots \\ v_n \end{pmatrix}$ と $\mathbf{w} = \begin{pmatrix} w_1 \\ w_2 \\ \vdots \\ w_n \end{pmatrix}$ に対して, その内積は

$$\mathbf{v} \cdot \mathbf{w} = \sum_{k=1}^{n} v_k w_k = v_1 w_1 + v_2 w_2 + \cdots + v_n w_n$$

と定義し，また，なす角は $\cos\theta = \dfrac{\mathbf{v}\cdot\mathbf{w}}{|\mathbf{v}||\mathbf{w}|}$ を満たす，$0 \leq \theta \leq \pi$ の範囲の角 θ と定義するのである．ただし，このテキストでは2次元あるいは3次元での議論が多いので，また，図を書くことは理解を深めることにも役立つので，図を利用した説明に頼ることがある．

例 1.3 次の2つのベクトル $\mathbf{v}_1, \mathbf{v}_2$ があるとき，1次結合 $\mathbf{v}_3 = k\mathbf{v}_1 + \mathbf{v}_2$ が $\mathbf{v}_1$ と直交するように定数 k を求め，ベクトル $\mathbf{v}_3$ の成分表示を求めよ．

$$\mathbf{v}_1 = \begin{pmatrix} -1 \\ 0 \\ 2 \end{pmatrix}, \quad \mathbf{v}_2 = \begin{pmatrix} 1 \\ 2 \\ 3 \end{pmatrix}$$

解 内積を計算し，垂直条件により，

$$\mathbf{v}_3 \cdot \mathbf{v}_1 = (k\mathbf{v}_1 + \mathbf{v}_2) \cdot \mathbf{v}_1 = k\mathbf{v}_1 \cdot \mathbf{v}_1 + \mathbf{v}_2 \cdot \mathbf{v}_1 = 5k + 5 = 0$$

これより $k = -1$ が得られ，$\mathbf{v}_3 = \begin{pmatrix} 2 \\ 2 \\ 1 \end{pmatrix}$ となる．■

■ **練習問題 1.2**

1. 空間内に4点

$$\mathrm{P}_1(2, -1, 0), \quad \mathrm{P}_2(3, 1, 1), \quad \mathrm{P}_3(-1, 2, 1), \quad \mathrm{P}_4(1, 0, -3)$$

があり，ベクトル

$$\overrightarrow{\mathrm{P}_1\mathrm{P}_2} = \mathbf{v}, \quad \overrightarrow{\mathrm{P}_3\mathrm{P}_4} = \mathbf{w}$$

を考えるとき，次のものを求めよ．

(1) 内積 $\mathbf{v}\cdot\mathbf{w}$

(2) ベクトル $\mathbf{v}$ と $\mathbf{w}$ のなす角

2. ベクトル $a = \begin{pmatrix} 2 \\ 1 \\ 1 \end{pmatrix}, b = \begin{pmatrix} -1 \\ -1 \\ 0 \end{pmatrix}$ の長さとなす角 θ を求めよ．（福井大）

3. ベクトル $a = \begin{pmatrix} 1 \\ 2 \\ 3 \end{pmatrix}$, $b = \begin{pmatrix} 1 \\ 1 \\ 1 \end{pmatrix}$ のとき，その両方に直交する単位ベクトル c を求めよ．（鹿児島大）

4. 三角形 OAB において，ベクトルを $\overrightarrow{OA} = \vec{a}$, $\overrightarrow{AB} = \vec{b}$ とおき，$\angle OAB = \alpha$ とする．ベクトルの内積を用いて，三角形の 2 辺の長さの和は他の 1 辺より長いことを示せ．（広島大）

1.3 ベクトルの外積

ベクトルとベクトルの積について，もう 1 つ外積というものがある．内積は結果がスカラーになるのに対して，外積はベクトルとなり，その意味では本当の積といえるかもしれない．また，内積と外積とでは積を表す記号も区別するので注意しよう．

ベクトル **v** と **w** に対して，その**外積** (outer product) （**ベクトル積** (vector product) ともいう）$\mathbf{v} \times \mathbf{w}$ を次のようなベクトルであると定義する．

- その大きさは，2 つのベクトル **v**, **w** によってつくられる平行四辺形の面積に等しい．
- その向きは上の平面に垂直で，ベクトル **v**, **w**, $\mathbf{v} \times \mathbf{w}$ が右手系になる方向とする．つまり，右手の親指の向く方向をベクトル **v** とし，人差指をベクトル **w** とするとき，中指がベクトル $\mathbf{v} \times \mathbf{w}$ の方向とし，これら 3 本の指が互いに垂直になっているものとする．

もしベクトル **v** と **w** のどちらかがゼロ・ベクトルであるか，またはそれらが平行であれば，平行四辺形の面積は 0 であるから $\mathbf{v} \times \mathbf{w} = \mathbf{0}$ とする．

外積の性質について証明を省略してあげておこう．

1. 基本ベクトルに対して

    (1)　$\mathbf{i} \times \mathbf{i} = \mathbf{j} \times \mathbf{j} = \mathbf{k} \times \mathbf{k} = \mathbf{0}$

    (2)　$\mathbf{i} \times \mathbf{j} = \mathbf{k}, \quad \mathbf{j} \times \mathbf{k} = \mathbf{i}, \quad \mathbf{k} \times \mathbf{i} = \mathbf{j}$

2. 任意のベクトル **v**, **w** について以下のことが成り立つ．

    (1)　$\mathbf{v} \times \mathbf{w} = -\mathbf{w} \times \mathbf{v}$　（交代法則）

    (2)　$\mathbf{v} \times \mathbf{v} = \mathbf{0}$

    (3)　$|\mathbf{v} \times \mathbf{w}| = \sqrt{(\mathbf{v} \cdot \mathbf{v})(\mathbf{w} \cdot \mathbf{w}) - (\mathbf{v} \cdot \mathbf{w})^2}$

3. 任意のベクトル **u**, **v**, **w** と任意のスカラー a について以下のことが成り立つ．

    (1)　$\mathbf{u} \times (\mathbf{v} + \mathbf{w}) = \mathbf{u} \times \mathbf{v} + \mathbf{u} \times \mathbf{w}$　（分配法則）

    (2)　$(\mathbf{v} + \mathbf{w}) \times \mathbf{u} = \mathbf{v} \times \mathbf{u} + \mathbf{w} \times \mathbf{u}$　（分配法則）

(3)　$(a\mathbf{v}) \times \mathbf{w} = \mathbf{v} \times (a\mathbf{w}) = a(\mathbf{v} \times \mathbf{w})$

4. 外積について, 結合法則

$$\mathbf{u} \times (\mathbf{v} \times \mathbf{w}) = (\mathbf{u} \times \mathbf{v}) \times \mathbf{w}$$

は成り立たない. なお, $\mathbf{u} \times (\mathbf{v} \times \mathbf{w})$ をベクトル3重積 (vector triple product) という.

上の性質から, ベクトル

$$\mathbf{v} = \begin{pmatrix} x_1 \\ y_1 \\ z_1 \end{pmatrix}, \quad \mathbf{w} = \begin{pmatrix} x_2 \\ y_2 \\ z_2 \end{pmatrix}$$

に対して**外積の成分表示**が次のように得られる.

$$\mathbf{v} \times \mathbf{w} = \begin{pmatrix} y_1 z_2 - y_2 z_1 \\ z_1 x_2 - z_2 x_1 \\ x_1 y_2 - x_2 y_1 \end{pmatrix} = \begin{vmatrix} y_1 & z_1 \\ y_2 & z_2 \end{vmatrix} \mathbf{i} - \begin{vmatrix} x_1 & z_1 \\ x_2 & z_2 \end{vmatrix} \mathbf{j} + \begin{vmatrix} x_1 & y_1 \\ x_2 & y_2 \end{vmatrix} \mathbf{k}$$

ここで右辺は, あとで学ぶ**行列式**を使った記法である. さらに付け加えると, それは次の形式的な行列式を第1行で展開したものと同じであるので, この形で覚えることもある.

$$\begin{vmatrix} \mathbf{i} & \mathbf{j} & \mathbf{k} \\ x_1 & y_1 & z_1 \\ x_2 & y_2 & z_2 \end{vmatrix}$$

例 1.4　空間内に4点 $P_1(2, -1, 0), P_2(3, 1, 1), P_3(-1, 2, 1), P_4(1, 0, -3)$ があるとき, 外積 $\overrightarrow{P_1 P_2} \times \overrightarrow{P_3 P_4}$ を求め, $P_1 P_2$ と $P_3 P_4$ を2辺とする平行四辺形の面積 S を求めよう.

解　まず

$$\overrightarrow{P_1 P_2} = \begin{pmatrix} 1 \\ 2 \\ 1 \end{pmatrix}, \quad \overrightarrow{P_3 P_4} = \begin{pmatrix} 2 \\ -2 \\ -4 \end{pmatrix}$$

である. 外積の成分表示の式より

$$\overrightarrow{P_1 P_2} \times \overrightarrow{P_3 P_4} = -6\mathbf{i} + 6\mathbf{j} - 6\mathbf{k}, \quad S = \sqrt{(-6)^2 + 6^2 + (-6)^2} = 6\sqrt{3}$$

となる.∎

2つのベクトル $\mathbf{v}, \mathbf{w}$ があるとき,そのなす角を θ とし,そこにできる平行四辺形の面積を S とすれば,$S = |\mathbf{v}||\mathbf{w}|\sin\theta$ であるので

$$\sin\theta = \frac{|\mathbf{v} \times \mathbf{w}|}{|\mathbf{v}||\mathbf{w}|}$$

という関係式もできる.この式を使って,上の例のベクトル $\overrightarrow{P_1P_2}$ と $\overrightarrow{P_3P_4}$ のなす角 θ を求めてみると,

$$\sin\theta = \frac{6\sqrt{3}}{\sqrt{6}\sqrt{24}} = \frac{\sqrt{3}}{2} \quad \therefore \theta = \frac{\pi}{3} \quad \text{または} \quad \frac{2\pi}{3}$$

となって特定できない.それに対して内積からの式を使うと

$$\cos\theta = \frac{-6}{\sqrt{6}\sqrt{24}} = -\frac{1}{2} \quad \therefore \theta = \frac{2\pi}{3}$$

となる.つまり $\cos\theta$ の式を使えば,θ が鋭角か鈍角かが符号によって特定できる.

■ 練習問題 1.3

1. ベクトル $\mathbf{v} = \begin{pmatrix} 2 \\ -3 \\ 4 \end{pmatrix}, \mathbf{w} = \begin{pmatrix} 1 \\ 0 \\ -5 \end{pmatrix}$ があるとき,$\mathbf{v} \times \mathbf{w}$ を求めよ.

2. 外積の性質のうち
   (1) $|\mathbf{v} \times \mathbf{w}| = \sqrt{(\mathbf{v}\cdot\mathbf{v})(\mathbf{w}\cdot\mathbf{w}) - (\mathbf{v}\cdot\mathbf{w})^2}$ を証明せよ.
   (2) $\mathbf{u} \times (\mathbf{v} \times \mathbf{w}) = (\mathbf{u} \times \mathbf{v}) \times \mathbf{w}$ とならない例をあげよ.

3. 空間内の 3 点 P(1, 0, 1), Q(2, 1, −1), R(0, 1, 1) を通る平面の方程式を求め (豊橋技大),原点からこの平面までの距離を求めよ.

4. 2 つの平面 $x + 2y + 2z = 3, 3x + 3y + z = 1$ について以下の問に答えよ.(鹿児島大)
   (1) 2 つの平面の交線の方向ベクトルを求めよ.
   (2) 2 つの平面の交角を求めよ.

   《注》 この問題のための予備知識.

   一般に,点 (x_0, y_0, z_0) を通り,ベクトル $\begin{pmatrix} a \\ b \\ c \end{pmatrix}$ に平行な直線の方程式は連比

   $$\frac{x - x_0}{a} = \frac{y - y_0}{b} = \frac{z - z_0}{c}$$

で表される. このとき, ベクトルの成分比 $a:b:c$ を直線の**方向比** (direction ratio) といい, そのベクトルを方向ベクトルという. ただし, 上の等式において分母のいずれかが 0 であるとき, 対応する分子は 0 であるとする. たとえば, $a=0$ のときは, $x-x_0=0$ とする.

1.4 行　　列

mn 個の数を長方形に並べたものをカッコで囲んだ形式

$$\begin{pmatrix} a_{11} & a_{12} & \cdots & a_{1n} \\ a_{21} & a_{22} & \cdots & a_{2n} \\ \vdots & \vdots & \ddots & \vdots \\ a_{m1} & a_{m2} & \cdots & a_{mn} \end{pmatrix}$$

を $(\boldsymbol{m}, \boldsymbol{n})$ **型の行列** (matrix of (m, n)–type) あるいは $\boldsymbol{m} \times \boldsymbol{n}$ **行列** (m by n matrix) という. 特に $m=n$ のとき, n 次の**正方行列** (square matrix) という. 行列の中の各 a_{ij} を**成分** (component) という. よこの並びを**行** (row) といい, たてを**列** (column) という. なお, matrix の複数形は matrices であることに注意しよう.

たとえば

(1) $\begin{pmatrix} a & b \\ c & d \end{pmatrix}$, (2) $\begin{pmatrix} 1 \\ 2 \\ 3 \end{pmatrix}$, (3) $\begin{pmatrix} -4 & 5 \end{pmatrix}$, (4) $\begin{pmatrix} 0 & 1 & 2 \\ 7 & 8 & 3 \\ 6 & 5 & 4 \end{pmatrix}$

があるとき, (1) は 2×2 行列, (2) は 3×1 行列, (3) は 1×2 行列, (4) は 3×3 行列である. そして, 特に (1) を 2 次の正方行列, (4) を 3 次の正方行列という. また (2) は 3 次元のベクトルと同じ形である. このことから逆に, n 次元のベクトルは $n\times 1$ 行列のことだとみなしてよい.

正方行列があるとき, その対角線上にある成分 $a_{11}, a_{22}, \cdots, a_{nn}$ を**対角成分** (diagonal component) という. 上の例では, (1) の対角成分は a, d であり, (4) の対角成分は $0, 8, 4$ である. そして, 対角成分以外がすべて 0 であるような行列, たとえば

$$\begin{pmatrix} 5 & 0 \\ 0 & 9 \end{pmatrix}, \quad \begin{pmatrix} a & 0 \\ 0 & b \end{pmatrix}, \quad \begin{pmatrix} 2 & 0 & 0 \\ 0 & 3 & 0 \\ 0 & 0 & -4 \end{pmatrix}, \quad \begin{pmatrix} x-2 & 0 & 0 \\ 0 & 0 & 0 \\ 0 & 0 & x+1 \end{pmatrix}$$

などを**対角行列** (diagonal matrix) という.

行列にも, 数と同じように加法, 減法, 乗法などの演算がある. 以下その定義を, 実例をあげながら述べるが, **型** (type) が合わなければ演算できない（定義されない）ので注意を要する.

1.4 行 列

1. **相等** $A = B$

    等号は2つの行列が型も成分もすべてまったく同じ場合にのみ使う．

    $$\begin{pmatrix} 2 & 5 \\ -3 & 10 \end{pmatrix} = \begin{pmatrix} 2 & 5 \\ -3 & 10 \end{pmatrix}, \quad \begin{pmatrix} 2 & 5 \\ -3 & 10 \end{pmatrix} \neq \begin{pmatrix} 2 & 5 & 0 \\ -3 & 10 & 0 \end{pmatrix}$$

2. **加法** $A+B$, **減法** $A-B$

    型が同じ2つの行列に対して，それぞれの成分の加法，減法とする．

    $$\begin{pmatrix} 6 & -7 & 8 \\ -5 & 10 & 0 \end{pmatrix} + \begin{pmatrix} 4 & -2 & 1 \\ 3 & 6 & 3 \end{pmatrix} = \begin{pmatrix} 10 & -9 & 9 \\ -2 & 16 & 3 \end{pmatrix}$$

    $$\begin{pmatrix} a+b & a-b \\ -a+b & a+b \end{pmatrix} - \begin{pmatrix} 2a & a+b \\ a+b & 2b \end{pmatrix} = \begin{pmatrix} -a+b & -2b \\ -2a & a-b \end{pmatrix}$$

3. **スカラー倍** kA （k は実数）

    行列 A のすべての成分を k 倍する．

    $$3\begin{pmatrix} 6 & -7 & 8 \\ -5 & 10 & 0 \end{pmatrix} = \begin{pmatrix} 18 & -21 & 24 \\ -15 & 30 & 0 \end{pmatrix}$$

4. **乗法** AB

    $m \times n$ 行列 A と $n \times k$ 行列 B とに対して次のように定義される．

    $$A = \begin{pmatrix} a_{11} & a_{12} \\ a_{21} & a_{22} \end{pmatrix}, \quad B = \begin{pmatrix} b_{11} & b_{12} & b_{13} \\ b_{21} & b_{22} & b_{23} \end{pmatrix} \text{のとき}$$

    $$AB = \begin{pmatrix} a_{11}b_{11}+a_{12}b_{21} & a_{11}b_{12}+a_{12}b_{22} & a_{11}b_{13}+a_{12}b_{23} \\ a_{21}b_{11}+a_{22}b_{21} & a_{21}b_{12}+a_{22}b_{22} & a_{21}b_{13}+a_{22}b_{23} \end{pmatrix}$$

    結果は $m \times k$ 行列になる．もし A の列数と B の行数が同じでなければ，積は定義されない．

例 1.5 次の行列があるとき，AB と AC を計算しよう．

$$A = \begin{pmatrix} 1 & 2 \\ -3 & 4 \end{pmatrix}, \quad B = \begin{pmatrix} 5 & 6 & 7 \\ 8 & 9 & 10 \end{pmatrix}, \quad C = \begin{pmatrix} 4 & -2 \\ 3 & 1 \end{pmatrix}$$

解

$$AB = \begin{pmatrix} 5+16 & 6+18 & 7+20 \\ -15+32 & -18+36 & -21+40 \end{pmatrix} = \begin{pmatrix} 21 & 24 & 27 \\ 17 & 18 & 19 \end{pmatrix}$$

$$AC = \begin{pmatrix} 4+6 & -2+2 \\ -12+12 & 6+4 \end{pmatrix} = \begin{pmatrix} 10 & 0 \\ 0 & 10 \end{pmatrix}$$

となる.∎

行列を表す記号としてアルファベットの大文字をよく使う.どの文字を使うかは特に決まっていないが,次の2つの行列は特別である.

ゼロ行列 (zero matrix)

すべての成分が0であるもの.ゼロ行列を表す記号としては大文字のオー O を使うのがふつうである.加減乗の演算をするとき,型は相手に合わせる.

単位行列 (unit matrix, identity)

対角行列で,対角成分がすべて1であるもの.単位行列を表す記号として E(ときには I)を使う.たとえば,2次の単位行列は

$$E = \begin{pmatrix} 1 & 0 \\ 0 & 1 \end{pmatrix} \quad \text{または} \quad I = \begin{pmatrix} 1 & 0 \\ 0 & 1 \end{pmatrix}$$

行列 A に対して,行と列を入れ替えたものを**転置行列** (transposed matrix) といい,${}^tA$ と表す.そして ${}^tA = A$ なるとき,A を**対称行列** (symmetric matrix) という.また ${}^tA = -A$ なるとき,A を**交代行列** (alternate matrix) という.交代行列の対角成分はすべて0である.

証明は省略するが,行列の演算について次のことが成り立つ.その証明は簡単なものもあれば,かなり手間のかかるものもある.

1. $A + B = B + A$

2. $A + O = A$

3. $AE = EA = A$

4. $AB \neq BA$ ($AB = BA$ のとき**可換** (commutative) という)

5. $A(B + C) = AB + AC$, $(A + B)C = AC + BC$

6. $(AB)C = A(BC)$

7. $(kA)B = A(kB) = k(AB)$ (k は実数)

8. ${}^t(AB) = {}^tB\,{}^tA$, ${}^t(A + B) = {}^tA + {}^tB$

9. $A \neq O$, $B \neq O$ でも $AB = O$ となることがある．（このとき A, B を**ゼロ因子** (zero divisor または null factor) という）

    $AB = O$ から $A = O$ または $B = O$ であると早合点してはならない．

10. 任意の正方行列 A に対して，$A + {}^tA$ は対称行列である．また $A - {}^tA$ は交代行列である．

11. 任意の正方行列 A は対称行列と交代行列の和で表すことができる．つまり
$$A = \frac{1}{2}(A + {}^tA) + \frac{1}{2}(A - {}^tA)$$

■ 練習問題 1.4

1. 2つの行列 $A = \begin{pmatrix} 1 & 0 \\ a & -1 \end{pmatrix}, B = \begin{pmatrix} 2 & b \\ 1 & 1 \end{pmatrix}$ があるとき，可換となるように a, b の値を定めよ．

2. $A = \begin{pmatrix} 1 & -2 \\ 3 & -1 \end{pmatrix}, B = \begin{pmatrix} 2 & a \\ b & 4 \end{pmatrix}$ のとき，A と B が可換であるように a, b の値を定めよ．このとき $C = (AB)^2 - A^2B^2$ を求めよ．（鹿児島大）

3. 行列 $A = \begin{pmatrix} 1 & 1 \\ -1 & -1 \end{pmatrix}$ に対して，$AX = O$ となる正方行列 X を求めよ．そのとき $XA = O$ となるか調べよ．

4. 次の行列を対称行列と交代行列の和で表せ．

   (1) $\begin{pmatrix} 1 & 1 & 0 \\ 0 & 1 & 1 \\ 0 & 0 & 1 \end{pmatrix}$ （福井大） (2) $\begin{pmatrix} 3 & 4 & 8 \\ 6 & 5 & 4 \\ 10 & 2 & 7 \end{pmatrix}$ （広島大）

5. 行列 $A = \begin{pmatrix} 1 & 3 & -9 \\ 2 & 0 & -6 \\ -1 & -1 & 1 \end{pmatrix}$ に対して，次の問に答えよ．(東大)

   (1) 行列 A を対称行列 S と交代行列 K の和で表せ．
   (2) 行列 $KS + SK$ は対称行列，交代行列，その他の行列のいずれか．また，行列 $KSKS + SKSK$ はその3つのいずれか．

1.5 行列によるベクトルの変換

行列はベクトルを変換するものであることを，まず簡単な具体例で見てみよう．

例 1.6 次の行列はそれぞれどんな変換を表すか調べよう．

$$A = \begin{pmatrix} 1 & 0 \\ 0 & 0 \end{pmatrix}, \quad B = \begin{pmatrix} 0 & 1 \\ 1 & 0 \end{pmatrix}, \quad C = \begin{pmatrix} 2 & 0 \\ 0 & 3 \end{pmatrix}, \quad D = \begin{pmatrix} -1 & 0 \\ 0 & -1 \end{pmatrix}$$

解 行列の積が可能でなければならないから，相手はどの場合も 2 次元のベクトルである．それを $\mathbf{v} = \begin{pmatrix} x \\ y \end{pmatrix}$ とおくと，まず

$$A\mathbf{v} = \begin{pmatrix} 1 & 0 \\ 0 & 0 \end{pmatrix} \begin{pmatrix} x \\ y \end{pmatrix} = \begin{pmatrix} x \\ 0 \end{pmatrix}$$

だから，行列 A は平面上のベクトルを x 軸に**正射影** (orthogonal projection) する変換を表す．次に，

$$B\mathbf{v} = \begin{pmatrix} 0 & 1 \\ 1 & 0 \end{pmatrix} \begin{pmatrix} x \\ y \end{pmatrix} = \begin{pmatrix} y \\ x \end{pmatrix}$$

これは，行列 B は直線 $y = x$ に対称なベクトルに変換するものであることを表す．また，

$$C\mathbf{v} = \begin{pmatrix} 2 & 0 \\ 0 & 3 \end{pmatrix} \begin{pmatrix} x \\ y \end{pmatrix} = \begin{pmatrix} 2x \\ 3y \end{pmatrix}, \quad D\mathbf{v} = \begin{pmatrix} -1 & 0 \\ 0 & -1 \end{pmatrix} \begin{pmatrix} x \\ y \end{pmatrix} = \begin{pmatrix} -x \\ -y \end{pmatrix}$$

だから，行列 C は平面上のベクトルを x 軸方向へ 2 倍，y 軸方向へ 3 倍に引き伸ばす変換を表し，行列 D は原点に対称なベクトルに変換するものであることがわかる．あるいは，行列 D はベクトルを原点のまわりに 180° 回転させる変換ということもできる．∎

次に，行列によるベクトルの変換がもつ重要な性質について考えよう．たとえば，2 行 3 列の行列

$$A = \begin{pmatrix} a_{11} & a_{12} & a_{13} \\ a_{21} & a_{22} & a_{23} \end{pmatrix}$$

は，3 次元のベクトルを 2 次元のベクトルに変換するという意味をもっているが，その変換を f と表すとき，つまり $f(\mathbf{v}) = A\mathbf{v}$ であるとき，次の重要な性質をもっていることがわかる．

1. $f(\mathbf{0}) = \mathbf{0}$
2. $f(k\mathbf{v}) = k f(\mathbf{v})$ （k は任意の実数）

3. $f(\mathbf{v} + \mathbf{w}) = f(\mathbf{v}) + f(\mathbf{w})$

実際に確かめてみると,まずゼロ・ベクトルに対して,

$$f(\mathbf{0}) = \begin{pmatrix} a_{11} & a_{12} & a_{13} \\ a_{21} & a_{22} & a_{23} \end{pmatrix} \begin{pmatrix} 0 \\ 0 \\ 0 \end{pmatrix} = \begin{pmatrix} 0 \\ 0 \end{pmatrix} = \mathbf{0}$$

である.次に,$\mathbf{v} = \begin{pmatrix} v_1 \\ v_2 \\ v_3 \end{pmatrix}$, $\mathbf{w} = \begin{pmatrix} w_1 \\ w_2 \\ w_3 \end{pmatrix}$ とおくとき,ベクトルのスカラー倍については

$$f(k\mathbf{v}) = \begin{pmatrix} a_{11} & a_{12} & a_{13} \\ a_{21} & a_{22} & a_{23} \end{pmatrix} \begin{pmatrix} kv_1 \\ kv_2 \\ kv_3 \end{pmatrix} = k \begin{pmatrix} a_{11} & a_{12} & a_{13} \\ a_{21} & a_{22} & a_{23} \end{pmatrix} \begin{pmatrix} v_1 \\ v_2 \\ v_3 \end{pmatrix} = k\, f(\mathbf{v})$$

となり,ベクトルの和に対しては

$$\begin{aligned}
f(\mathbf{v} + \mathbf{w}) &= \begin{pmatrix} a_{11} & a_{12} & a_{13} \\ a_{21} & a_{22} & a_{23} \end{pmatrix} \begin{pmatrix} v_1 + w_1 \\ v_2 + w_2 \\ v_3 + w_3 \end{pmatrix} \\
&= \begin{pmatrix} a_{11}(v_1 + w_1) + a_{12}(v_2 + w_2) + a_{13}(v_3 + w_3) \\ a_{21}(v_1 + w_1) + a_{22}(v_2 + w_2) + a_{23}(v_3 + w_3) \end{pmatrix} \\
&= \begin{pmatrix} a_{11}v_1 + a_{12}v_2 + a_{13}v_3 \\ a_{21}v_1 + a_{22}v_2 + a_{23}v_3 \end{pmatrix} + \begin{pmatrix} a_{11}w_1 + a_{12}w_2 + a_{13}w_3 \\ a_{21}w_1 + a_{22}w_2 + a_{23}w_3 \end{pmatrix} \\
&= \begin{pmatrix} a_{11} & a_{12} & a_{13} \\ a_{21} & a_{22} & a_{23} \end{pmatrix} \begin{pmatrix} v_1 \\ v_2 \\ v_3 \end{pmatrix} + \begin{pmatrix} a_{11} & a_{12} & a_{13} \\ a_{21} & a_{22} & a_{23} \end{pmatrix} \begin{pmatrix} w_1 \\ w_2 \\ w_3 \end{pmatrix} \\
&= f(\mathbf{v}) + f(\mathbf{w})
\end{aligned}$$

となる.以上のことは一般に $m \times n$ 行列が表す変換について成り立つ.すなわち,次の定理がある.

定理 1.1 (線形性)

行列の表す変換を f とするとき,ベクトル $\mathbf{v}, \mathbf{w}$ とスカラー k に対して,次の等式が成り立つ.

$$f(\mathbf{0}) = \mathbf{0}, \quad f(k\mathbf{v}) = k\, f(\mathbf{v}), \quad f(\mathbf{v} + \mathbf{w}) = f(\mathbf{v}) + f(\mathbf{w})$$

あとで詳しく説明するが，ベクトルの集合に**ベクトル空間** (vector space) としての構造を考えるとき，スカラー倍 $k\mathbf{v}$ と和 $\mathbf{v} + \mathbf{w}$ について閉じていることが重要な条件となる．上の定理は，行列が表す変換がそれを保存することを示している．この性質を**線形性** (linearity) といい，そのため，行列の表す変換は **1 次変換**または**線形変換** (linear transformation) と呼ばれる．以下の例で示すように，この性質は「直線は直線に変換される」ことを意味している．また，この性質により，基本ベクトルがどのように変換されるかで行列の形が決定する．

《注》 一般に $m \times n$ 行列によって表される変換 f は，n 次元のベクトルを m 次元のベクトルに移すので，n 次元ベクトル空間 $\mathbf{R}^n$ から m 次元ベクトル空間 $\mathbf{R}^m$ への写像として $f : \mathbf{R}^n \longrightarrow \mathbf{R}^m$ のように表示し，さらに上の線形性をもつことから **1 次写像**または**線形写像** (linear mapping) という．そして $m = n$ のとき，同じベクトル空間内でベクトルを移す（向きと大きさを変える）ことになるので，このとき**変換**という．ただし簡単のために，特に区別することなく**変換**という表現を用いることにする．

例 1.7 次の行列が表す変換を詳しく見てみよう．

$$A = \begin{pmatrix} 1 & 2 & 3 \\ 4 & 5 & 6 \end{pmatrix}$$

解 $\begin{pmatrix} 1 & 2 & 3 \\ 4 & 5 & 6 \end{pmatrix} \begin{pmatrix} a \\ b \\ c \end{pmatrix} = \begin{pmatrix} x \\ y \end{pmatrix}$ とおくと，行列 $A = \begin{pmatrix} 1 & 2 & 3 \\ 4 & 5 & 6 \end{pmatrix}$ は 3 次元の列ベクトル $\mathbf{v} = \begin{pmatrix} a \\ b \\ c \end{pmatrix}$ を 2 次元の列ベクトル $\begin{pmatrix} x \\ y \end{pmatrix}$ に変換している．行列 A が表す変換を f とすれば

$$f(\mathbf{v}) = A\mathbf{v} = \begin{pmatrix} x \\ y \end{pmatrix} = \begin{pmatrix} a + 2b + 3c \\ 4a + 5b + 6c \end{pmatrix}$$

である．さらに，それぞれの列ベクトルを

$$\mathbf{v} = \begin{pmatrix} a \\ b \\ c \end{pmatrix} = a \begin{pmatrix} 1 \\ 0 \\ 0 \end{pmatrix} + b \begin{pmatrix} 0 \\ 1 \\ 0 \end{pmatrix} + c \begin{pmatrix} 0 \\ 0 \\ 1 \end{pmatrix}$$

$$f(\mathbf{v}) = a \begin{pmatrix} 1 \\ 4 \end{pmatrix} + b \begin{pmatrix} 2 \\ 5 \end{pmatrix} + c \begin{pmatrix} 3 \\ 6 \end{pmatrix}$$

のように 1 次結合で表してみると

$$A\begin{pmatrix}1\\0\\0\end{pmatrix}=\begin{pmatrix}1\\4\end{pmatrix},\quad A\begin{pmatrix}0\\1\\0\end{pmatrix}=\begin{pmatrix}2\\5\end{pmatrix},\quad A\begin{pmatrix}0\\0\\1\end{pmatrix}=\begin{pmatrix}3\\6\end{pmatrix}$$

であるから,行列 A による変換は,ベクトル $\mathbf{v}=a\mathbf{i}+b\mathbf{j}+c\mathbf{k}$ に対して

$$A\mathbf{v}=aA\mathbf{i}+bA\mathbf{j}+cA\mathbf{k}$$

である.これを線形性というのである. ∎

例 1.8 次の行列で表される 1 次変換によって点 (a,b) はどんな点に移されるか,また直線 $x+y-1=0$ はどんな直線に移されるか考えてみよう.

$$A=\begin{pmatrix}3&2\\-1&4\end{pmatrix}$$

解 $\begin{pmatrix}3&2\\-1&4\end{pmatrix}\begin{pmatrix}a\\b\end{pmatrix}=\begin{pmatrix}3a+2b\\-a+4b\end{pmatrix}$ であるから,点 (a,b) は点 $(3a+2b,-a+4b)$ に移される.

次に,直線 $x+y-1=0$ 上の任意の点 $(x,1-x)$ に対して

$$\begin{pmatrix}3&2\\-1&4\end{pmatrix}\begin{pmatrix}x\\1-x\end{pmatrix}=\begin{pmatrix}x+2\\-5x+4\end{pmatrix}$$

である.ここで $X=x+2, Y=-5x+4$ とおいて x を消去すれば $Y=-5X+14$ という式が得られる.これも直線である. ∎

このように,1 次変換の特徴として,直線は直線に変換されることがわかる.このことを利用して,次のような求め方もある.直線 $x+y-1=0$ 上の 2 点 $(1,0), (0,1)$ をとると,それぞれの像点の座標は $(3,-1)$ と $(2,4)$ になるので,その 2 点を通る直線の方程式を求めて

$$y=-5x+14\quad \text{または}\quad 5x+y-14=0$$

を得る.2 点が与えられると直線が決まるので,直線上の適当な 2 点をとって求めるのである.このとき,計算しやすい点をとるのがコツである.ただし,次のような場合もあるので注意しよう.

例 1.9 次の行列で表される 1 次変換によって点 (a,b) はどんな点に移されるか

考えよう.

$$A = \begin{pmatrix} 1 & 2 \\ 2 & 4 \end{pmatrix}$$

解 $\begin{pmatrix} 1 & 2 \\ 2 & 4 \end{pmatrix} \begin{pmatrix} a \\ b \end{pmatrix} = \begin{pmatrix} a+2b \\ 2a+4b \end{pmatrix}$ であるから, 点 (a,b) は点 $(a+2b, 2a+4b)$ に移される. この点は直線 $y = 2x$ 上にあるが, a,b は任意だから, 平面上のすべての点がこの直線上の点に移されることを意味している. 別のいい方をすれば, 2次元の平面が1次元の直線に退化したのである.

たとえば, この直線上の像点 $\mathrm{P}(1,2)$ に対する元の点 (x,y) を求めるために,

$$\begin{pmatrix} 1 & 2 \\ 2 & 4 \end{pmatrix} \begin{pmatrix} x \\ y \end{pmatrix} = \begin{pmatrix} 1 \\ 2 \end{pmatrix}$$

という関係式から得られる連立方程式

$$\begin{cases} x + 2y = 1 \\ 2x + 4y = 2 \end{cases}$$

を解いてみると, $x + 2y - 1 = 0$ という関係式を得るだけである. つまりこれは一意的な解がなく, 直線 $x + 2y - 1 = 0$ 上のすべての点が1点 P に移されることを意味する. 次に直線 $y = 2x$ 上にない点, たとえば点 $\mathrm{Q}(-2,0)$ に移される元の点を求めてみるために, 連立方程式

$$\begin{cases} x + 2y = -2 \\ 2x + 4y = 0 \end{cases}$$

を考えてみると, これは明らかに解なしという結果になる. このようなことが起こるのは行列 A に原因があり, あとで述べる行列の**階数** (rank) に関係している. ∎

例 1.10 例 1.7 でとりあげた行列 A が表す変換をさらに詳しく見てみよう.

解 その変換を f とするとき, f は3次元のベクトルから2次元のベクトルへの写像であるので, $f : \mathbf{R}^3 \to \mathbf{R}^2$ と表記されるが, これを日常的ないい方をすれば「3次元の空間が2次元の平面につぶされる」ことである. ここで減った1次元はどこへ消えたのだろうか?

$$\begin{pmatrix} 1 & 2 & 3 \\ 4 & 5 & 6 \end{pmatrix} \begin{pmatrix} x \\ y \\ z \end{pmatrix} = \begin{pmatrix} 0 \\ 0 \end{pmatrix}$$

を考えると，関係式 $y = -2x, z = x$ が得られる．これは，ベクトル $a\begin{pmatrix} 1 \\ -2 \\ 1 \end{pmatrix}$（$a$ は任意）がすべてゼロ・ベクトルに変換されることを示している．つまり，3次元の空間内の，原点を通る1次元の直線 $x = \dfrac{y}{-2} = z$ が変換 f によって消えてしまうことを意味している．これも階数に関係することであるが，さらにつけ加えれば，ベクトル空間の**核** (kernel) と呼ばれる部分空間の問題でもある．■

以上のように一筋縄ではいかない場合があるが，難しい問題についてはあとで詳しく考えることにして，ここでは，行列はベクトルの1次変換を表すものであることと，その重要な性質として線形性をもっていることを理解しておこう．

■ 練習問題 1.5

1. 以下の問に答えよ．（長岡技大）
   (1) 点 $P(x, y)$ から x 軸上に下ろした垂線の足（P が x 軸上にあるときは P 自身）を $P'(x', y')$ とする．P を P' に移す1次変換を $\begin{pmatrix} x' \\ y' \end{pmatrix} = A\begin{pmatrix} x \\ y \end{pmatrix}$ と表すとき，行列 A を求めよ．
   (2) 点 $P(x, y)$ から直線 $y = kx$（k は定数）に下ろした垂線の足（P がこの直線上にあるときは P 自身）を $P'(x', y')$ とする．P を P' に移す1次変換を $\begin{pmatrix} x' \\ y' \end{pmatrix} = B\begin{pmatrix} x \\ y \end{pmatrix}$ と表すとき，行列 B を求めよ．

2. $y = nx + 2$ で表される直線 L は，行列 $A = \begin{pmatrix} m & 1 \\ 1 & m \end{pmatrix}$ で表される1次変換 f によって，それ自身に移されるものとする．このとき以下の問に答えよ．ただし $n > 0$ とする．（豊橋技大）
   (1) m と n の値を求めよ．
   (2) 直線 L 上にあって，f で不変な点を (1) の結果を用いて求めよ．

3. 空間の点 (x, y, z) の平面 $z = \sqrt{3}x$ に関する対称点を (x', y', z') とする．$\begin{pmatrix} x' \\ y' \\ z' \end{pmatrix} = A\begin{pmatrix} x \\ y \\ z \end{pmatrix}$ と表すとき，行列 A を求めよ．（長岡技大）

2 行 列 式

　行列式の起源は連立 1 次方程式の解法であるといわれている．それは 18 世紀の中ごろ，**スウェーデンの数学者クラメル**（Gabriel Cramer, 1704–1752）によって公にされたが，それより早く 17 世紀の終わりごろ，やはり連立 1 次方程式の解法を与える中で，行列式のアイデアが，日本の江戸時代の数学者**関孝和**（1640 ごろ–1708）によって 1680 年ごろに，さらにヨーロッパ大陸の大数学者**ライプニッツ**（Gottfried W. F. Leibniz, 1646–1716）によって 1690 年ごろに，それぞれ独自に生み出されていることが知られている．これらの歴史を読むことも楽しいことである．

　ただし，この章では，**行列式を置換を用いた定義から始め**，その性質を考え，そして行列式の計算に十分慣れてから，その応用として連立方程式の解法へと進む．

　ところで，行列式といっても，それは式ではなく**値** (value)（ここでは実数）であり，また，その記法も行列に似ているので注意を要する．たとえば，

$$\begin{pmatrix} 1 & 2 & 3 \\ 4 & 5 & 6 \\ 7 & 8 & 9 \end{pmatrix} \text{は行列}, \quad \begin{vmatrix} 1 & 2 & 3 \\ 4 & 5 & 6 \\ 7 & 8 & 9 \end{vmatrix} \text{は行列式}$$

のように，丸いカッコで囲んだものが行列で，絶対値記号と同じたて線で囲ったものが行列式である．ただし，行列式は絶対値をとるものではないので，負の値になることもある．さらに文字で代用するときも，行列と同じように，アルファベットの大文字を使う．つまり，左上の正方行列を A とおくとき，右上の行列式を $|A|$ と表す．このように，いろいろ紛らわしいことがあるので，間違わないように注意しよう．

　行列式は，単にその値を計算したり，連立方程式の解法に使うだけのものではなく，ベクトルや行列と関連して広い範囲の応用がある．さらに，直線や平面などの図形を表す方程式をシンプルに表現することもできる．

2.1 行列式の定義

n 個の数字 $\{1, 2, \cdots, n\}$ を並べ替えることを**置換** (permutation) という．それを以下のように上下 2 段からなる数字の列で表し，上の段の数字が並べ替えられて下の段のようになることを示しているものとする．

《注》 ただし，その表し方が行列と紛らわしいので注意してほしい．このような置換の表記はコーシー (A. L. Cauchy, 1789–1857) による．

$n = 1$ のときはつまらないので，$n \geq 2$ として考えよう．まず，$n = 2$ のとき次の 2 個の置換がある．

$$\begin{pmatrix} 1 & 2 \\ 1 & 2 \end{pmatrix}, \quad \begin{pmatrix} 1 & 2 \\ 2 & 1 \end{pmatrix}$$

$n = 3$ のとき 6 個の置換がある．

$$\begin{pmatrix} 1 & 2 & 3 \\ 1 & 2 & 3 \end{pmatrix}, \quad \begin{pmatrix} 1 & 2 & 3 \\ 1 & 3 & 2 \end{pmatrix}, \quad \begin{pmatrix} 1 & 2 & 3 \\ 2 & 1 & 3 \end{pmatrix}$$

$$\begin{pmatrix} 1 & 2 & 3 \\ 2 & 3 & 1 \end{pmatrix}, \quad \begin{pmatrix} 1 & 2 & 3 \\ 3 & 1 & 2 \end{pmatrix}, \quad \begin{pmatrix} 1 & 2 & 3 \\ 3 & 2 & 1 \end{pmatrix}$$

置換の**積** (product) (または**合成** (composition) ともいう) を次の例のように定義する．つまり，右側の置換から左側の置換へと，並べ替えを続けて行うものとする．置換の過程を右側の囲みの中で示している．

$$\begin{pmatrix} 1 & 2 & 3 & 4 \\ 3 & 2 & 1 & 4 \end{pmatrix} \begin{pmatrix} 1 & 2 & 3 & 4 \\ 4 & 2 & 3 & 1 \end{pmatrix} = \begin{pmatrix} 1 & 2 & 3 & 4 \\ 4 & 2 & 1 & 3 \end{pmatrix} \quad \boxed{\begin{array}{ccc} 4 & \leftarrow 4 & \leftarrow 1 \\ 2 & \leftarrow 2 & \leftarrow 2 \\ 1 & \leftarrow 3 & \leftarrow 3 \\ 3 & \leftarrow 1 & \leftarrow 4 \end{array}}$$

2 つの文字だけの置換を**互換** (transposition) といい，次の式の右辺のように表す．

$$\begin{pmatrix} 1 & \cdots & i & \cdots & k & \cdots & n \\ 1 & \cdots & k & \cdots & i & \cdots & n \end{pmatrix} = (i, k)$$

たとえば，

$$\begin{pmatrix} 1 & 2 \\ 2 & 1 \end{pmatrix} = (1, 2) \quad \begin{pmatrix} 1 & 2 & 3 \\ 3 & 2 & 1 \end{pmatrix} = (1, 3) \quad \begin{pmatrix} 1 & 2 & 3 & 4 & 5 \\ 1 & 2 & 5 & 4 & 3 \end{pmatrix} = (3, 5)$$

などである．

任意の置換はいくつかの互換の積で表すことができる．たとえば，

$$\begin{pmatrix} 1 & 2 & 3 & 4 \\ 3 & 4 & 2 & 1 \end{pmatrix} = (1,3)(2,4)(3,4)$$

証明を省略するが，次の重要な定理がある．

> **定理 2.1**
>
> 　置換を互換の積で表すとき，その表し方は一通りではないが，偶数個の互換の積になるか，奇数個の互換の積になるかは変わらない．

そこで，偶数個の互換の積で表されるものを**偶置換** (even permutation)，奇数個の互換の積で表されるものを**奇置換** (odd permutation) という．

> **定理 2.2**
>
> 　一般に n 文字の置換は $n!$ 個ある．$n \geq 2$ のとき偶置換と奇置換はそれぞれ $n!/2$ 個ずつある．

例 2.1 $n=3$ のとき，置換の偶奇を調べよう．

解

偶置換は $\begin{pmatrix} 1 & 2 & 3 \\ 1 & 2 & 3 \end{pmatrix}, \begin{pmatrix} 1 & 2 & 3 \\ 2 & 3 & 1 \end{pmatrix}, \begin{pmatrix} 1 & 2 & 3 \\ 3 & 1 & 2 \end{pmatrix}$

奇置換は $\begin{pmatrix} 1 & 2 & 3 \\ 1 & 3 & 2 \end{pmatrix}, \begin{pmatrix} 1 & 2 & 3 \\ 2 & 1 & 3 \end{pmatrix}, \begin{pmatrix} 1 & 2 & 3 \\ 3 & 2 & 1 \end{pmatrix}$

であり，それぞれ 3 個ずつある．■

置換 p に対して，その符号 $\mathrm{sgn}(p)$ を次のように定める．

$$\mathrm{sgn}(p) = \begin{cases} 1 & \text{偶置換のとき} \\ -1 & \text{奇置換のとき} \end{cases}$$

たとえば，

$$\mathrm{sgn}\begin{pmatrix} 1 & 2 & 3 & 4 \\ 2 & 3 & 1 & 4 \end{pmatrix} = 1, \quad \mathrm{sgn}(2,3) = -1$$

である．

以上の準備のもとで行列式を定義しよう．n 次の正方行列 A があるとき，その成分を $|\ |$ で囲んだものを n 次の**行列式** (determinant) という．つまり，

$$A = \begin{pmatrix} x_{11} & x_{12} & \cdots & x_{1n} \\ x_{21} & x_{22} & \cdots & x_{2n} \\ \vdots & \vdots & \ddots & \vdots \\ x_{n1} & x_{n2} & \cdots & x_{nn} \end{pmatrix} \quad \text{に対して，} \quad |A| = \begin{vmatrix} x_{11} & x_{12} & \cdots & x_{1n} \\ x_{21} & x_{22} & \cdots & x_{2n} \\ \vdots & \vdots & \ddots & \vdots \\ x_{n1} & x_{n2} & \cdots & x_{nn} \end{vmatrix}$$

ここで，記号 $|\ |$ は絶対値ではないので注意しよう．各 x_{ij} を**成分** (component) という．

行列式は 1 つの値を表しているものとして，その値を次のように定義する．

$$|A| = \begin{vmatrix} x_{11} & x_{12} & \cdots & x_{1n} \\ x_{21} & x_{22} & \cdots & x_{2n} \\ \vdots & \vdots & \ddots & \vdots \\ x_{n1} & x_{n2} & \cdots & x_{nn} \end{vmatrix} = \sum_{p} \mathrm{sgn}(p) x_{1p_1} x_{2p_2} \cdots x_{np_n}$$

ここで $\sum_{p}$ はすべての置換 $p = \begin{pmatrix} 1 & 2 & \cdots & n \\ p_1 & p_2 & \cdots & p_n \end{pmatrix}$ について和をとるものとし，その置換 p は，第 1 行から第 p_1 列目にある数 x_{1p_1} を，第 2 行からは第 p_2 列目にある数 x_{2p_2} をとりながら，それらの数の積を定めるものとする．

たとえば，行列式 $|A| = \begin{vmatrix} 1 & 2 & 3 \\ 4 & 5 & 6 \\ 7 & 8 & 9 \end{vmatrix}$ があるとき，置換 $\begin{pmatrix} 1 & 2 & 3 \\ 3 & 2 & 1 \end{pmatrix}$ は

$$\mathrm{sgn} \begin{pmatrix} 1 & 2 & 3 \\ 3 & 2 & 1 \end{pmatrix} \times 3 \times 5 \times 7 = -105$$

という値を定め，これは行列式 $|A|$ を計算する 1 つの項となる．

例 2.2 2 次の行列式の値を定義に従って求めよ．

解

$$\begin{vmatrix} x_{11} & x_{12} \\ x_{21} & x_{22} \end{vmatrix} = \mathrm{sgn} \begin{pmatrix} 1 & 2 \\ 1 & 2 \end{pmatrix} x_{11} x_{22} + \mathrm{sgn} \begin{pmatrix} 1 & 2 \\ 2 & 1 \end{pmatrix} x_{12} x_{21}$$
$$= x_{11} x_{22} - x_{12} x_{21}$$

これを簡単に書くと，

2 行列式

$$\begin{vmatrix} a & b \\ c & d \end{vmatrix} = ad - bc$$

のようになるので，この形で覚えてしまおう．■

例 2.3 3次の行列式の値を定義に従って求めよう．

解 $D = \begin{vmatrix} x_{11} & x_{12} & x_{13} \\ x_{21} & x_{22} & x_{23} \\ x_{31} & x_{32} & x_{33} \end{vmatrix}$ とおけば，

$$\begin{aligned}
D &= \mathrm{sgn}\begin{pmatrix} 1 & 2 & 3 \\ 1 & 2 & 3 \end{pmatrix} x_{11}x_{22}x_{33} + \mathrm{sgn}\begin{pmatrix} 1 & 2 & 3 \\ 2 & 3 & 1 \end{pmatrix} x_{12}x_{23}x_{31} \\
&\quad + \mathrm{sgn}\begin{pmatrix} 1 & 2 & 3 \\ 3 & 1 & 2 \end{pmatrix} x_{13}x_{21}x_{32} + \mathrm{sgn}\begin{pmatrix} 1 & 2 & 3 \\ 1 & 3 & 2 \end{pmatrix} x_{11}x_{23}x_{32} \\
&\quad + \mathrm{sgn}\begin{pmatrix} 1 & 2 & 3 \\ 2 & 1 & 3 \end{pmatrix} x_{12}x_{21}x_{33} + \mathrm{sgn}\begin{pmatrix} 1 & 2 & 3 \\ 3 & 2 & 1 \end{pmatrix} x_{13}x_{22}x_{31} \\
&= x_{11}x_{22}x_{33} + x_{12}x_{23}x_{31} + x_{13}x_{21}x_{32} \\
&\quad - x_{11}x_{23}x_{32} - x_{12}x_{21}x_{33} - x_{13}x_{22}x_{31} \quad ■
\end{aligned}$$

2次の場合と3次の場合の結果を見ると，特徴的な積和（左上から右下への積はプラス，右上から左下への積はマイナス）になっている．このような積和による展開を**サラスの方法** (Sarrus' method) という．ただし4次以上の行列式では，サラスの方法という積和で値を求めることはできないので注意しよう．それは，たとえば置換

$$\begin{pmatrix} 1 & 2 & 3 & 4 \\ 4 & 3 & 2 & 1 \end{pmatrix}$$

は偶置換であるから，右上から左下への積でもマイナスにならない項があることでわかるであろう．

《注》 行列式の定義において，各置換 p の上の段は列の番号を，下の段は行の番号を表すものとして展開してみよう．そのようにして得られる値を D' とおき，3次の場合でやってみると，

$$\begin{aligned}
D' &= \mathrm{sgn}\begin{pmatrix} 1 & 2 & 3 \\ 1 & 2 & 3 \end{pmatrix} x_{11}x_{22}x_{33} + \mathrm{sgn}\begin{pmatrix} 1 & 2 & 3 \\ 2 & 3 & 1 \end{pmatrix} x_{21}x_{32}x_{13} \\
&\quad + \mathrm{sgn}\begin{pmatrix} 1 & 2 & 3 \\ 3 & 1 & 2 \end{pmatrix} x_{31}x_{12}x_{23} + \mathrm{sgn}\begin{pmatrix} 1 & 2 & 3 \\ 1 & 3 & 2 \end{pmatrix} x_{11}x_{32}x_{23}
\end{aligned}$$

$$+ \mathrm{sgn}\begin{pmatrix} 1 & 2 & 3 \\ 2 & 1 & 3 \end{pmatrix} x_{21}x_{12}x_{33} + \mathrm{sgn}\begin{pmatrix} 1 & 2 & 3 \\ 3 & 2 & 1 \end{pmatrix} x_{31}x_{22}x_{13}$$

$$= x_{11}x_{22}x_{33} + x_{21}x_{32}x_{13} + x_{31}x_{12}x_{23}$$

$$-x_{11}x_{32}x_{23} - x_{21}x_{12}x_{33} - x_{31}x_{22}x_{13}$$

$$= D$$

この結果は一般に n 次の行列式についても同様である.つまり,行列式の値を置換を用いて定義するとき,各置換の上・下の段を行・列の番号としても,列・行の番号としてもいいのである.

■ 練習問題 2.1

1. $n=4$ のときの置換をすべて書け.
2. $n=4$ のときの置換を偶置換と奇置換の 2 つのグループに分け,それぞれ $4!/2 = 12$ 個ずつあることを確かめよ.
3. 次の置換について積 pq と qp を求めよ.

$$p = \begin{pmatrix} 1 & 2 & 3 & 4 & 5 \\ 5 & 1 & 3 & 2 & 4 \end{pmatrix}, \quad q = \begin{pmatrix} 1 & 2 & 3 & 4 & 5 \\ 4 & 5 & 1 & 2 & 3 \end{pmatrix}$$

4. 次の置換を互換の積で表し,偶奇を判定せよ.

(1) $\begin{pmatrix} 1 & 2 & 3 & 4 \\ 4 & 1 & 3 & 2 \end{pmatrix}$ (2) $\begin{pmatrix} 1 & 2 & 3 & 4 & 5 & 6 \\ 3 & 6 & 2 & 1 & 4 & 5 \end{pmatrix}$

(3) $\begin{pmatrix} 1 & 2 & 3 & \cdots & n-1 & n \\ 2 & 3 & 4 & \cdots & n & 1 \end{pmatrix}$ (4) $\begin{pmatrix} 1 & 2 & 3 & \cdots & n \\ n & 1 & 2 & \cdots & n-1 \end{pmatrix}$

5. 次の行列式の展開において,置換 $\begin{pmatrix} 1 & 2 & 3 & 4 & 5 \\ 2 & 4 & 1 & 5 & 3 \end{pmatrix}$ が定める項の値を求めよ.

$$\begin{vmatrix} 0 & 2 & -1 & 3 & 5 \\ -4 & 7 & 0 & 1 & -1 \\ -1 & 6 & 2 & 0 & 3 \\ 2 & -2 & 0 & -3 & 5 \\ -6 & -3 & -1 & 4 & 6 \end{vmatrix}$$

6. 次の行列式を計算せよ.

(1) $\begin{vmatrix} 5 & 1 \\ 6 & 2 \end{vmatrix}$ (2) $\begin{vmatrix} 2 & -3 \\ 4 & 7 \end{vmatrix}$ (3) $\begin{vmatrix} 1 & 2 & 4 \\ 2 & 4 & 2 \\ 4 & 2 & 1 \end{vmatrix}$ (4) $\begin{vmatrix} 2 & 0 & 3 \\ -1 & 6 & 2 \\ 4 & -7 & 5 \end{vmatrix}$

7. $\alpha + \beta = \pi$ のとき，次の行列式を計算せよ．

(1) $\begin{vmatrix} \cos\alpha & \sin\alpha \\ \sin\beta & \cos\beta \end{vmatrix}$
(2) $\begin{vmatrix} \sin\left(\alpha + \dfrac{\pi}{2}\right) & 0 & 1 \\ \cos\left(\alpha + \dfrac{\pi}{2}\right) & \cos\left(\beta + \dfrac{\pi}{3}\right) & 0 \\ 0 & \sin\left(\beta + \dfrac{\pi}{3}\right) & 1 \end{vmatrix}$

8. 次の方程式を解け．ただし a は定数とする．

(1) $\begin{vmatrix} 5-x & -1 \\ 6 & -2-x \end{vmatrix} = 0$
(2) $\begin{vmatrix} a-x & 1 & 0 \\ 1 & a-x & 1 \\ 0 & 1 & a-x \end{vmatrix} = 0$

2.2 行列式の性質

　行列式の値を求めるとき，すべての置換をとって定義どおりに計算することはなく，以下の性質を使って求めるのがふつうである．あるいは，むしろ以下の性質そのものが重要な意味をもっていると考え，その性質を使って逆に行列式を公理的に定義することもできる．以下，証明を省略し，3次または4次の行列式を使ってその性質を表す．

　行と列を入れ替えること，つまり

$$\begin{vmatrix} x_{11} & x_{12} & x_{13} \\ x_{21} & x_{22} & x_{23} \\ x_{31} & x_{32} & x_{33} \end{vmatrix} \longrightarrow \begin{vmatrix} x_{11} & x_{21} & x_{31} \\ x_{12} & x_{22} & x_{32} \\ x_{13} & x_{23} & x_{33} \end{vmatrix}$$

のようにすることを **転置する** (transpose) という．行列式の値を定義するとき，各置換が定める項の値を，行を基本にして考えても，列を基本にして考えても同じであったから，次の性質が成り立つ．

定理 2.3

　　転置しても，行列式の値は変わらない．

このことから，以下の性質で，行に関することはすべて列に関しても成り立つ．

定理 2.4

　　ある行の共通因数はくくり出せる．

$$\begin{vmatrix} x_{11} & x_{12} & x_{13} & x_{14} \\ c\,x_{21} & c\,x_{22} & c\,x_{23} & c\,x_{24} \\ x_{31} & x_{32} & x_{33} & x_{34} \\ x_{41} & x_{42} & x_{43} & x_{44} \end{vmatrix} = c \begin{vmatrix} x_{11} & x_{12} & x_{13} & x_{14} \\ x_{21} & x_{22} & x_{23} & x_{24} \\ x_{31} & x_{32} & x_{33} & x_{34} \\ x_{41} & x_{42} & x_{43} & x_{44} \end{vmatrix}$$

定理 2.5

ある行の成分がすべて 0 $\Rightarrow$ 行列式の値 $= 0$

定理 2.6

ある行の各成分が 2 数の和 $\Rightarrow$ 行列式の和に分解できる.

$$\begin{vmatrix} a_1 & a_2 & a_3 \\ b_1+c_1 & b_2+c_2 & b_3+c_3 \\ d_1 & d_2 & d_3 \end{vmatrix} = \begin{vmatrix} a_1 & a_2 & a_3 \\ b_1 & b_2 & b_3 \\ d_1 & d_2 & d_3 \end{vmatrix} + \begin{vmatrix} a_1 & a_2 & a_3 \\ c_1 & c_2 & c_3 \\ d_1 & d_2 & d_3 \end{vmatrix}$$

定理 2.7

2 つの行を交換 $\Rightarrow$ 行列式の符号が変わる.

$$\begin{vmatrix} a_1 & a_2 & a_3 & a_4 \\ b_1 & b_2 & b_3 & b_4 \\ c_1 & c_2 & c_3 & c_4 \\ d_1 & d_2 & d_3 & d_4 \end{vmatrix} = - \begin{vmatrix} a_1 & a_2 & a_3 & a_4 \\ d_1 & d_2 & d_3 & d_4 \\ c_1 & c_2 & c_3 & c_4 \\ b_1 & b_2 & b_3 & b_4 \end{vmatrix}$$

定理 2.8

2 つの比例する行がある $\Rightarrow$ 行列式の値 $= 0$

$$\begin{vmatrix} x_1 & x_2 & x_3 & x_4 \\ y_1 & y_2 & y_3 & y_4 \\ c\,x_1 & c\,x_2 & c\,x_3 & c\,x_4 \\ z_1 & z_2 & z_3 & z_4 \end{vmatrix} = 0$$

定理 2.9

ある行の各成分を定数倍して, それらを他の行に加えても行列式の値は変わらない.

2 行 列 式

$$\begin{vmatrix} x_1 & x_2 & x_3 \\ y_1 & y_2 & y_3 \\ z_1 & z_2 & z_3 \end{vmatrix} = \begin{vmatrix} x_1 + c z_1 & x_2 + c z_2 & x_3 + c z_3 \\ y_1 & y_2 & y_3 \\ z_1 & z_2 & z_3 \end{vmatrix}$$

以上の性質を使いながら行列式の値を求める方法を次の例で示す．ただし途中の変形にはさまざまな工夫が考えられるし，次節以降に出てくる別の方法も加えると，さらにやり方はたくさんあるだろう．自分でもっとよいやり方を考える参考にしてほしい．

例 2.4 次の行列式の値を求めよう．

(1) $|A| = \begin{vmatrix} 1 & 4 & -2 \\ 2 & 3 & 1 \\ 3 & 2 & -1 \end{vmatrix}$
(2) $|B| = \begin{vmatrix} 0 & 1 & 2 & 3 \\ 3 & 0 & 1 & 2 \\ 2 & 3 & 0 & 1 \\ 1 & 2 & 3 & 0 \end{vmatrix}$

解

(1) 第 1 行 + 第 2 行 × 2
第 3 行 + 第 2 行
の操作を行うと右のようになる． $\quad |A| = \begin{vmatrix} 5 & 10 & 0 \\ 2 & 3 & 1 \\ 5 & 5 & 0 \end{vmatrix}$

第 1 行と第 3 行から
5 をそれぞれくくり出して $\quad = 25 \begin{vmatrix} 1 & 2 & 0 \\ 2 & 3 & 1 \\ 1 & 1 & 0 \end{vmatrix}$

あとはサラスの方法で計算して，$|A| = 25 \times 1 = 25$．

(2) 第 3 列 − 第 2 列 × 2
第 4 列 − 第 2 列 × 3
の操作を行うと $\quad |B| = \begin{vmatrix} 0 & 1 & 0 & 0 \\ 3 & 0 & 1 & 2 \\ 2 & 3 & -6 & -8 \\ 1 & 2 & -1 & -6 \end{vmatrix}$

第 4 列から 2 をくくり出して $\quad = 2 \begin{vmatrix} 0 & 1 & 0 & 0 \\ 3 & 0 & 1 & 1 \\ 2 & 3 & -6 & -4 \\ 1 & 2 & -1 & -3 \end{vmatrix}$

第 1 列 − 第 3 列 × 3
第 4 列 − 第 3 列
の操作を行うと $\quad = 2 \begin{vmatrix} 0 & 1 & 0 & 0 \\ 0 & 0 & 1 & 0 \\ 20 & 3 & -6 & 2 \\ 4 & 2 & -1 & -2 \end{vmatrix}$

2.2 行列式の性質

第 1 列から 4 を
第 4 列から 2 をくくり出すと

$$= 16 \begin{vmatrix} 0 & 1 & 0 & 0 \\ 0 & 0 & 1 & 0 \\ 5 & 3 & -6 & 1 \\ 1 & 2 & -1 & -1 \end{vmatrix}$$

第 1 列 − 第 4 列 × 5
第 2 列 − 第 4 列 × 3
第 3 列 + 第 4 列 × 6
の操作を行うと
あとは置換による定義より

$$= 16 \begin{vmatrix} 0 & 1 & 0 & 0 \\ 0 & 0 & 1 & 0 \\ 0 & 0 & 0 & 1 \\ 6 & 5 & -7 & -1 \end{vmatrix}$$

$$|B| = 16 \times \operatorname{sgn} \begin{pmatrix} 1 & 2 & 3 & 4 \\ 2 & 3 & 4 & 1 \end{pmatrix} \times 6 = -96 \quad \blacksquare$$

上の例で, 行列式 $|B|$ の変形の途中で, 練習問題 2.2 の問 2 の解答を参考にすれば,

$$|B| = \begin{vmatrix} 0 & 1 & 0 & 0 \\ 3 & 0 & 1 & 2 \\ 2 & 3 & -6 & -8 \\ 1 & 2 & -1 & -6 \end{vmatrix} = - \begin{vmatrix} 3 & 1 & 2 \\ 2 & -6 & -8 \\ 1 & -1 & -6 \end{vmatrix}$$

となることがわかる. このように, 行列式の値を求めるとき, 次数を下げる方法は非常に有効であるが, ここでは深く立ち入らないことにする. 詳しいことは次の節ではっきりするであろう. ただし, 計算を速くする方法として知っているとよい.

左上から右下に斜めに並ぶ成分を**対角成分** (diagonal component) というが, その対角成分の左下, または右上にある成分がすべて 0 であるとき, その形をした行列を**三角行列** (triangular matrix) といい, 行列式ならば**三角行列式**という.

例 2.5 三角行列式の値は対角成分の積に等しいことを示そう.

解 たとえば,

$$\begin{vmatrix} x_{11} & x_{12} & x_{13} \\ 0 & x_{22} & x_{23} \\ 0 & 0 & x_{33} \end{vmatrix} = x_{11} x_{22} x_{33} \qquad \begin{vmatrix} 1 & 0 & 0 & 0 \\ 2 & 5 & 0 & 0 \\ 3 & 6 & 8 & 0 \\ 4 & 7 & 9 & 10 \end{vmatrix} = 400$$

となるが, これは行列式の定義において, 置換

$$\begin{pmatrix} 1 & 2 & 3 \\ 1 & 2 & 3 \end{pmatrix} \text{ または } \begin{pmatrix} 1 & 2 & 3 & 4 \\ 1 & 2 & 3 & 4 \end{pmatrix}$$

が定める項しか残らないからである. このことは一般に n 次の行列式についても同様で

2 行列式

ある. ∎

行列式の値を求めるとき, 成分の中になるべく 0 が多くなるように変形するとよいが, 上のような三角行列式の形に変形して値を求めることもよくある.

なお, 右上から左下への対角線は, そもそも対角成分とは呼ばないし, 計算結果も

$$\begin{vmatrix} 0 & 0 & x_{13} \\ 0 & x_{22} & x_{23} \\ x_{31} & x_{32} & x_{33} \end{vmatrix} = x_{13} x_{22} x_{31}$$

とはならないことに注意しよう.

■ 練習問題 2.2

1. 次の行列式を計算せよ.

(1) $\begin{vmatrix} 1 & 0 & 0 & 0 \\ 1 & 2 & 0 & 0 \\ 1 & 2 & 3 & 0 \\ 1 & 2 & 3 & 4 \end{vmatrix}$ (2) $\begin{vmatrix} 1 & 2 & 3 & 4 \\ 5 & 6 & 7 & 0 \\ 8 & 9 & 0 & 0 \\ 10 & 0 & 0 & 0 \end{vmatrix}$ (3) $\begin{vmatrix} 1 & 3 & 2 \\ -1 & 1 & 1 \\ 3 & 1 & 2 \end{vmatrix}$ (北見工大)

2. 次の等式を証明せよ.

(1) $\begin{vmatrix} 0 & x_{11} & x_{12} & x_{13} \\ 0 & x_{21} & x_{22} & x_{23} \\ 0 & x_{31} & x_{32} & x_{33} \\ a & b & c & d \end{vmatrix} = -a \cdot \begin{vmatrix} x_{11} & x_{12} & x_{13} \\ x_{21} & x_{22} & x_{23} \\ x_{31} & x_{32} & x_{33} \end{vmatrix}$

(2) n 次の正方行列 A に対して, $|aA| = a^n |A|$, 特に $|-A| = (-1)^n |A|$.

3. 次の行列式を計算せよ.

(1) $\begin{vmatrix} 1 & 2 & 3 & 4 \\ 2 & 3 & 4 & 1 \\ 3 & 4 & 1 & 2 \\ 4 & 1 & 2 & 3 \end{vmatrix}$ (九大)   (2) $\begin{vmatrix} 1 & -2 & 3 & 1 & -3 \\ -1 & -5 & -3 & 3 & 7 \\ 3 & 4 & 9 & -2 & 8 \\ 2 & -4 & 6 & 2 & -5 \\ 2 & 5 & 7 & 9 & 4 \end{vmatrix}$ (神戸大理)

(3) $\begin{vmatrix} 0 & 1 & -1 & 2 \\ 1 & -2 & 1 & 1 \\ 2 & 1 & -1 & 2 \\ -1 & 1 & -2 & 1 \end{vmatrix}$ (名工大)   (4) $\begin{vmatrix} 1 & 2 & 0 & 1 \\ 3 & 4 & 1 & -4 \\ 1 & 0 & 1 & 2 \\ -4 & 1 & 3 & 4 \end{vmatrix}$ (東商船大)

2.3 行列式の展開

前節の練習問題 2.2 の解答中で述べた次数を下げるやり方は行列式を計算するときの常套手段であるが，それは以下に説明する**展開** (expansion) という方法の特別な場合である．

まず n 次の行列式

$$|A| = \begin{vmatrix} x_{11} & \cdots & x_{1n} \\ \vdots & & \vdots \\ x_{n1} & \cdots & x_{nn} \end{vmatrix}$$

に対して j 行目と k 列目の成分を除いてできる $n-1$ 次の小行列式を A_{jk} と表すことにする．それに符号をつけた式 $(-1)^{j+k} A_{jk}$ を（成分 x_{jk} に対する）**余因子** (cofactor) という．たとえば，行列式

$$|A| = \begin{vmatrix} 1 & 2 & 3 & 4 \\ 5 & 6 & 7 & 8 \\ 9 & 10 & 11 & 12 \\ 13 & 14 & 15 & 16 \end{vmatrix}$$

があるとき，第 3 行第 2 列の成分 10 に対する余因子は

$$(-1)^{3+2} A_{32} = (-1)^5 \begin{vmatrix} 1 & 3 & 4 \\ 5 & 7 & 8 \\ 13 & 15 & 16 \end{vmatrix}$$

である．

さて，3 次の行列式

$$|A| = \begin{vmatrix} x_{11} & x_{12} & x_{13} \\ x_{21} & x_{22} & x_{23} \\ x_{31} & x_{32} & x_{33} \end{vmatrix}$$

があるとき，定理 2.6 を使って次のように変形してみよう．

$$|A| = \begin{vmatrix} x_{11} & x_{12} & x_{13} \\ x_{21}+0 & 0+x_{22} & 0+x_{23} \\ x_{31} & x_{32} & x_{33} \end{vmatrix}$$

$$= \begin{vmatrix} x_{11} & x_{12} & x_{13} \\ x_{21} & 0 & 0 \\ x_{31} & x_{32} & x_{33} \end{vmatrix} + \begin{vmatrix} x_{11} & x_{12} & x_{13} \\ 0 & x_{22} & x_{23} \\ x_{31} & x_{32} & x_{33} \end{vmatrix}$$

$$=-x_{21}\begin{vmatrix} x_{12} & x_{13} \\ x_{32} & x_{33} \end{vmatrix}+\begin{vmatrix} x_{11} & x_{12} & x_{13} \\ 0 & x_{22} & x_{23} \\ x_{31} & x_{32} & x_{33} \end{vmatrix}$$

さらに，この第2項は

$$\begin{vmatrix} x_{11} & x_{12} & x_{13} \\ 0+0 & x_{22}+0 & 0+x_{23} \\ x_{31} & x_{32} & x_{33} \end{vmatrix}=\begin{vmatrix} x_{11} & x_{12} & x_{13} \\ 0 & x_{22} & 0 \\ x_{31} & x_{32} & x_{33} \end{vmatrix}+\begin{vmatrix} x_{11} & x_{12} & x_{13} \\ 0 & 0 & x_{23} \\ x_{31} & x_{32} & x_{33} \end{vmatrix}$$

$$=x_{22}\begin{vmatrix} x_{11} & x_{13} \\ x_{31} & x_{33} \end{vmatrix}-x_{23}\begin{vmatrix} x_{11} & x_{12} \\ x_{31} & x_{32} \end{vmatrix}$$

となる．したがって，

$$|A|=-x_{21}\begin{vmatrix} x_{12} & x_{13} \\ x_{32} & x_{33} \end{vmatrix}+x_{22}\begin{vmatrix} x_{11} & x_{13} \\ x_{31} & x_{33} \end{vmatrix}-x_{23}\begin{vmatrix} x_{11} & x_{12} \\ x_{31} & x_{32} \end{vmatrix}$$

となる．これを余因子 $(-1)^{j+k}A_{jk}$ を用いて表すと

$$|A|=(-1)^{2+1}A_{21}\,x_{21}+(-1)^{2+2}A_{22}\,x_{22}+(-1)^{2+3}A_{23}\,x_{23}$$

である．つまり各成分とその余因子との積和になっている．これを行列式 $|A|$ の，**第2行における展開** (expansion by the second row) という．もちろん列についても同じことがいえる．そしてこのことは，一般に n 次の行列式に対して成り立つので，定理としてあげておこう．

定理 2.10

行列式 $|A|$ を第 j 行において展開すると次の式が得られる．
$$|A|=\sum_{k=1}^{n}(-1)^{j+k}A_{jk}\,x_{jk}$$

例 2.6 次の行列式を第4行で展開せよ．

$$\begin{vmatrix} 6 & 3 & 1 & 4 \\ 0 & 1 & 1 & 1 \\ 3 & 5 & 3 & 3 \\ 8 & 4 & 0 & 1 \end{vmatrix}$$

解 この行列式を $|A|$ とおくと，

$$|A| = -8\begin{vmatrix} 3 & 1 & 4 \\ 1 & 1 & 1 \\ 5 & 3 & 3 \end{vmatrix} + 4\begin{vmatrix} 6 & 1 & 4 \\ 0 & 1 & 1 \\ 3 & 3 & 3 \end{vmatrix} + \begin{vmatrix} 6 & 3 & 1 \\ 0 & 1 & 1 \\ 3 & 5 & 3 \end{vmatrix} \blacksquare$$

ただし，実際に値を求めるときは，前回の行列式の性質を使って変形してから展開するとよい．たとえば，3列目を -1 倍して 2 列目と 4 列目に加えて変形してから，2 行目で展開すると，次のようになる．

$$|A| = \begin{vmatrix} 6 & 2 & 1 & 3 \\ 0 & 0 & 1 & 0 \\ 3 & 2 & 3 & 0 \\ 8 & 4 & 0 & 1 \end{vmatrix} = -\begin{vmatrix} 6 & 2 & 3 \\ 3 & 2 & 0 \\ 8 & 4 & 1 \end{vmatrix} = -2\begin{vmatrix} 6 & 1 & 3 \\ 3 & 1 & 0 \\ 8 & 2 & 1 \end{vmatrix} = \text{以下略}$$

ここに，計算に役立ついくつかの関係式を，証明を略して，あげておこう．そのうちいくつかは練習問題でとりあげる．

1. $|E| = 1, \quad |O| = 0$
2. $|AB| = |A| \cdot |B|$
3. A, B, C, D が正方行列で，たとえば，

$$A = \begin{pmatrix} 6 & 2 \\ 0 & 0 \end{pmatrix}, B = \begin{pmatrix} 1 & 3 \\ 1 & 0 \end{pmatrix}, C = \begin{pmatrix} 3 & 2 \\ 8 & 4 \end{pmatrix}, D = \begin{pmatrix} 3 & 0 \\ 0 & 1 \end{pmatrix}$$

のときに，$\begin{vmatrix} 6 & 2 & 1 & 3 \\ 0 & 0 & 1 & 0 \\ 3 & 2 & 3 & 0 \\ 8 & 4 & 0 & 1 \end{vmatrix} = \begin{vmatrix} A & B \\ C & D \end{vmatrix}$ と表すことがある．このような形をした

行列式について，一般に以下の関係式が成り立つ．

(1) $\begin{vmatrix} A & O \\ O & B \end{vmatrix} = |A| \cdot |B|, \quad \begin{vmatrix} A & C \\ O & B \end{vmatrix} = |A| \cdot |B|$

(2) $\begin{vmatrix} A & B \\ B & A \end{vmatrix} = |A + B| \cdot |A - B|$

うっかりした間違いに

- $|A + B| = |A| + |B|, \quad |A - B| = |A| - |B|$

2 行列式

- $\begin{vmatrix} A & B \\ C & D \end{vmatrix} = |AD - BC|$ あるいは $= |A||D| - |B||C|$

などとすることがある．これは一般に成り立たないので注意しよう．

■ **練習問題 2.3**

1. 次の行列式について，以下の問に答えよ．

$$|A| = \begin{vmatrix} 1 & 1 & 0 & 3 \\ -1 & 3 & 4 & 2 \\ 2 & a & 5 & 4 \\ 3 & -2 & -2 & 2 \end{vmatrix}$$

   (1) 第 3 列における展開式を書け．
   (2) 行列式 $|A|$ の第 2 行第 4 列の成分に対する余因子の値が 23 であるとき，定数 a の値を求めよ．
   (3) そのときの行列式 $|A|$ の値を求めよ．

2. 次の行列式を計算せよ．

   (1) $\begin{vmatrix} 1 & 4 & 1 & 4 \\ 2 & 1 & 3 & 5 \\ 6 & 2 & 3 & 7 \\ 3 & 0 & 9 & 5 \end{vmatrix}$ （福井大） (2) $\begin{vmatrix} 0 & 1 & 2 & 3 & 4 \\ 4 & 0 & 1 & 2 & 3 \\ 3 & 4 & 0 & 1 & 2 \\ 2 & 3 & 4 & 0 & 1 \\ 1 & 2 & 3 & 4 & 0 \end{vmatrix}$

3. 次の等式が成り立つことを証明せよ．

$$\begin{vmatrix} a & b & 0 & 0 \\ c & d & 0 & 0 \\ x & y & e & f \\ z & w & g & h \end{vmatrix} = \begin{vmatrix} a & b \\ c & d \end{vmatrix} \cdot \begin{vmatrix} e & f \\ g & h \end{vmatrix}$$

4. 上の等式を用いて，次の行列式の値を求めよ．

   (1) $\begin{vmatrix} 3 & 5 & 6 & 7 \\ 2 & 1 & 8 & 9 \\ 0 & 0 & 3 & 1 \\ 0 & 0 & 0 & 2 \end{vmatrix}$ （埼玉大） (2) $\begin{vmatrix} 0 & 0 & 1 & 2 \\ 0 & 0 & 4 & 3 \\ 8 & 5 & 0 & 0 \\ 7 & 6 & 0 & 0 \end{vmatrix}$

5. 正方行列 X, Y に対して, $|XY| = |X||Y|$ が成り立つことは知っているものとする. ただし $|*|$ は行列式を表す.

A, B, C, D を n 次正方行列, I, O をそれぞれ n 次の単位行列, ゼロ行列とする. このとき次の問に答えよ.（新潟大）

(1) 行列の積 $\begin{pmatrix} I & O \\ -C & I \end{pmatrix} \begin{pmatrix} I & B \\ C & D \end{pmatrix}$ を求めよ.

(2) $\begin{vmatrix} I & B \\ C & D \end{vmatrix} = |D - CB|$ となることを示せ.

(3) A が正則（逆行列をもつこと）であるとき, 次の問に答えよ.

　　i. 次の式を満たす n 次正方行列 X を求めよ.
$$\begin{pmatrix} I & O \\ X & I \end{pmatrix} \begin{pmatrix} A & B \\ C & D \end{pmatrix} = \begin{pmatrix} A & B \\ O & D - CA^{-1}B \end{pmatrix}$$

　　ii. さらに $AC = CA$ ならば $\begin{vmatrix} A & B \\ C & D \end{vmatrix} = |AD - CB|$ が成り立つことを示せ.

《注》 逆行列についてはあとで学ぶので, 問 (3) は後回しにしてよい.

2.4 行列式の因数分解

行列式の成分が $a, b, c, \cdots$ などの文字を含んでいるとき, 全体をよく見て変形すると計算が楽になり, さらには因数分解も同時にできることがある. このような練習はパズルを解くのに似ていて, 行列式の性質の理解を深め, よりよく計算する技を磨くのに役立つ.

例 2.7 次の行列式を因数分解してみよう.
$$|A| = \begin{vmatrix} a & b & 1 \\ b & a & 1 \\ a & a & 1 \end{vmatrix}$$

解 3列目を $-b$ 倍して1列目と2列目に加えると
$$|A| = \begin{vmatrix} a-b & 0 & 1 \\ 0 & a-b & 1 \\ a-b & a-b & 1 \end{vmatrix} = (a-b)^2 \begin{vmatrix} 1 & 0 & 1 \\ 0 & 1 & 1 \\ 1 & 1 & 1 \end{vmatrix} = -(a-b)^2$$

この例で, サラスの方法などで展開して, $|A| = -a^2 + 2ab - b^2$ を得てから, 因数分解することもできるが, 一般にはよい方法ではない. ∎

例 2.8 次の行列式を因数分解せよ.

$$|D| = \begin{vmatrix} a & a^2 & b+c \\ b & b^2 & c+a \\ c & c^2 & a+b \end{vmatrix}$$

解 まず1列目を3列目に加えると

$$|D| = \begin{vmatrix} a & a^2 & a+b+c \\ b & b^2 & a+b+c \\ c & c^2 & a+b+c \end{vmatrix} = (a+b+c) \begin{vmatrix} a & a^2 & 1 \\ b & b^2 & 1 \\ c & c^2 & 1 \end{vmatrix}$$

となる. 第1行から第2行を, 第2行から第3行をそれぞれ引くと,

$$\begin{aligned} |D| &= (a+b+c) \begin{vmatrix} a-b & a^2-b^2 & 0 \\ b-c & b^2-c^2 & 0 \\ c & c^2 & 1 \end{vmatrix} \\ &= (a+b+c)(a-b)(b-c) \begin{vmatrix} 1 & a+b \\ 1 & b+c \end{vmatrix} \\ &= (a+b+c)(a-b)(b-c)(c-a) \end{aligned}$$

このように, 行列式の性質を使って変形しながら共通因数をくくり出していけばよいが, 以下のように因数定理を応用したやり方もある. ただし, この方法はいつでもうまくできるとは限らないので参考までに.

上の変形の途中で

$$f(a,b,c) = \begin{vmatrix} a & a^2 & 1 \\ b & b^2 & 1 \\ c & c^2 & 1 \end{vmatrix}$$

とおく. まずこれを a についての式だと見て, a に b を代入すると $f(b,b,c) = 0$ だから, $f(a,b,c)$ は $(a-b)$ という因数をもつ. 次に f を b についての式だと見て, b に c を代入すると $f(a,c,c) = 0$ だから, $(b-c)$ という因数をもつ. さらに f を c についての式だと見て, c に a を代入すると $f(a,b,a) = 0$ だから, $(c-a)$ という因数をもつ. f は a,b,c についての3次式だから

$$f(a,b,c) = k(a-b)(b-c)(c-a)$$

のように因数分解される. ここで $a=1, b=-1, c=0$ とすれば $f(1,-1,0) = 2k = 2$ より $k=1$ を得る. したがって,

$$|D| = (a+b+c)(a-b)(b-c)(c-a) \quad ■$$

文字を含む行列式の計算で, 値を求めるものがあるので注意しよう. この場合も,

2.4 行列式の因数分解

行列式の性質を利用して変形することが大切である.

例 2.9 次の行列式の値を求めよ.

$$|D| = \begin{vmatrix} 1 & a & b+c \\ 1 & b & c+a \\ 1 & c & a+b \end{vmatrix}$$

解 第 2 列を第 3 列に加えると

$$|D| = \begin{vmatrix} 1 & a & a+b+c \\ 1 & b & a+b+c \\ 1 & c & a+b+c \end{vmatrix}$$

となる. 第 3 列から共通因数 $(a+b+c)$ をくくり出すまでもなく, 第 1 列と第 3 列が比例しているので, $|D|=0$ である. ∎

例 2.10 次の行列式の値を求めよ.

$$|A| = \begin{vmatrix} 0 & a & b \\ -a & 0 & c \\ -b & -c & 0 \end{vmatrix}$$

解 何も変形することなく, サラスの方法ですぐ $|A|=0$ となることが確かめられるが, A は交代行列であることに気づけば, 以下の性質を使うこともできる.

3 次の交代行列 A に対して, 行列式 $|A|$ の値は必ず 0 になる. なぜなら, 各行を -1 倍していけば

$$|A| = (-1)^3 \begin{vmatrix} 0 & -a & -b \\ a & 0 & -c \\ b & c & 0 \end{vmatrix} = -|A|$$

となり, $|A|=0$ を得る. ∎

この変形は特に 3 次の場合に限らず, 一般に n 次 (n は奇数) の交代行列の場合で同様に通用するので, 定理としてあげておこう.

定理 2.11

A が奇数次の交代行列 $\Rightarrow$ $|A|=0$

偶数次のときはかなり複雑であるので省略する.

■ 練習問題 2.4

1. 次の式を因数分解せよ．

(1) $\begin{vmatrix} 1 & 1 & 1 \\ 1 & a & a^2 \\ 1 & a^3 & a^4 \end{vmatrix}$
(2) $\begin{vmatrix} a+b+c & -c & -b \\ -c & a+b+c & -a \\ -b & -a & a+b+c \end{vmatrix}$

(3) $\begin{vmatrix} x & 1 & 2 & 3 \\ 1 & x & 2 & 3 \\ 1 & 2 & x & 3 \\ 1 & 2 & 3 & x \end{vmatrix}$
(4) $\begin{vmatrix} x & a & b & 1 \\ a & x & b & 1 \\ a & b & x & 1 \\ a & b & c & 1 \end{vmatrix}$
(5) $\begin{vmatrix} \sin x & \sin^2 x & \cos 2x \\ \sin y & \sin^2 y & \cos 2y \\ \sin z & \sin^2 z & \cos 2z \end{vmatrix}$

(6) $\begin{vmatrix} 1 & a & a^2 \\ 1 & b & b^2 \\ 1 & c & c^2 \end{vmatrix}$ （筑波大）
(7) $\begin{vmatrix} a & 1 & a & 1 \\ 1 & a & a & 1 \\ 1 & 1 & a & 1 \\ 1 & 1 & 0 & 1 \end{vmatrix}$ （九大）

(8) $\begin{vmatrix} 2x & 2y & x+y+3z \\ 2x & x+3y+z & 2z \\ 3x+y+z & 2y & 2z \end{vmatrix}$ （千葉大）

2. 方程式 $\begin{vmatrix} 1 & 0 & x & 1 \\ x & 1 & 1 & 0 \\ 0 & 1 & 1 & x \\ 1 & x & 0 & 1 \end{vmatrix} = 0$ を解け．

3. $\begin{vmatrix} 0 & a & -1 & 1 \\ -a & 0 & 1 & -1 \\ 1 & -1 & 0 & 1 \\ 0 & 0 & 0 & a \end{vmatrix}$ の値を求めよ．

2.5 連立方程式の解法

2元1次の連立方程式

$$\begin{cases} a_1 x + b_1 y = c_1 \\ a_2 x + b_2 y = c_2 \end{cases}$$

の解法を考えてみよう．第1式 $\times b_2 -$ 第2式 $\times b_1$ を行えば

2.5 連立方程式の解法

$$(a_1b_2 - a_2b_1)x = c_1b_2 - c_2b_1$$

だから $a_1b_2 - a_2b_1 \neq 0$ であれば $x = \dfrac{c_1b_2 - c_2b_1}{a_1b_2 - a_2b_1}$ を得る．同様にして $y = \dfrac{a_1c_2 - a_2c_1}{a_1b_2 - a_2b_1}$ である．この結果を行列式を用いて表すと，次のようになる．

$$x = \frac{1}{|D|}\begin{vmatrix} c_1 & b_1 \\ c_2 & b_2 \end{vmatrix}, \quad y = \frac{1}{|D|}\begin{vmatrix} a_1 & c_1 \\ a_2 & c_2 \end{vmatrix}, \quad \text{ただし } |D| = \begin{vmatrix} a_1 & b_1 \\ a_2 & b_2 \end{vmatrix}$$

これを**クラメルの公式** (Cramer's formula) という．つまり，係数行列式 $|D|$ をまず計算し，もし値が 0 でなければ，次に x と y を決める行列式を計算すればよい．

未知数が 3 個あるときの連立方程式

$$\begin{cases} a_1x + b_1y + c_1z = d_1 \\ a_2x + b_2y + c_2z = d_2 \\ a_3x + b_3y + c_3z = d_3 \end{cases}$$

についても同様にして，$|D| = \begin{vmatrix} a_1 & b_1 & c_1 \\ a_2 & b_2 & c_2 \\ a_3 & b_3 & c_3 \end{vmatrix} \neq 0$ ならば

$$x = \frac{1}{|D|}\begin{vmatrix} d_1 & b_1 & c_1 \\ d_2 & b_2 & c_2 \\ d_3 & b_3 & c_3 \end{vmatrix}, \quad y = \frac{1}{|D|}\begin{vmatrix} a_1 & d_1 & c_1 \\ a_2 & d_2 & c_2 \\ a_3 & d_3 & c_3 \end{vmatrix}, \quad z = \frac{1}{|D|}\begin{vmatrix} a_1 & b_1 & d_1 \\ a_2 & b_2 & d_2 \\ a_3 & b_3 & d_3 \end{vmatrix}$$

というクラメルの公式が得られる．この場合にも，まず係数行列式 $|D|$ の値を求め，それが 0 でなければ x, y, z を次々に決めていくことになり，全部で 4 個の行列式の計算をすることになる．行列式の値を求めることは次数が高くなるほど面倒なので，どこかで楽をしようと思えば，たとえば x と y が決まったら z をクラメルの公式によらず，問題式（3 つあるうち）のどれかに代入して決めることも考えられる．

例 2.11 次の連立方程式を解いてみよう．

$$\begin{cases} x + 3y \phantom{{}+3z} = 7 \\ 2x \phantom{{}+3y} + 3z = 11 \\ 2x + y + 4z = 16 \end{cases}$$

解 係数行列を D とおくと,

$$|D| = \begin{vmatrix} 1 & 3 & 0 \\ 2 & 0 & 3 \\ 2 & 1 & 4 \end{vmatrix} = -9, \quad x = \frac{1}{|D|} \begin{vmatrix} 7 & 3 & 0 \\ 11 & 0 & 3 \\ 16 & 1 & 4 \end{vmatrix} = \frac{-9}{-9} = 1$$

$$y = \frac{1}{|D|} \begin{vmatrix} 1 & 7 & 0 \\ 2 & 11 & 3 \\ 2 & 16 & 4 \end{vmatrix} = \frac{-18}{-9} = 2, \quad z = \frac{1}{|D|} \begin{vmatrix} 1 & 3 & 7 \\ 2 & 0 & 11 \\ 2 & 1 & 16 \end{vmatrix} = \frac{-27}{-9} = 3 \blacksquare$$

一般に, 未知数を n 個もつ連立方程式をクラメルの公式で解くとき, n 次の行列式の計算を $n+1$ 個あるいは n 個やらなければならない. これはたいへんである. 別の方法がないか考えてみると, 連立方程式を解くとき, クラメルの公式は以下の3つの**基本変形**（基本操作ということもある）(elementary transformations) を行うことで得られた結果であった.

1. ある行に0でない定数をかける.
2. ある行に0でない定数をかけ, それを他の行に加える.
3. 2つの行を入れ替える.

3元の連立方程式についてこの基本変形を行うとき, 未知数の位置を間違えないようにすれば, その未知数の文字を伏せて, 係数についてのみの変化を見ながら, 左側の形式から右側の形式へ変形させていけばよい.

$$\begin{array}{ccc|c} a_1 & b_1 & c_1 & d_1 \\ a_2 & b_2 & c_2 & d_2 \\ a_3 & b_3 & c_3 & d_3 \end{array} \quad \rightarrow \quad \rightarrow \quad \begin{array}{ccc|c} 1 & 0 & 0 & k_1 \\ 0 & 1 & 0 & k_2 \\ 0 & 0 & 1 & k_3 \end{array}$$

そうすれば, $x = k_1, y = k_2, z = k_3$ という解が得られたことになる. このやり方を**掃き出し法** (sweeping out method) （または, **ガウス・ジョルダンの消去法** (Gauss–Jordan elimination method)) という. その解法を次の例で示してみよう.

例 2.12 前の例の連立方程式を掃き出し法で解く.

解 まず係数だけを並べると

$$\begin{array}{ccc|c} 1 & 3 & 0 & 7 \\ 2 & 0 & 3 & 11 \\ 2 & 1 & 4 & 16 \end{array}$$

2.5 連立方程式の解法

第1行を -2 倍して
第2行と第3行に加えると

$$\begin{array}{ccc|c} 1 & 3 & 0 & 7 \\ 0 & -6 & 3 & -3 \\ 0 & -5 & 4 & 2 \end{array}$$

第2行を $-\dfrac{1}{6}$ 倍すると

$$\begin{array}{ccc|c} 1 & 3 & 0 & 7 \\ 0 & 1 & -1/2 & 1/2 \\ 0 & -5 & 4 & 2 \end{array}$$

第2行を -3 倍して第1行に加え
また 5 倍して第3行に加えると

$$\begin{array}{ccc|c} 1 & 0 & 3/2 & 11/2 \\ 0 & 1 & -1/2 & 1/2 \\ 0 & 0 & 3/2 & 9/2 \end{array}$$

第3行を $\dfrac{2}{3}$ 倍すると

$$\begin{array}{ccc|c} 1 & 0 & 3/2 & 11/2 \\ 0 & 1 & -1/2 & 1/2 \\ 0 & 0 & 1 & 3 \end{array}$$

第3行を $-\dfrac{3}{2}$ 倍して第1行に加え
また $\dfrac{1}{2}$ 倍して第2行に加えると

$$\begin{array}{ccc|c} 1 & 0 & 0 & 1 \\ 0 & 1 & 0 & 2 \\ 0 & 0 & 1 & 3 \end{array}$$

したがって解 $x=1, y=2, z=3$ が得られた. ∎

例 2.13 次の連立方程式を解こう.

$$\begin{cases} x-y-z &= 4 \\ x+y-z+2w &= 8 \\ -2x+y+z+2w &= -5 \end{cases}$$

解

まず係数だけを並べる.

$$\begin{array}{cccc|c} 1 & -1 & -1 & 0 & 4 \\ 1 & 1 & -1 & 2 & 8 \\ -2 & 1 & 1 & 2 & -5 \end{array}$$

第1行を -1 倍して第2行に,
また 2 倍して第3行に加えると

$$\begin{array}{cccc|c} 1 & -1 & -1 & 0 & 4 \\ 0 & 2 & 0 & 2 & 4 \\ 0 & -1 & -1 & 2 & 3 \end{array}$$

第2行を 2 で割ると

$$\begin{array}{cccc|c} 1 & -1 & -1 & 0 & 4 \\ 0 & 1 & 0 & 1 & 2 \\ 0 & -1 & -1 & 2 & 3 \end{array}$$

2 行列式

第2行を第1行と第3行に加えると
$$\begin{array}{ccc|c} 1 & 0 & -1 & 1 & 6 \\ 0 & 1 & 0 & 1 & 2 \\ 0 & 0 & -1 & 3 & 5 \end{array}$$

第3行を -1 倍して
$$\begin{array}{ccc|c} 1 & 0 & -1 & 1 & 6 \\ 0 & 1 & 0 & 1 & 2 \\ 0 & 0 & 1 & -3 & -5 \end{array}$$

第3行を第1行に加えて
$$\begin{array}{ccc|c} 1 & 0 & 0 & -2 & 1 \\ 0 & 1 & 0 & 1 & 2 \\ 0 & 0 & 1 & -3 & -5 \end{array}$$

したがって,最後には

$$x - 2w = 1, \quad y + w = 2, \quad z - 3w = -5$$

という関係式で終わる.したがって解は

$$x = 2t + 1, \quad y = -t + 2, \quad z = 3t - 5, \quad w = t$$

である.ただし t は任意の実数とする.■

■ 練習問題 2.5

1. 次の連立方程式を掃き出し法で解け.

(1) $\begin{cases} x + 2y + z = 4 \\ 2x + y - 2z = 2 \\ 3x + 5y + z = 8 \end{cases}$ (2) $\begin{cases} 2x + y + z = 3 \\ 4x + 2y + 3z = 5 \\ x + y + z = 2 \end{cases}$ （豊橋技大）

(3) $\begin{cases} x + y + z + w = 3 \\ 2x - y + 5z - w = 0 \\ x + 4y - z + 5w = 9 \end{cases}$ （東商船大）

2. 次の連立方程式を解くと $x = 2$ であった.このとき a の値と他の解 y, z をクラメルの公式を用いて求めよ.

$$\begin{cases} 2x + y + z = 0 \\ -x + ay - z = 0 \\ x + 2y - z = 3 \end{cases}$$

2.6 連立方程式の解法 (つづき)

ここでは解が一意に定まらない場合や，解が存在しない場合を考えよう．また，それぞれの場合に深いわけがあることも少しだけ見ておこう．

例 2.14 次の連立方程式を解く．

$$\begin{cases} x+2y+z=2 \\ 2x+3y+2z=4 \\ 6x+5y+6z=12 \end{cases}$$

解 まず係数行列式を計算すると $\begin{vmatrix} 1 & 2 & 1 \\ 2 & 3 & 2 \\ 6 & 5 & 6 \end{vmatrix} = 0$ だから，クラメルの公式は使えない．すると，解がないということになるだろうか？

このような連立方程式の解を求めるとはどういうことなのか，考えてみよう．まず上の式はどれも空間内の平面を表している．2つの平面の位置関係を考えると，平行であれば（完全に一致しない場合）交点はなく，平行でなければ交点がある．さらに，3つの平面があり，共通の交点がただ1つに（つまり一意に）定まる場合に，われわれは「解があった」と実感していたのである．

2元の連立方程式を解くとは2つの直線の交点を求めようとすることであり，3元の場合は3つの平面の交点を求めようとすることと同じ意味である．もし2つの直線あるいは平面が平行な位置関係にあれば，解がなかったり，あるけれど一意には定まらない場合が考えられる．係数行列式の値が0になるのは，このような場合である．

別な観点から見ると，これは行列の階数と関係のある話であり，また1次変換を考えたとき，目的とするベクトルが像空間の上にあるかないかによって違いが起こるのであるが，あとでそのことがわかるであろう．

さて，掃き出し法によって上の連立方程式を解くと，最後は

$$\begin{array}{ccc|c} 1 & 0 & 1 & 2 \\ 0 & 1 & 0 & 0 \\ 0 & 0 & 0 & 0 \end{array}$$

という形式になるので $x+z=2, y=0$ という関係が求められたことになる．これは3つの平面

$$x+2y+z=2, \quad 2x+3y+2z=4, \quad 6x+5y+6z=12$$

の交点が xz 座標平面上の直線 $x+z=2$ になることを意味している．

したがって，上の連立方程式の解は

$$x=2-k, \quad y=0, \quad z=k \quad (k は任意定数)$$

2 行列式

となる. これは解があるが, 一意的には定まっていない場合である. ∎

例 2.15 次の連立方程式を解く.

$$\begin{cases} ax + y + z = 1 \\ x + ay + z = 1 \\ x + y + az = 1 \end{cases}$$

解 まず係数行列式を計算すると

$$\begin{vmatrix} a & 1 & 1 \\ 1 & a & 1 \\ 1 & 1 & a \end{vmatrix} = (1-a)^2(a+2)$$

となるので, $a \neq 1$ かつ $a \neq -2$ のとき, 解は一意に定まり, それはクラメルの公式でも掃き出し法でも解け, $x = y = z = \dfrac{1}{a+2}$ となる.

$a = 1$ のとき, 3つの平面が完全に一致してしまい, 連立方程式とはいえないが, 解は $x + y + z = 1$ という式を満たすすべての点 (x, y, z) である.

$a = -2$ のとき, 掃き出し法を使うと, 最後は

$$\begin{array}{ccc|c} 1 & 0 & -1 & 0 \\ 0 & 1 & -1 & 0 \\ 0 & 0 & 0 & 1 \end{array}$$

という形になり, 第3式は $0 = 1$ というありえない関係を表しているので, この場合は本当に解がないことになる. ∎

例 2.16 次の連立方程式を解く.

$$\begin{cases} a_1 x + b_1 y + c_1 z = 0 \\ a_2 x + b_2 y + c_2 z = 0 \\ a_3 x + b_3 y + c_3 z = 0 \end{cases}$$

解 明らかに $x = 0, y = 0, z = 0$ は解であることがすぐわかる. これを**自明な解** (trivial solution) という. それ以外に解はないのだろうか? もし係数行列式が

$$\begin{vmatrix} a_1 & b_1 & c_1 \\ a_2 & b_2 & c_2 \\ a_3 & b_3 & c_3 \end{vmatrix} \neq 0$$

であれば, クラメルの公式から自明な解しか得られないから, 自明な解以外に解をもつとすれば

$$\begin{vmatrix} a_1 & b_1 & c_1 \\ a_2 & b_2 & c_2 \\ a_3 & b_3 & c_3 \end{vmatrix} = 0$$

でなければならない. ∎

実は, この逆つまり「係数行列式の値が 0 ならば自明でない解がある」ことが成り立つ (例 3.15, 73 ページを参照). したがって「係数行列式の値が 0 である」ことは「自明でない解が存在する」ための必要十分条件なのである.

さらにまた, 上の連立方程式を行列の積の形

$$\begin{pmatrix} a_1 & b_1 & c_1 \\ a_2 & b_2 & c_2 \\ a_3 & b_3 & c_3 \end{pmatrix} \begin{pmatrix} x \\ y \\ z \end{pmatrix} = \begin{pmatrix} 0 \\ 0 \\ 0 \end{pmatrix}$$

で表してみれば, これは行列 $\begin{pmatrix} a_1 & b_1 & c_1 \\ a_2 & b_2 & c_2 \\ a_3 & b_3 & c_3 \end{pmatrix}$ が表す 1 次変換の**核** (kernel) の問題でもあることがあとでわかる.

■ 練習問題 2.6

1. xy 平面上で 2 つの直線 $ax + 2y = 3$, $3x + 4y = 5$ の交点が一意に定まるための条件を求めよ.

2. $a \neq 1, a \neq -2$ のとき, 例 2.15 の解を求めよ.

3. 次の連立方程式を解け.

    (1) $\begin{cases} 5x - y + 4z = 9 \\ 2x + y + 3z = 5 \\ x + 2y + 3z = 4 \\ 2x - 3y - z = 1 \end{cases}$
    (2) $\begin{cases} ax + y + z = 2 \\ 3x - y + 4z = 1 \\ x - 2y + 3z = 1 \end{cases}$ (a は定数)

4. 連立方程式 $2x + y = kx, 2x + 3y = ky$ が $x = y = 0$ 以外の解をもつような定数 k の値を定めよ.(豊橋技大)

5. 次の連立方程式が自明でない解をもつための a の条件を求めよ.

(1) $\begin{cases} ax -y +3z = 0 \\ x +y +az = 0 \\ x -ay +z = 0 \end{cases}$ （長岡技大）

(2) $\begin{cases} ax_1 +x_2 +ax_3 +x_4 = 0 \\ x_1 +ax_2 +ax_3 +x_4 = 0 \\ x_1 +x_2 +ax_3 +ax_4 = 0 \\ x_1 +x_2 +x_4 = 0 \end{cases}$ （九大）

3 行列と行列式

　この章では特に**正方行列**を考えよう．2次の行列 A, B があるとき，その和 $A+B$，差 $A-B$，積 AB もまた2次の行列になる．もちろんスカラー倍 kA も2次の行列である．それは一般に n 次の場合でも同じことで，しかも和についての交換法則 $A+B=B+A$ や，和と積についての分配法則 $A(B+C)=AB+AC$ など，実数の演算の場合と似たような性質をもっている．

　それでは，実数の場合の商 a/b と同じようなものが行列の世界にもあるだろうか？いいかえると，商とは逆数との積であるから，実数 b に対して

$$b \neq 0 \quad \text{ならば} \quad 逆数 \frac{1}{b} = b^{-1} \text{がある}$$

といえるように，行列についても

$$A \neq O \quad \text{ならば} \quad 逆行列 A^{-1} \text{がある}$$

といえるだろうか？　結論からいうと，これはいえないが，ここで行列式が登場して，

$$|A| \neq 0 \quad \text{ならば} \quad 逆行列 A^{-1} \text{がある}$$

が成り立つのである．

　これは行列と行列式の間に深い関係があることの一例である．この章では，逆行列をおもなテーマとして，行列と行列式の関係や，ベクトルと行列式との関係をみよう．

　なお，正方行列 A に対して，その成分をそのまま並べた行列式を $|A|$ と表すほかに，$\det A$ のように表すこともある．

3.1 逆　行　列

　数の場合，除法は逆数との乗法と考えられるので，同じように逆行列というものがあれば，行列の演算にも除法を導入することができる．しかしそれは数の除法に比べ

て複雑である.まず次のように,数の場合には当たり前であることが成り立たない.
- $AX = B$ は $A \neq O$ であっても解 X があるとは限らない.たとえ解があっても一意とは限らない.
- $XA = B$ についても同様である.
- $AX = B$ の解と $XA = B$ の解とは(たとえ一意であっても)一般には異なる.

例 3.1 上のことを示す具体例をつくってみよう.

解 たとえば,$A = \begin{pmatrix} 1 & 2 \\ 0 & 0 \end{pmatrix}$, $B = \begin{pmatrix} 1 & 2 \\ 2 & 4 \end{pmatrix}$ とすれば,$AX = B$ は解なしであるが,$XA = B$ の解は $X = \begin{pmatrix} 1 & a \\ 2 & b \end{pmatrix}$ である.ただし a, b は任意,つまり解は一意ではない.■

それではどんなときに上の問題が解決できるかというと,それは次の定理で示される.

定理 3.1
n 次の正方行列 A について,$AX = E$, $XA = E$ が解をもつならば,それらの解は一意であり一致する.

証明 $AX = E$ の解を X_1 とし,$XA = E$ の解を X_2 とすれば
$$X_1 = EX_1 = (X_2 A)X_1 = X_2(AX_1) = X_2 E = X_2$$
だから $X_1 = X_2$(一致)である.また $AX = E$ の別の解 X_1' があったとすれば同様に $X_1' = X_2$ となるから $X_1 = X_1'$(一意)である.■

この解を A^{-1} で表し,行列 A に対する **逆行列** (inverse matrix) という.また,このとき A を **正則** (regular) な行列という.さらにこのとき,$AX = B, XA = B$ は一意に解けて,それぞれの解は $X = A^{-1}B, X = BA^{-1}$ となる.なお,逆行列に関して次の性質が成り立つ.

1. A 正則 $\Rightarrow$ A^{-1} も正則で,$(A^{-1})^{-1} = A$
2. A, B 正則 $\Rightarrow$ AB も正則で,$(AB)^{-1} = B^{-1}A^{-1}$
3. A 正則 $\iff$ $|A| \neq 0$

3.1 逆行列

第 3 の性質は逆行列の存在にかかわる重要なものであるので, 証明を述べてみよう. まず「A が正則 $\Rightarrow |A| \neq 0$」を示すのは簡単であるが, その逆は簡単ではなく, 以下のように, 逆行列を実際に求める方法を考える中で証明される.

証明 各成分 a_{jk} の余因子を D_{jk} で表し, 行列式 $|A|$ を第 j 行で展開すると

$$|A| = a_{j1}D_{j1} + \cdots + a_{jn}D_{jn}$$

となるが, この式は

$$\begin{pmatrix} \cdots & \cdots & \cdots \\ a_{j1} & \cdots & a_{jn} \\ \cdots & \cdots & \cdots \end{pmatrix} \begin{pmatrix} \vdots & D_{j1} & \vdots \\ \vdots & \vdots & \vdots \\ \vdots & D_{jn} & \vdots \end{pmatrix} = \begin{pmatrix} & \vdots & \\ \cdots & |A| & \cdots \\ & \vdots & \end{pmatrix}$$

となっていることを示している. そこで $A' = \begin{pmatrix} D_{11} & \cdots & D_{n1} \\ \vdots & & \vdots \\ D_{1n} & \cdots & D_{nn} \end{pmatrix}$ とおくと

$$AA' = \begin{pmatrix} |A| & & \\ & \ddots & \\ & & |A| \end{pmatrix}$$

のように対角線に $|A|$ が並ぶ形になる. 次に対角線以外の部分を調べてみると

$$a_{j1}D_{k1} + \cdots + a_{jn}D_{kn} = \begin{vmatrix} \cdots & \cdots & \cdots \\ a_{j1} & \cdots & a_{jn} \\ \cdots & \cdots & \cdots \end{vmatrix} \quad \leftarrow k \text{ 行目}$$

これは k 行目に第 j 行と同じ成分が並んでいるのだから, 値は 0 である. したがって

$$AA' = \begin{pmatrix} |A| & & 0 \\ & \ddots & \\ 0 & & |A| \end{pmatrix} = |A| \begin{pmatrix} 1 & & 0 \\ & \ddots & \\ 0 & & 1 \end{pmatrix} = |A|E$$

である. ゆえに $|A| \neq 0$ ならば, 逆行列は

$$A^{-1} = \frac{1}{|A|}A' = \frac{1}{|A|}\begin{pmatrix} D_{11} & \cdots & D_{n1} \\ \vdots & & \vdots \\ D_{1n} & \cdots & D_{nn} \end{pmatrix}$$

の式で得られる. ∎

$n = 2$ の場合は簡単で, $ad - bc \neq 0$ のとき

3 行列と行列式

$$\begin{pmatrix} a & b \\ c & d \end{pmatrix}^{-1} = \frac{1}{ad-bc} \begin{pmatrix} d & -b \\ -c & a \end{pmatrix}$$

のように逆行列を求めることができる．これはすぐ使えるように覚えておこう．

例 3.2 次の行列の逆行列を求めよう．

$$A = \begin{pmatrix} 0 & 1 & 2 \\ 7 & 8 & 3 \\ 6 & 5 & 4 \end{pmatrix}$$

解 まず $|A| = -36$．次に余因子を計算すると

$$D_{11} = + \begin{vmatrix} 8 & 3 \\ 5 & 4 \end{vmatrix} = 17, \quad D_{12} = - \begin{vmatrix} 7 & 3 \\ 6 & 4 \end{vmatrix} = -10, \quad D_{13} = + \begin{vmatrix} 7 & 8 \\ 6 & 5 \end{vmatrix} = -13$$

$$D_{21} = - \begin{vmatrix} 1 & 2 \\ 5 & 4 \end{vmatrix} = 6, \quad D_{22} = + \begin{vmatrix} 0 & 2 \\ 6 & 4 \end{vmatrix} = -12, \quad D_{23} = - \begin{vmatrix} 0 & 1 \\ 6 & 5 \end{vmatrix} = 6$$

$$D_{31} = + \begin{vmatrix} 1 & 2 \\ 8 & 3 \end{vmatrix} = -13, \quad D_{32} = - \begin{vmatrix} 0 & 2 \\ 7 & 3 \end{vmatrix} = 14, \quad D_{33} = + \begin{vmatrix} 0 & 1 \\ 7 & 8 \end{vmatrix} = -7$$

$$\therefore A^{-1} = \frac{1}{-36} \begin{pmatrix} 17 & 6 & -13 \\ -10 & -12 & 14 \\ -13 & 6 & -7 \end{pmatrix} = \frac{1}{36} \begin{pmatrix} -17 & -6 & 13 \\ 10 & 12 & -14 \\ 13 & -6 & 7 \end{pmatrix} \quad \blacksquare$$

■ 練習問題 3.1

1. 次の行列 M_1, M_2, M_3 のうち，逆行列があるのはどれか述べよ．またその逆行列を求めよ．（山口大）

$$M_1 = \begin{pmatrix} 0 & 1 \\ 1 & 0 \end{pmatrix}, \quad M_2 = \begin{pmatrix} 1 & 1 \\ 1 & 1 \end{pmatrix}, \quad M_3 = \begin{pmatrix} 0 & 1 \\ 0 & 1 \end{pmatrix}$$

2. $A = \begin{pmatrix} 3 & 4 \\ 5 & 7 \end{pmatrix}, B = \begin{pmatrix} 7 & -2 \\ 10 & -3 \end{pmatrix}$ とするとき $AX = B, YA = B$ を満足する行列 X, Y を求めよ．（福井大）

3. $A = \begin{pmatrix} 3 & 1 \\ 1 & 2 \end{pmatrix}, B = \begin{pmatrix} 1 & 1 \\ 1 & 1 \end{pmatrix}$ のとき，次の行列 C を求めよ．（鹿児島大）

$$C = (A+B)^{-1} + (A-B)^{-1}$$

4. $X = \begin{pmatrix} 3 & 0 & 5 \\ 1 & 1 & -2 \end{pmatrix} \begin{pmatrix} 1 & 2 \\ 2 & -6 \\ -1 & -1 \end{pmatrix}$ とする．X, X^{-1} を求めよ．（図情大）

5. 次の 3 次正方行列 A に対して，その行列式 $|A|$ および，その逆行列 A^{-1} を求めよ．（電通大）

$$A = \begin{pmatrix} \dfrac{1}{1} & \dfrac{1}{2} & \dfrac{1}{3} \\ \dfrac{1}{2} & \dfrac{1}{3} & \dfrac{1}{4} \\ \dfrac{1}{3} & \dfrac{1}{4} & \dfrac{1}{5} \end{pmatrix}$$

6. 次の行列を用いて下の問に答えよ．（名工大）

$$A = \begin{pmatrix} 0 & 1 & -1 & 2 \\ 1 & -2 & 1 & 1 \\ 2 & 1 & -1 & 2 \\ -1 & 1 & -2 & 1 \end{pmatrix}, \quad B = \begin{pmatrix} 1 & 2 & 3 & 4 \\ 2 & 3 & 4 & 3 \\ 3 & 4 & 1 & 2 \\ 3 & 1 & 2 & 1 \end{pmatrix}$$

(1) 行列式 $|A|$ と $|B|$ の値を求めよ．

(2) $AX = B$ となる 4 次正方行列 X が存在する．上の結果を利用すると，X を具体的に求めなくても行列式 $|X|$ の値はわかる．その理由と $|X|$ の値を述べよ．

7. xy 平面上に x 座標が互いに相異なる 4 点 (u_i, v_i) $(i = 1, 2, 3, 4)$ が与えられたとき，関数
$$f(x) = Ax^3 + Bx^2 + Cx + D$$
のグラフがこの 4 点を通るような実数 A, B, C, D がただ一つ定まることを示せ．（神戸大）

8. 次の行列について，正則であるための条件を求め，そのとき逆行列を求めよ．

(1) $\begin{pmatrix} a & b & 0 \\ c & d & 0 \\ 0 & 0 & e \end{pmatrix}$ （長岡技大） (2) $\begin{pmatrix} a & 10 & 2 \\ b & 5 & 1 \\ 15 & c & 5 \end{pmatrix}$ （鹿児島大）

9. 行列 A, B, C を成分とする行列 $P = \begin{pmatrix} A & B \\ O & C \end{pmatrix}$ がある．O は零行列である．次の問

に答えよ．（筑波大）

(1) 行列 P, A が正則であるとき，行列 C も正則であることを示せ．
(2) 逆行列 P^{-1} を求めよ．

10. A を3次正方行列でその成分はすべて実数であり，$A^3 = I, A \neq I$ を満たすものとする．ただし I は3次単位行列を表す．このとき，行列 $A^2 + A + I$ は逆行列をもたないことを示せ．（広島大）

3.2 行列の基本変形と逆行列

逆行列を求める別の方法として掃き出し法を使うやり方があり，行列の次数が大きい場合，計算が楽にできる．

まず，掃き出し法の原理となっている次の3つの**基本変形**
1. ある行（または列）に0でない数をかける．
2. ある行（または列）の何倍かを他の行（または列）に加える．
3. 2つの行（または列）を入れ替える．

は，次のように特徴的な行列の積として表すことができる．

基本変形1． ある行（または列）に0でない数 k をかける変形は，次のような単位行列に似ているが，第 i 番目の対角成分だけが k である行列をかけることである．

$$\begin{pmatrix} 1 & & & & 0 \\ & \ddots & & & \\ & & k & & \\ & & & \ddots & \\ 0 & & & & 1 \end{pmatrix}$$

これを左からかけると行に対する変形，右からかけると列に対する変形になる．

例 3.3 次の行列に対して，第1行を2倍する変形と，第2列を -3 倍する変形をやってみよう．

$$\begin{pmatrix} 1 & 2 & 3 \\ 4 & 5 & 6 \end{pmatrix}$$

解 第1行を2倍する変形は

$$\begin{pmatrix} 2 & 0 \\ 0 & 1 \end{pmatrix} \begin{pmatrix} 1 & 2 & 3 \\ 4 & 5 & 6 \end{pmatrix} = \begin{pmatrix} 2 & 4 & 6 \\ 4 & 5 & 6 \end{pmatrix}$$

3.2 行列の基本変形と逆行列

第 2 列を -3 倍する変形は

$$\begin{pmatrix} 1 & 2 & 3 \\ 4 & 5 & 6 \end{pmatrix} \begin{pmatrix} 1 & 0 & 0 \\ 0 & -3 & 0 \\ 0 & 0 & 1 \end{pmatrix} = \begin{pmatrix} 1 & -6 & 3 \\ 4 & -15 & 6 \end{pmatrix} \quad \blacksquare$$

基本変形 2. ある行（または列）の k 倍を他の行（または列）に加える変形は，これも単位行列に似ているが，加えたい行（または列）の成分だけが k である行列をかけることである．次の例からその形を理解してほしい．左からかけると行に関する変形，右からかけると列に関する変形になる．

例 3.4 次の行列に対して第 2 行を k 倍して第 4 行に加えるという変形と，第 3 列を k 倍して第 1 列に加えるという変形をやってみよう．

$$\begin{pmatrix} 1 & 2 & 3 \\ 4 & 5 & 6 \\ 7 & 8 & 9 \\ 10 & 11 & 12 \end{pmatrix}$$

解 第 2 行を k 倍して第 4 行に加えるという変形は

$$\begin{pmatrix} 1 & 0 & 0 & 0 \\ 0 & 1 & 0 & 0 \\ 0 & 0 & 1 & 0 \\ 0 & k & 0 & 1 \end{pmatrix} \begin{pmatrix} 1 & 2 & 3 \\ 4 & 5 & 6 \\ 7 & 8 & 9 \\ 10 & 11 & 12 \end{pmatrix} = \begin{pmatrix} 1 & 2 & 3 \\ 4 & 5 & 6 \\ 7 & 8 & 9 \\ 10+4k & 11+5k & 12+6k \end{pmatrix}$$

第 3 列を k 倍して第 1 列に加えるという変形は

$$\begin{pmatrix} 1 & 2 & 3 \\ 4 & 5 & 6 \\ 7 & 8 & 9 \\ 10 & 11 & 12 \end{pmatrix} \begin{pmatrix} 1 & 0 & 0 \\ 0 & 1 & 0 \\ k & 0 & 1 \end{pmatrix} = \begin{pmatrix} 1+3k & 2 & 3 \\ 4+6k & 5 & 6 \\ 7+9k & 8 & 9 \\ 10+12k & 11 & 12 \end{pmatrix} \quad \blacksquare$$

基本変形 3. 2 つの行（または列）を入れ替える変形は，これも単位行列に似ているが，入れ替える行の対角成分の配置が変化した行列をかけることである．次の例からその形を理解してほしい．左からかけると行に関する変形，右からかけると列に関する変形になる．

例 3.5 次の行列に対して第 1 行と第 2 行を入れ替える変形と，第 3 列と第 1 列を入れ替える変形をやってみよう．

3 行列と行列式

$$\begin{pmatrix} 1 & 2 & 3 \\ 4 & 5 & 6 \\ 7 & 8 & 9 \\ 10 & 11 & 12 \end{pmatrix}$$

解 第1行と第2行を入れ替える変形は

$$\begin{pmatrix} 0 & 1 & 0 & 0 \\ 1 & 0 & 0 & 0 \\ 0 & 0 & 1 & 0 \\ 0 & 0 & 0 & 1 \end{pmatrix} \begin{pmatrix} 1 & 2 & 3 \\ 4 & 5 & 6 \\ 7 & 8 & 9 \\ 10 & 11 & 12 \end{pmatrix} = \begin{pmatrix} 4 & 5 & 6 \\ 1 & 2 & 3 \\ 7 & 8 & 9 \\ 10 & 11 & 12 \end{pmatrix}$$

第3列と第1列を入れ替える変形は

$$\begin{pmatrix} 1 & 2 & 3 \\ 4 & 5 & 6 \\ 7 & 8 & 9 \\ 10 & 11 & 12 \end{pmatrix} \begin{pmatrix} 0 & 0 & 1 \\ 0 & 1 & 0 \\ 1 & 0 & 0 \end{pmatrix} = \begin{pmatrix} 3 & 2 & 1 \\ 6 & 5 & 4 \\ 9 & 8 & 7 \\ 12 & 11 & 10 \end{pmatrix} \blacksquare$$

以上の3つの基本変形を表す行列はどれも正則である．つまり，各基本変形には逆行列があり，その変形をする前の形に行列を戻すことができる．

さて，逆行列と以上の基本変形との関連について考えてみよう．もし行列 A に対していくつかの（行に対する）基本変形 $P_1, P_2, \cdots, P_n$ を行って

$$P_n \cdots P_2 P_1 A = E$$

とすることができたとすれば

$$A^{-1} = P_n \cdots P_2 P_1 = P_n \cdots P_2 P_1 E$$

だから，逆行列を求めるためには単位行列 E に対してまったく同じ基本変形を（同じ順で）行えばよいことになる．つまり，逆行列を求めるときにも掃き出し法を使うことができる．むしろ余因子を使うやり方は，行列式が大きくなるにつれ計算がたいへんであり，実際的ではなく，掃き出し法を使うことのほうがよいといえる．

例 3.6 次の逆行列を掃き出し法で求めよう．

$$A = \begin{pmatrix} 1 & 0 & 1 \\ 0 & 1 & 1 \\ 1 & 1 & 0 \end{pmatrix}$$

解 左側に A の成分を並べ，右側に単位行列をおく．基本変形をしながら左側に単

位行列の成分が並ぶように進めていけば,右側に逆行列が現れる.

まず右のように成分を並べる.
$$\begin{array}{ccc|ccc} 1 & 0 & 1 & 1 & 0 & 0 \\ 0 & 1 & 1 & 0 & 1 & 0 \\ 1 & 1 & 0 & 0 & 0 & 1 \end{array}$$

第1行を -1 倍して第3行に加えると
$$\begin{array}{ccc|ccc} 1 & 0 & 1 & 1 & 0 & 0 \\ 0 & 1 & 1 & 0 & 1 & 0 \\ 0 & 1 & -1 & -1 & 0 & 1 \end{array}$$

第2行を -1 倍して第3行に加えると
$$\begin{array}{ccc|ccc} 1 & 0 & 1 & 1 & 0 & 0 \\ 0 & 1 & 1 & 0 & 1 & 0 \\ 0 & 0 & -2 & -1 & -1 & 1 \end{array}$$

第3行を $-1/2$ 倍すると
$$\begin{array}{ccc|ccc} 1 & 0 & 1 & 1 & 0 & 0 \\ 0 & 1 & 1 & 0 & 1 & 0 \\ 0 & 0 & 1 & 1/2 & 1/2 & -1/2 \end{array}$$

第3行を -1 倍して第1行と第2行に加えると
$$\begin{array}{ccc|ccc} 1 & 0 & 0 & 1/2 & -1/2 & 1/2 \\ 0 & 1 & 0 & -1/2 & 1/2 & 1/2 \\ 0 & 0 & 1 & 1/2 & 1/2 & -1/2 \end{array}$$

$$\therefore A^{-1} = \frac{1}{2} \begin{pmatrix} 1 & -1 & 1 \\ -1 & 1 & 1 \\ 1 & 1 & -1 \end{pmatrix} \blacksquare$$

例 3.7 次の行列について逆行列があるかどうか調べ,ある場合にそれを求めよ.
$$A = \begin{pmatrix} 1 & 1 & 2 \\ 0 & a & -1 \\ 0 & 1 & 1 \end{pmatrix}$$

解 まず $|A| = a+1$ だから $a \neq -1$ のとき逆行列がある.

右のように成分を並べる
$$\begin{array}{ccc|ccc} 1 & 1 & 2 & 1 & 0 & 0 \\ 0 & a & -1 & 0 & 1 & 0 \\ 0 & 1 & 1 & 0 & 0 & 1 \end{array}$$

第2行と第3行を入れ替えて
$$\begin{array}{ccc|ccc} 1 & 1 & 2 & 1 & 0 & 0 \\ 0 & 1 & 1 & 0 & 0 & 1 \\ 0 & a & -1 & 0 & 1 & 0 \end{array}$$

第2行を -1 倍して第1行に加え，
$-a$ 倍して第3行に加えると

$$\begin{array}{ccc|ccc} 1 & 0 & 1 & 1 & 0 & -1 \\ 0 & 1 & 1 & 0 & 0 & 1 \\ 0 & 0 & -a-1 & 0 & 1 & -a \end{array}$$

第3行を $\dfrac{-1}{a+1}$ 倍すると

$$\begin{array}{ccc|ccc} 1 & 0 & 1 & 1 & 0 & -1 \\ 0 & 1 & 1 & 0 & 0 & 1 \\ 0 & 0 & 1 & 0 & \dfrac{-1}{a+1} & \dfrac{a}{a+1} \end{array}$$

第3行を -1 倍して第1行と第2行に加えると

$$\begin{array}{ccc|ccc} 1 & 0 & 0 & 1 & \dfrac{1}{a+1} & \dfrac{-2a-1}{a+1} \\ 0 & 1 & 0 & 0 & \dfrac{1}{a+1} & \dfrac{1}{a+1} \\ 0 & 0 & 1 & 0 & \dfrac{-1}{a+1} & \dfrac{a}{a+1} \end{array}$$

$$\therefore A^{-1} = \frac{1}{a+1}\begin{pmatrix} a+1 & 1 & -2a-1 \\ 0 & 1 & 1 \\ 0 & -1 & a \end{pmatrix} \quad \blacksquare$$

■ 練習問題 3.2

1. 次の各行列について，それをある行列の左からかけるときと，右からかけるときとで，それぞれどんな変形を意味するか．

(1) $\begin{pmatrix} 0 & 1 \\ 1 & 0 \end{pmatrix}$ (2) $\begin{pmatrix} 0 & 1 \\ 1 & 1 \end{pmatrix}$ (3) $\begin{pmatrix} 1 & a \\ 0 & 1 \end{pmatrix}$

(4) $\begin{pmatrix} 1 & 0 & 0 \\ 0 & 1 & 0 \\ 0 & 0 & a \end{pmatrix}$ (5) $\begin{pmatrix} 1 & 0 & 0 \\ -1 & 1 & 0 \\ 0 & 0 & 1 \end{pmatrix}$ (6) $\begin{pmatrix} 1 & 0 & 0 & 0 \\ 0 & 0 & 0 & 1 \\ 0 & 0 & 1 & 0 \\ 0 & 1 & 0 & 0 \end{pmatrix}$

2. 次に与えられた行列 A に対して，行および列に関する基本操作を何回か施すことによって，標準形 I に変形されることを示せ．また関係式 $PAQ = I$ が成り立つような正則3次正方行列 P と正則4次正方行列 Q を求めよ．（千葉大）

$$A = \begin{pmatrix} 1 & 2 & -1 & 3 \\ 2 & 4 & -4 & 7 \\ -1 & -2 & -1 & -2 \end{pmatrix}, \quad I = \begin{pmatrix} 1 & 0 & 0 & 0 \\ 0 & 1 & 0 & 0 \\ 0 & 0 & 0 & 0 \end{pmatrix}$$

3. 次の行列について以下の問に答えよ．（筑波大）

$$A = \begin{pmatrix} a_{11} & a_{12} & a_{13} \\ a_{21} & a_{22} & a_{23} \\ a_{31} & a_{32} & a_{33} \end{pmatrix}, \quad P = \begin{pmatrix} 1 & 0 & 0 \\ 0 & 0 & 1 \\ 0 & 1 & 0 \end{pmatrix}$$

(1) AP, PA を求めよ.

(2) A に 3 次の行列 Q を右から乗じると

$$AQ = \begin{pmatrix} 2a_{11} & a_{12} & 5a_{13} \\ 2a_{21} & a_{22} & 5a_{23} \\ 2a_{31} & a_{32} & 5a_{33} \end{pmatrix}$$

となった. Q を求めよ. またそれは一意であることを示せ.

4. 次の行列について, 掃き出し法により逆行列を求めよ.

(1) $\begin{pmatrix} 1 & 0 & 2 \\ 3 & 1 & 0 \\ 0 & 1 & 4 \end{pmatrix}$ （岐阜大）　(2) $\begin{pmatrix} 1 & 2 & 2 \\ 1 & 1 & 2 \\ 1 & 1 & 1 \end{pmatrix}$ （京工繊大）

(3) $\begin{pmatrix} 1 & 1 & 1 & 1 \\ 1 & 2 & 3 & 4 \\ 1 & 3 & 6 & 10 \\ 1 & 4 & 10 & 20 \end{pmatrix}$ （東商船大）

3.3 行列のべき

行列に対して積 AA を A^2 と表す. 一般に自然数 n について, 行列のべき (power) A^n を考えてみよう. もし A が特殊な形の行列であれば以下の例のように簡単であるが, 一般にはかなり難しいことである. あとで, 行列を対角行列に変形することを利用した方法を紹介するが, それは次の例 3.8 の応用である.

例 3.8 対角行列のべきは, 各対角成分がべき乗された対角行列であることをみよう.

解 たとえば, 3 次の場合をみると, $A = \begin{pmatrix} a & 0 & 0 \\ 0 & b & 0 \\ 0 & 0 & c \end{pmatrix}$ に対して, $A^n = \begin{pmatrix} a^n & 0 & 0 \\ 0 & b^n & 0 \\ 0 & 0 & c^n \end{pmatrix}$ である. ∎

3 行列と行列式

上のことは実際に A^2, A^3 を求めてみるとがわかる（予想できる）が, それが正しいことを証明することも忘れてはならない. それを次の例でやってみよう.

例 3.9 次の行列のべきをそれぞれ求めよ.

(1) $A = \begin{pmatrix} 1 & a \\ 0 & 1 \end{pmatrix}$ 　　(2) $B = \begin{pmatrix} \cos\theta & -\sin\theta \\ \sin\theta & \cos\theta \end{pmatrix}$

解 (1) 実際に計算してみると

$$A^2 = \begin{pmatrix} 1 & a \\ 0 & 1 \end{pmatrix} \begin{pmatrix} 1 & a \\ 0 & 1 \end{pmatrix} = \begin{pmatrix} 1 & 2a \\ 0 & 1 \end{pmatrix}$$

$$A^3 = A^2 \cdot A = \begin{pmatrix} 1 & 2a \\ 0 & 1 \end{pmatrix} \begin{pmatrix} 1 & a \\ 0 & 1 \end{pmatrix} = \begin{pmatrix} 1 & 3a \\ 0 & 1 \end{pmatrix}$$

だから, $A^n = \begin{pmatrix} 1 & na \\ 0 & 1 \end{pmatrix}$ となることが予想される. しかし以上は実際に $n=3$ までを計算しただけなので, いつでも必ず成り立つかどうかは別問題である. このような場合に, 予想が正しい（いつでも成り立つ）ことを証明する方法として**数学的帰納法** (mathematical induction) が使われる.

上の行列 A に対して, 自然数 n に関する**命題** (proposition)

$$P(n) \quad : \quad A^n = \begin{pmatrix} 1 & na \\ 0 & 1 \end{pmatrix}$$

がある.

まず, 命題 $P(1)$ は正しい.

次に, 命題 $P(k)$ が正しいと仮定すれば,

$$A^{k+1} = A^k \cdot A = \begin{pmatrix} 1 & ka \\ 0 & 1 \end{pmatrix} \begin{pmatrix} 1 & a \\ 0 & 1 \end{pmatrix} = \begin{pmatrix} 1 & ka+a \\ 0 & 1 \end{pmatrix} = \begin{pmatrix} 1 & (k+1)a \\ 0 & 1 \end{pmatrix}$$

となり, 命題 $P(k+1)$ も正しい.

したがって命題 $P(n)$ はすべての自然数 n について正しい. 以上の結果, A のべきは $A^n = \begin{pmatrix} 1 & na \\ 0 & 1 \end{pmatrix}$ である.

(2) 命題についての説明を省いて, B のべきを簡潔に求めてみよう. 加法定理（あるいは 2 倍角の公式）により

$$B^2 = \begin{pmatrix} \cos^2\theta - \sin^2\theta & -2\sin\theta\cos\theta \\ 2\sin\theta\cos\theta & \cos^2\theta - \sin^2\theta \end{pmatrix} = \begin{pmatrix} \cos 2\theta & -\sin 2\theta \\ \sin 2\theta & \cos 2\theta \end{pmatrix}$$

となるから

$$B^n = \begin{pmatrix} \cos n\theta & -\sin n\theta \\ \sin n\theta & \cos n\theta \end{pmatrix}$$

と予想できる. この等式は $n=1$ のとき明らかである. そこで n のとき成立するとすれば,

$$B^{n+1} = B^n B = \begin{pmatrix} \cos n\theta & -\sin n\theta \\ \sin n\theta & \cos n\theta \end{pmatrix} \begin{pmatrix} \cos\theta & -\sin\theta \\ \sin\theta & \cos\theta \end{pmatrix}$$

$$= \begin{pmatrix} \cos n\theta\cos\theta - \sin n\theta\sin\theta & -\sin\theta\cos n\theta - \sin n\theta\cos\theta \\ \sin n\theta\cos\theta + \sin\theta\cos n\theta & \cos n\theta\cos\theta - \sin n\theta\sin\theta \end{pmatrix}$$

$$= \begin{pmatrix} \cos(n+1)\theta & -\sin(n+1)\theta \\ \sin(n+1)\theta & \cos(n+1)\theta \end{pmatrix}$$

となり, $n+1$ のときも成立する. ゆえに等式 $B^n = \begin{pmatrix} \cos n\theta & -\sin n\theta \\ \sin n\theta & \cos n\theta \end{pmatrix}$ はすべての自然数に対して成り立つ. ∎

さて, 行列 A が 2 次の場合, そのべき A^n を求めるときによく使われるのが, 次に述べる**ハミルトン・ケーリーの定理** (Hamilton–Cayley's theorem) である.

2 次の正方行列 $A = \begin{pmatrix} a & b \\ c & d \end{pmatrix}$ に対して

$$f(x) = |A - xE| = \begin{vmatrix} a-x & b \\ c & d-x \end{vmatrix}$$

を**固有多項式** (proper polynomial または**特性多項式** (characteristic polynomial)) という. この式を展開すると

$$f(x) = x^2 - (a+d)x + (ad - bc)$$

となる. 行列の対角成分の和を**トレース** (trace) といい, $\mathrm{tr}(A)$ または簡単に $\mathrm{tr}A$ で表し, また行列式 $|A|$ を $\det(A)$ または簡単に $\det A$ と表せば

$$f(x) = x^2 - \mathrm{tr}(A)x + \det(A)$$

と書くこともできる.

定理 3.2 （2次の場合のハミルトン・ケーリーの定理）
$$f(A) = A^2 - \operatorname{tr}(A)\,A + \det(A)\,E = O$$

これは実際に計算してみるとすぐわかることであるが，もし A が正則ならば，上の式の両辺に A^{-1} をかけることで，
$$A - \operatorname{tr}(A)\,E + \det(A)\,A^{-1} = O \quad \therefore A + \det(A)\,A^{-1} = \operatorname{tr}(A)\,E$$
となり，ここで $\det(A)\,A^{-1} = \begin{pmatrix} d & -b \\ -c & a \end{pmatrix}$ である．これを A' とおくことで，2次の場合のハミルトン・ケーリーの定理の証明が次のように得られる．

証明 任意の A に対して
$$A + A' = \begin{pmatrix} a+d & 0 \\ 0 & a+d \end{pmatrix} = \operatorname{tr}(A)\,E \quad \therefore A^2 + AA' = \operatorname{tr}(A)\,A$$
ここで，$AA' = \begin{pmatrix} ad-bc & 0 \\ 0 & ad-bc \end{pmatrix} = \det(A)\,E$ だから $A^2 + \det(A)\,E = \operatorname{tr}(A)\,A$ を得る．∎

一般には次の定理が成り立つ．

定理 3.3 （ハミルトン・ケーリーの定理）
n 次の正方行列 A に対して，固有多項式 $f(x) = |A - xE|$ を考えると，$f(A) = O$

この一般の場合の証明は難しい．それに比べて $n = 2$ の場合は簡単にトレース $\operatorname{tr}A$ と行列式 $\det A$ だけで話がすむので，その応用例を以下に示す．

例 3.10 次の各行列 A に対して A^n を求めよ．

(1) $A = \begin{pmatrix} 1 & 1 \\ 0 & 2 \end{pmatrix}$ (2) $A = \begin{pmatrix} 1 & a \\ 0 & 1 \end{pmatrix}$

解 (1) まず $\mathrm{tr}A = 3, \det A = 2$ だから
$$A^2 - 3A + 2E = O \quad \therefore (A-E)(A-2E) = O$$
である．次に，x^n を $(x-1)(x-2)$ で割ったときの余りを $\alpha x + \beta$ とすれば
$$x^n = (x-1)(x-2)g(x) + \alpha x + \beta$$
と表すことができる．ここに $x=1, x=2$ を代入すれば
$$\alpha + \beta = 1, \quad 2\alpha + \beta = 2^n \quad \therefore \alpha = 2^n - 1, \quad \beta = 2 - 2^n$$
だから
$$\begin{aligned} A^n &= (A-E)(A-2E)g(A) + (2^n-1)A + (2-2^n)E \\ &= (2^n-1)A + (2-2^n)E \\ &= \begin{pmatrix} 1 & 2^n - 1 \\ 0 & 2^n \end{pmatrix} \end{aligned}$$
である．

(2) $\mathrm{tr}A = 2, \det A = 1$ だから
$$A^2 - 2A + E = O \quad \therefore (A-E)^2 = O$$
x^n を $(x-1)^2$ で割って余りを $\alpha x + \beta$ とすれば
$$\begin{aligned} x^n &= (x-1)^2 g(x) + \alpha x + \beta \\ nx^{n-1} &= 2(x-1)g(x) + (x-1)^2 g'(x) + \alpha \end{aligned}$$
$x=1$ を代入すると，余りは $nx + (1-n)$ になるから
$$A^n = nA + (1-n)E = \begin{pmatrix} n & na \\ 0 & n \end{pmatrix} + \begin{pmatrix} 1-n & 0 \\ 0 & 1-n \end{pmatrix} = \begin{pmatrix} 1 & na \\ 0 & 1 \end{pmatrix}$$
である．■

■ 練習問題 3.3

1. 次の行列に対して A^n を予想し，それを数学的帰納法で証明せよ．ただし a, b, c は 0 でない定数とする．
$$A = \begin{pmatrix} 0 & 0 & a \\ 0 & 0 & b \\ 0 & 0 & c \end{pmatrix}$$

2. $A = \begin{pmatrix} -3 & 7 \\ -4 & 9 \end{pmatrix}$, $T = \begin{pmatrix} 1 & 1 \\ 0 & 1 \end{pmatrix}$, $S = \begin{pmatrix} 0 & -1 \\ 1 & 0 \end{pmatrix}$ とするとき以下の問に答えよ.

（神戸大）

(1) $T^n = \begin{pmatrix} 1 & n \\ 0 & 1 \end{pmatrix}$ を示せ.（n は任意の整数）

(2) $AT^n = \begin{pmatrix} a_1 & b_1 \\ c_1 & d_1 \end{pmatrix}$ とするとき, $0 < d_1 < |c_1|$ を満たす n を求めよ.（以下，この n を使う）

(3) $AT^n ST^m = \begin{pmatrix} a_2 & b_2 \\ c_2 & d_2 \end{pmatrix}$ とするとき, $d_2 = 0$ となる m を求めよ.

(4) A を S と T を用いて表せ.

3. 次の行列について以下の問に答えよ．ただし $\alpha\beta \neq 0$ とする．（豊橋技大）

$$A = \begin{pmatrix} \alpha & \beta \\ \beta & \alpha \end{pmatrix}, \quad P = \begin{pmatrix} 1 & 1 \\ 1 & -1 \end{pmatrix}$$

(1) $P^{-1}AP$ を求めよ.

(2) A^n を求めよ．ただし n は自然数とする．

(3) 数列 $\{a_n\}, \{b_n\}$ において

$$a_1 = 1, \quad b_1 = 0, \quad a_{n+1} = \frac{2}{3}a_n + \frac{1}{3}b_n, \quad b_{n+1} = \frac{1}{3}a_n + \frac{2}{3}b_n$$

のとき，一般項 a_n および b_n を求めよ.

4. 実数の定数 α, β に対し，行列 A, P を

$$A = \begin{pmatrix} \alpha & \beta & 0 \\ 0 & \alpha & \beta \\ 0 & 0 & \alpha \end{pmatrix}, \quad P = \begin{pmatrix} 0 & 1 & 0 \\ 0 & 0 & 1 \\ 0 & 0 & 0 \end{pmatrix}$$

と定める．以下の問に答えよ．（筑波大）

(1) P^n ($n \geq 2$) を求めよ．

(2) A, A^2 を α, β, I, P, P^2 を用いて表せ．ただし I は 3 次の単位行列を表す．

(3) A^n ($n \geq 2$) を $n, \alpha, \beta, I, P, P^2$ を用いて表せ．A^n はどのような行列になるか．

(4) $\exp A$ を α, β を用いてできるだけ簡単な行列の形に直せ．ただし $\exp A$ は

$$\exp A = I + A + \frac{1}{2!}A^2 + \frac{1}{3!}A^3 + \cdots + \frac{1}{n!}A^n + \cdots$$

で定められる行列を表す.

(5) $\exp(-A)$ を α, β, I, P, P^2 を用いて表し, $(\exp A)^{-1} = \exp(-A)$ であることを証明せよ.

《注》 行列の指数関数 $\exp A$ について詳しいことは, 例 5.2 以降（p.111〜）を参考にしなさい.

5. 行列 $A = \begin{pmatrix} 1 & 2 \\ -1 & 3 \end{pmatrix}$ が $A^2 - 4A + 5I = O$ を満たすとき, A^5, A^{-1} を求めよ. ただし I は 2 次の単位行列とする.（鹿児島大）

6. 行列 $A = \begin{pmatrix} 5 & 4 \\ 1 & 2 \end{pmatrix}$ に対して A^n を求めよ.

7. 行列 $A = \begin{pmatrix} 1 & a \\ 0 & b \end{pmatrix}$ に対して A^n を求めよ. ただし $a \neq 0, b \neq 1$, また n は自然数とする.

8. 行列 $A = \begin{pmatrix} 1 & 2 \\ 0 & 3 \end{pmatrix}$ とするとき, 行列 $B = A^4 - 3A^3 + 2A^2 + 4A + E$ を求めよ. ここで E は単位行列である.（千葉大）

9. x, y 平面上を 1 つの点が移動している. 時刻 $t = i$ （i は整数）における点の位置を $\mathbf{p}_i = \begin{pmatrix} x_i \\ y_i \end{pmatrix}$ と表すとき,

$$\mathbf{p}_0 = \begin{pmatrix} 5 \\ 5 \end{pmatrix}, \quad \mathbf{p}_1 = \begin{pmatrix} 16 \\ 13 \end{pmatrix}, \quad \mathbf{p}_2 = \begin{pmatrix} 50 \\ 35 \end{pmatrix}$$

であった. また, $\mathbf{p}_{i+1} = A\mathbf{p}_i$ （A は行列）に従っているものとする. このとき, 次の問に答えよ.（東大）

(1) 行列 A を求めよ.
(2) A^n を求め, 時刻 $t = n$ （n は整数）における点の位置 $\mathbf{p}_n$ を求めよ.

10. A を 2 次の正方行列とする. その固有値を λ_1, λ_2 とするとき, 次の問に答えよ.（東大）

(1) 特性多項式は $\lambda^2 - \mathrm{tr}(A)\lambda + |A|$ であることを示せ.
(2) $\mathrm{tr}(A) = \lambda_1 + \lambda_2, |A| = \lambda_1 \lambda_2$ であることを示せ.
(3) $A^2 - \mathrm{tr}(A)A + |A|E = O$ を示せ.

(4) 上の結果を用いて, $\lambda_1 \neq \lambda_2$ のとき, $n \geq 2$ に対して, 次を証明せよ.
$$A^n = \frac{\lambda_2^n - \lambda_1^n}{\lambda_2 - \lambda_1} A + \frac{\lambda_1^n \lambda_2 - \lambda_1 \lambda_2^n}{\lambda_2 - \lambda_1} E$$

《注》 固有値についてはあとで学ぶので, ここでは (1)〜(3) だけを考えてもよい.

11. 行列 $A = \begin{pmatrix} 0 & \frac{1}{2} & \frac{1}{2} \\ \frac{1}{2} & 0 & \frac{1}{2} \\ \frac{1}{2} & \frac{1}{2} & 0 \end{pmatrix}$ について以下の問に答えよ. ただし n は自然数, E は単位行列とする. (長岡技大)

(1) $(A - E)\left(A + \dfrac{1}{2}E\right)$ を計算せよ.

(2) x^n を $(x - 1)\left(x + \dfrac{1}{2}\right)$ で割った余りを $a_n x + b_n$ とする. a_n, b_n を n の式で表せ.

(3) $A^n = a_n A + b_n E$ と表せることを示せ.

(4) $\displaystyle\lim_{n \to \infty} A^n$ を求めよ.

3.4 逆行列の応用, 連立方程式の解法

1次の連立方程式を行列の積で表すと, ベクトルが行列によって変換されていることが見えてくる. たとえば, 2元の連立方程式 $\begin{cases} a_1 x + b_1 y = c_1 \\ a_2 x + b_2 y = c_2 \end{cases}$ を行列の積の形で書き直すと次のようになる.

$$\begin{pmatrix} a_1 & b_1 \\ a_2 & b_2 \end{pmatrix} \begin{pmatrix} x \\ y \end{pmatrix} = \begin{pmatrix} c_1 \\ c_2 \end{pmatrix}$$

だから, もし行列 $A = \begin{pmatrix} a_1 & b_1 \\ a_2 & b_2 \end{pmatrix}$ が正則ならば, 逆行列が存在するので

$$\begin{pmatrix} x \\ y \end{pmatrix} = A^{-1} \begin{pmatrix} c_1 \\ c_2 \end{pmatrix}$$

となり, 右辺を計算することで解を求めることができる. これは未知数が 3 個以上あるときも同様である.

議論を一般化するために, 上の式で,

$$V = \begin{pmatrix} x \\ y \end{pmatrix}, \quad W = \begin{pmatrix} c_1 \\ c_2 \end{pmatrix}$$

とおくと，
$$AV = W \implies V = A^{-1}W \quad (\text{ただし } |A| \neq 0)$$

と表すことができる．すると，上のような連立方程式を解くということは，行列の方程式に対してその解を逆行列を用いて求めることにほかならない．

例 3.11 次の連立方程式を逆行列を用いて解け．

$$\begin{cases} 2x - 3y = -14 \\ 5x - 2y = 9 \end{cases}$$

解 まず行列の積の形で書き直すと

$$\begin{pmatrix} 2 & -3 \\ 5 & -2 \end{pmatrix} \begin{pmatrix} x \\ y \end{pmatrix} = \begin{pmatrix} -14 \\ 9 \end{pmatrix}$$

ここで，$\begin{vmatrix} 2 & -3 \\ 5 & -2 \end{vmatrix} = 11 \neq 0$ だから逆行列が存在して

$$\begin{pmatrix} 2 & -3 \\ 5 & -2 \end{pmatrix}^{-1} = \frac{1}{11} \begin{pmatrix} -2 & 3 \\ -5 & 2 \end{pmatrix}$$

となる．これを上の式の両辺に左からかけると

$$\begin{pmatrix} 2 & -3 \\ 5 & -2 \end{pmatrix}^{-1} \begin{pmatrix} 2 & -3 \\ 5 & -2 \end{pmatrix} \begin{pmatrix} x \\ y \end{pmatrix} = \frac{1}{11} \begin{pmatrix} -2 & 3 \\ -5 & 2 \end{pmatrix} \begin{pmatrix} -14 \\ 9 \end{pmatrix}$$

したがって，

$$\begin{pmatrix} x \\ y \end{pmatrix} = \frac{1}{11} \begin{pmatrix} -2 & 3 \\ -5 & 2 \end{pmatrix} \begin{pmatrix} -14 \\ 9 \end{pmatrix} = \begin{pmatrix} 5 \\ 8 \end{pmatrix}$$

$$\therefore x = 5, \; y = 8 \quad \blacksquare$$

このような例を通して，連立方程式を逆行列を用いて解くことの意味を考えておくことは大切である．この例の場合は，未知のベクトル $V = \begin{pmatrix} x \\ y \end{pmatrix}$ が行列 $A =$

$\begin{pmatrix} 2 & -3 \\ 5 & -2 \end{pmatrix}$ によってベクトル $W = \begin{pmatrix} -14 \\ 9 \end{pmatrix}$ に変換されたことから, 逆に, ベクトル W に逆変換 $A^{-1} = \dfrac{1}{11}\begin{pmatrix} -2 & 3 \\ -5 & 2 \end{pmatrix}$ をかけることによって, 未知のベクトル $V = \begin{pmatrix} 5 \\ 8 \end{pmatrix}$ が求められたのである.

もし逆変換がない場合はどうなるのだろうか？ それを次の例で考えてみよう.

例 3.12 次の連立方程式を解こう.

(1) $\begin{cases} x + 2y = 4 \\ 2x + 4y = 8 \end{cases}$ (2) $\begin{cases} x + 2y = 4 \\ 2x + 4y = 5 \end{cases}$

解 (1) 行列の積の形で書き直すと

$$\begin{pmatrix} 1 & 2 \\ 2 & 4 \end{pmatrix}\begin{pmatrix} x \\ y \end{pmatrix} = \begin{pmatrix} 4 \\ 8 \end{pmatrix}$$

となる. ここに現れる係数行列がどのような変換を意味するかについては, 例 1.9 で考えているが, 逆行列との関連でもう少し調べてみよう.

まず, $\begin{vmatrix} 1 & 2 \\ 2 & 4 \end{vmatrix} = 0$ だから逆行列は存在しない. したがって, 逆行列を使ってこの連立方程式を解くことができない. そのことを別な形で見てみよう. ベクトル $V_1 = \begin{pmatrix} 2 \\ 1 \end{pmatrix}$ に対して

$$\begin{pmatrix} 1 & 2 \\ 2 & 4 \end{pmatrix}\begin{pmatrix} 2 \\ 1 \end{pmatrix} = \begin{pmatrix} 4 \\ 8 \end{pmatrix}$$

また, ベクトル $V_2 = \begin{pmatrix} 0 \\ 2 \end{pmatrix}$ に対して

$$\begin{pmatrix} 1 & 2 \\ 2 & 4 \end{pmatrix}\begin{pmatrix} 0 \\ 2 \end{pmatrix} = \begin{pmatrix} 4 \\ 8 \end{pmatrix}$$

となるから, 像ベクトル $\begin{pmatrix} 4 \\ 8 \end{pmatrix}$ に対する元のベクトルが 1 つに定まらないのである. すると, 解がないことになるかというとそうではなく,

$$\begin{pmatrix} 1 & 2 \\ 2 & 4 \end{pmatrix} \begin{pmatrix} x \\ y \end{pmatrix} = \begin{pmatrix} x+2y \\ 2x+4y \end{pmatrix} = \frac{x+2y}{4} \begin{pmatrix} 4 \\ 8 \end{pmatrix}$$

となることからわかるように，原点を始点にして，終点を直線 $x+2y=4$ 上にもつベクトルはすべて，行列 $\begin{pmatrix} 1 & 2 \\ 2 & 4 \end{pmatrix}$ による変換で，1つの像ベクトル $\begin{pmatrix} 4 \\ 8 \end{pmatrix}$ になるのである．このような場合，解は一意に存在することはないので，

$$x = 4 - 2k, \quad y = k \quad (\text{ただし } k \text{ は任意の実数})$$

のように答えるのがふつうである．

(2) まず，解が一意に存在することはないのは同様である．さらにこの場合，

$$x+2y=4 \quad \text{と} \quad 2x+4y=5 \quad \text{は同時に成り立たない}$$

ので，本当に解はないという結論になる．さらに，基本ベクトルが

$$\begin{pmatrix} 1 & 2 \\ 2 & 4 \end{pmatrix} \begin{pmatrix} 1 \\ 0 \end{pmatrix} = \begin{pmatrix} 1 \\ 2 \end{pmatrix}, \quad \begin{pmatrix} 1 & 2 \\ 2 & 4 \end{pmatrix} \begin{pmatrix} 0 \\ 1 \end{pmatrix} = \begin{pmatrix} 2 \\ 4 \end{pmatrix} = 2 \begin{pmatrix} 1 \\ 2 \end{pmatrix}$$

のように変換されてしまうので，平面上のすべてのベクトルが行列 $A = \begin{pmatrix} 1 & 2 \\ 2 & 4 \end{pmatrix}$ により，直線 $y=2x$ 上のベクトルに変換されることがわかる．そして，点 $(4,5)$ は直線 $y=2x$ 上にないので，変換前の位置を求めることができないのである．∎

以上のように，連立方程式を行列の積の形で表すとき，その係数行列が正則かどうか（逆行列をもつかどうか）ということは，その連立方程式が一意に解けるかどうかということと密接に関係しているのである．

■ 練習問題 3.4

1. 次の連立方程式を逆行列を用いて解け．

(1) $\begin{cases} x+y=-1 \\ 2x+y=1 \end{cases}$
(2) $\begin{cases} 2x+y+z=2 \\ 3x-2y+3z=-1 \\ -x+2y=5 \end{cases}$

2. $A = \begin{pmatrix} \cos\frac{\pi}{4} & -\sin\frac{\pi}{4} \\ \sin\frac{\pi}{4} & \cos\frac{\pi}{4} \end{pmatrix}$ とするとき，次の連立方程式を解け．

$$A^2 \begin{pmatrix} x \\ y \end{pmatrix} = \begin{pmatrix} 1 \\ -1 \end{pmatrix}$$

3. 次の問に答えよ．

  (1) 行列 $A = \begin{pmatrix} a+1 & 1 \\ 2 & a \end{pmatrix}$ が正則であるための条件を求めよ．

  (2) a は $|A| < 0$ を満たす整数であるとき，次の連立方程式を逆行列を用いて解け．
$$\begin{cases} (a+1)x + y = 0 \\ 2x + ay = -2 \end{cases}$$

4. 連立方程式 $\begin{cases} x - y = 2 \\ -x + y = -2 \end{cases}$ がもつ図形的な意味を考え，像ベクトル $\begin{pmatrix} 2 \\ -2 \end{pmatrix}$ に変換される前のベクトルはどのように特徴づけられるか述べよ．

3.5 ベクトルの1次独立

一般に n 個のベクトル $\mathbf{v}_1, \mathbf{v}_2, \cdots, \mathbf{v}_n$ があるとき，実数 $a_1, a_2, \cdots, a_n$ を係数とする1次結合 $a_1\mathbf{v}_1 + a_2\mathbf{v}_2 + \cdots + a_n\mathbf{v}_n$ は1つのベクトルであるが，もし

$$a_1\mathbf{v}_1 + a_2\mathbf{v}_2 + \cdots + a_n\mathbf{v}_n = \mathbf{0}$$

が，係数 $a_1, a_2, \cdots, a_n$ の中に0でないものがあっても成り立つならば，ベクトル $\mathbf{v}_1, \mathbf{v}_2, \cdots, \mathbf{v}_n$ は互いに**1次従属** (linearly dependent) という．そうでないとき（係数がすべて0のときにしか成り立たないとき）**1次独立** (linearly independent) という．

1次独立あるいは1次従属という議論をするとき，対象となるベクトルの中にゼロ・ベクトルは含めないことを注意しておこう．

例 3.13 次の同値関係を証明せよ．

  2つのベクトル $\mathbf{a}$ と $\mathbf{b}$ が1次従属 $\iff$ $\mathbf{a}//\mathbf{b}$ （平行）

解 ベクトル $\mathbf{a}$ と $\mathbf{b}$ が1次従属ならば，同時には0でない実数 α, β があり

$$\alpha\mathbf{a} + \beta\mathbf{b} = \mathbf{0}$$

であるから，ここで $\alpha \neq 0$ とすれば，$\mathbf{a} = -\dfrac{\beta}{\alpha}\mathbf{b}$ と表すことができる．つまりこの2つのベクトルは平行である．逆は，この議論を逆にたどればいいだけである．■

3.5 ベクトルの1次独立

例 3.14 次の同値関係を証明せよ．

$$\text{ベクトル } \mathbf{a} = \begin{pmatrix} a_1 \\ a_2 \end{pmatrix} \text{ と } \mathbf{b} = \begin{pmatrix} b_1 \\ b_2 \end{pmatrix} \text{ が1次従属} \iff \begin{vmatrix} a_1 & b_1 \\ a_2 & b_2 \end{vmatrix} = 0$$

証明 ベクトル $\mathbf{a}$ と $\mathbf{b}$ が1次従属ならば平行であるから，$\mathbf{a} = k\mathbf{b}\,(k \neq 0)$ と書くことができる．すると，$a_1 = kb_1, a_2 = kb_2$ であるから

$$\begin{vmatrix} a_1 & b_1 \\ a_2 & b_2 \end{vmatrix} = \begin{vmatrix} kb_1 & b_1 \\ kb_2 & b_2 \end{vmatrix} = 0$$

逆に，$\begin{vmatrix} a_1 & b_1 \\ a_2 & b_2 \end{vmatrix} = 0$ ならば，$a_1 b_2 = a_2 b_1$ である．ここで $a_1 \neq 0$ とするとき，$k = \dfrac{a_2}{a_1}$ とおくと，$b_2 = kb_1$ となるから

$$\mathbf{a} = \begin{pmatrix} a_1 \\ a_2 \end{pmatrix} = a_1 \begin{pmatrix} 1 \\ k \end{pmatrix}, \quad \mathbf{b} = \begin{pmatrix} b_1 \\ kb_1 \end{pmatrix} = b_1 \begin{pmatrix} 1 \\ k \end{pmatrix}$$

したがって，ベクトル $\mathbf{a}$ と $\mathbf{b}$ は平行である．また $a_1 = 0$ ならば，$b_1 = 0$ となって，やはり2つのベクトルは平行になる．■

平面上の基本ベクトル $\mathbf{i} = \begin{pmatrix} 1 \\ 0 \end{pmatrix}, \mathbf{j} = \begin{pmatrix} 0 \\ 1 \end{pmatrix}$ は互いに1次独立であり，平面上の任意のベクトルは $\mathbf{i}$ と $\mathbf{j}$ の1次結合で一意に表されるので，これらは平面（2次元ベクトル空間）の**基底** (base)（または**基**）という．

空間内の基本ベクトル $\mathbf{i} = \begin{pmatrix} 1 \\ 0 \\ 0 \end{pmatrix}, \mathbf{j} = \begin{pmatrix} 0 \\ 1 \\ 0 \end{pmatrix}, \mathbf{k} = \begin{pmatrix} 0 \\ 0 \\ 1 \end{pmatrix}$ は互いに1次独立であり，空間内の任意のベクトルは $\mathbf{i}, \mathbf{j}, \mathbf{k}$ の1次結合で一意に表されるので，これらは空間（3次元ベクトル空間）の**基底** (base)（または**基**）という．

基本ベクトルは互いに直交し，かつ単位ベクトル（大きさが1であるベクトル）なので**正規直交基底** (orthonormal base) という．任意のベクトルはこの基本ベクトルの1次結合で表される．

例 3.15 3次元空間内に次の3つのベクトルがあるとき，下の同値関係を証明しよう．

$$\mathbf{a} = \begin{pmatrix} a_1 \\ a_2 \\ a_3 \end{pmatrix}, \mathbf{b} = \begin{pmatrix} b_1 \\ b_2 \\ b_3 \end{pmatrix}, \mathbf{c} = \begin{pmatrix} c_1 \\ c_2 \\ c_3 \end{pmatrix} \text{ に対して,}$$

$$\mathbf{a}, \mathbf{b}, \mathbf{c} \text{ が 1 次従属} \iff \begin{vmatrix} a_1 & b_1 & c_1 \\ a_2 & b_2 & c_2 \\ a_3 & b_3 & c_3 \end{vmatrix} = 0$$

証明 ⇒ の証明は簡単なので, ⇐ の証明をしてみよう. そのために対偶

$$\mathbf{a}, \mathbf{b}, \mathbf{c} \text{ が 1 次独立} \quad \Rightarrow \quad |A| \neq 0$$

を考える. ここで A はベクトル $\mathbf{a}, \mathbf{b}, \mathbf{c}$ の成分をそのまま並べた行列とする.

$$\mathbf{a} = a_1 \mathbf{i} + a_2 \mathbf{j} + a_3 \mathbf{k}$$
$$\mathbf{b} = b_1 \mathbf{i} + b_2 \mathbf{j} + b_3 \mathbf{k}$$
$$\mathbf{c} = c_1 \mathbf{i} + c_2 \mathbf{j} + c_3 \mathbf{k}$$

である. もし $\mathbf{a}, \mathbf{b}, \mathbf{c}$ が 1 次独立ならば, 基本ベクトルをそれらの 1 次結合で

$$\mathbf{i} = x_1 \mathbf{a} + x_2 \mathbf{b} + x_3 \mathbf{c}$$
$$\mathbf{j} = y_1 \mathbf{a} + y_2 \mathbf{b} + y_3 \mathbf{c}$$
$$\mathbf{k} = z_1 \mathbf{a} + z_2 \mathbf{b} + z_3 \mathbf{c}$$

のように表すことができる. すると

$$\mathbf{i} = x_1(a_1 \mathbf{i} + a_2 \mathbf{j} + a_3 \mathbf{k}) + x_2(b_1 \mathbf{i} + b_2 \mathbf{j} + b_3 \mathbf{k}) + x_3(c_1 \mathbf{i} + c_2 \mathbf{j} + c_3 \mathbf{k})$$
$$= (x_1 a_1 + x_2 b_1 + x_3 c_1) \mathbf{i} + (x_1 a_2 + x_2 b_2 + x_3 c_2) \mathbf{j} + (x_1 a_3 + x_2 b_3 + x_3 c_3) \mathbf{k}$$

だから

$$x_1 a_1 + x_2 b_1 + x_3 c_1 = 1, \quad x_1 a_2 + x_2 b_2 + x_3 c_2 = 0, \quad x_1 a_3 + x_2 b_3 + x_3 c_3 = 0$$

同様にして

$$y_1 a_1 + y_2 b_1 + y_3 c_1 = 0, \quad y_1 a_2 + y_2 b_2 + y_3 c_2 = 1, \quad y_1 a_3 + y_2 b_3 + y_3 c_3 = 0$$
$$z_1 a_1 + z_2 b_1 + z_3 c_1 = 0, \quad z_1 a_2 + z_2 b_2 + z_3 c_2 = 0, \quad z_1 a_3 + z_2 b_3 + z_3 c_3 = 1$$

となる. これらの関係式を行列の積を使って見やすくすると,

$$\begin{pmatrix} x_1 & x_2 & x_3 \\ y_1 & y_2 & y_3 \\ z_1 & z_2 & z_3 \end{pmatrix} \begin{pmatrix} a_1 & a_2 & a_3 \\ b_1 & b_2 & b_3 \\ c_1 & c_2 & c_3 \end{pmatrix} = \begin{pmatrix} 1 & 0 & 0 \\ 0 & 1 & 0 \\ 0 & 0 & 1 \end{pmatrix}$$

この結果から $|A| \neq 0$ である. ∎

3.5 ベクトルの1次独立

上の結果から, 逆行列 A^{-1} とはどういうものなのかがあらためてわかったことになる. ここで, 例 2.16 (48 ページ) の逆について考えてみよう.

証明 もしその連立方程式の係数行列式の値が 0 ならば, ベクトル $\mathbf{a}, \mathbf{b}, \mathbf{c}$ が1次従属になるから, 同時には 0 でない実数 α, β, γ が存在して

$$\alpha \mathbf{a} + \beta \mathbf{b} + \gamma \mathbf{c} = \mathbf{0}$$

と表すことができる. このとき

$$\begin{pmatrix} a_1 & b_1 & c_1 \\ a_2 & b_2 & c_2 \\ a_3 & b_3 & c_3 \end{pmatrix} \begin{pmatrix} \alpha \\ \beta \\ \gamma \end{pmatrix} = \alpha \mathbf{a} + \beta \mathbf{b} + \gamma \mathbf{c} = \mathbf{0}$$

つまり, 自明でない解 $x = \alpha, y = \beta, z = \gamma$ が存在する. ∎

例 3.16 次のベクトルがあるとき, ベクトル $\mathbf{a}, \mathbf{b}, \mathbf{c}$ は互いに1次独立であることを示し, またベクトル $\mathbf{d}$ を $\mathbf{a}, \mathbf{b}, \mathbf{c}$ の1次結合で表してみよう.

$$\mathbf{a} = \begin{pmatrix} 1 \\ 1 \\ 1 \end{pmatrix}, \mathbf{b} = \begin{pmatrix} 1 \\ 0 \\ 2 \end{pmatrix}, \mathbf{c} = \begin{pmatrix} 0 \\ -1 \\ 2 \end{pmatrix}, \mathbf{d} = \begin{pmatrix} 2 \\ 3 \\ -1 \end{pmatrix}$$

解 まず, $\begin{vmatrix} 1 & 1 & 0 \\ 1 & 0 & -1 \\ 1 & 2 & 2 \end{vmatrix} = -1 \neq 0$ だから1次独立である. 次に $\mathbf{d} = x\mathbf{a} + y\mathbf{b} + z\mathbf{c}$

とおき, 係数 x, y, z を求めると, 連立方程式

$$\begin{cases} x + y & = 2 \\ x & -z = 3 \\ x + 2y + 2z = -1 \end{cases}$$

を解くことになり, これを掃き出し法によって

$$\begin{array}{ccc|c} 1 & 1 & 0 & 2 \\ 1 & 0 & -1 & 3 \\ 1 & 2 & 2 & -1 \end{array} \quad \rightarrow \quad \begin{array}{ccc|c} 1 & 0 & 0 & 1 \\ 0 & 1 & 0 & 1 \\ 0 & 0 & 1 & -2 \end{array}$$

となるので, $x = 1, y = 1, z = -2$. したがって, 1次結合 $\mathbf{d} = \mathbf{a} + \mathbf{b} - 2\mathbf{c}$ を得る. ∎

例 3.17 単位ベクトルでなく, また互いに直交しないようなものでも, 1次独立であれば基底とすることができることを示そう.

解 たとえば，平面上で

$$\mathbf{e}_1 = \begin{pmatrix} 1 \\ 1 \end{pmatrix}, \quad \mathbf{e}_2 = \begin{pmatrix} -1 \\ 2 \end{pmatrix}$$

を基底にとることもできる．このとき基底の間に

$$\mathbf{e}_1 = \mathbf{i} + \mathbf{j}, \quad \mathbf{e}_2 = -\mathbf{i} + 2\mathbf{j}$$

$$\mathbf{i} = \frac{2}{3}\mathbf{e}_1 - \frac{1}{3}\mathbf{e}_2, \quad \mathbf{j} = \frac{1}{3}\mathbf{e}_1 + \frac{1}{3}\mathbf{e}_2$$

という関係がある．したがって，平面上の任意のベクトルはこの基底を使って

$$\begin{pmatrix} x \\ y \end{pmatrix} = \frac{2x+y}{3}\mathbf{e}_1 + \frac{y-x}{3}\mathbf{e}_2$$

と表すことができる．
　ついでに見ておくと，ここに1つの座標変換

$$\begin{pmatrix} 1 & -1 \\ 1 & 2 \end{pmatrix}$$ は $\mathbf{i}, \mathbf{j}$ の座標軸から $\mathbf{e}_1, \mathbf{e}_2$ の座標軸へ

または，その逆変換

$$\frac{1}{3}\begin{pmatrix} 2 & 1 \\ -1 & 1 \end{pmatrix}$$ は $\mathbf{e}_1, \mathbf{e}_2$ の座標軸から $\mathbf{i}, \mathbf{j}$ の座標軸へ

があることがわかる．∎

　ところで，平面は2次元であるとか，たて・よこ・高さのある空間は3次元であるなどというが，これは実は，最大いくつの1次独立なベクトルをとれるかによって，その空間の次元が決まっているのである．そして，その空間はそれらの1次独立なベクトルを基底として広がっていると見ることもできる．

■ 練習問題 3.5

1. 例 3.15 の ⇒ を証明せよ．
2. 平面上に3つ以上のベクトルを考えると，必ず1次従属の関係になることを説明せよ．
3. 次のベクトルの組は1次独立かそれとも1次従属であるか調べよ．　((1)〜(3) 神戸大, (4) 筑波大)

(1) $\begin{pmatrix} 1 \\ 1 \\ 1 \end{pmatrix}, \begin{pmatrix} 2 \\ 4 \\ 8 \end{pmatrix}, \begin{pmatrix} 3 \\ 9 \\ 27 \end{pmatrix}$
(2) $\begin{pmatrix} 1 \\ 2 \\ 3 \end{pmatrix}, \begin{pmatrix} 4 \\ 5 \\ 6 \end{pmatrix}, \begin{pmatrix} 7 \\ 8 \\ 9 \end{pmatrix}$

(3) $\begin{pmatrix} 1 \\ 1 \\ 0 \end{pmatrix}, \begin{pmatrix} 1 \\ 0 \\ 1 \end{pmatrix}, \begin{pmatrix} 0 \\ 1 \\ 1 \end{pmatrix}, \begin{pmatrix} 1 \\ 1 \\ 1 \end{pmatrix}$
(4) $\begin{pmatrix} 1 \\ 1 \\ -1 \end{pmatrix}, \begin{pmatrix} 2 \\ 1 \\ 0 \end{pmatrix}, \begin{pmatrix} 0 \\ -2 \\ 5 \end{pmatrix}$

4. 次の3つのベクトルは互いに1次独立であることを示せ．(筑波大)

$$\mathbf{a}_1 = \begin{pmatrix} 2 \\ 1 \\ 1 \end{pmatrix}, \quad \mathbf{a}_2 = \begin{pmatrix} -1 \\ 0 \\ -1 \end{pmatrix}, \quad \mathbf{a}_3 = \begin{pmatrix} 1 \\ 1 \\ 2 \end{pmatrix}$$

5. 次のベクトルは1次従属であることを示せ．(九大)

$$\mathbf{v}_1 = \begin{pmatrix} 1 \\ 2 \\ 3 \\ 4 \end{pmatrix}, \quad \mathbf{v}_2 = \begin{pmatrix} 3 \\ 4 \\ 1 \\ 2 \end{pmatrix}, \quad \mathbf{v}_3 = \begin{pmatrix} 3 \\ 3 \\ -3 \\ -3 \end{pmatrix}$$

6. ベクトル $\mathbf{a}, \mathbf{b}, \mathbf{c}$ が1次独立であるとき，次の $\mathbf{x}, \mathbf{y}, \mathbf{z}$ は1次独立か，1次従属か．(筑波大)

$$\mathbf{x} = \mathbf{a} + \mathbf{b} - 2\mathbf{c}$$
$$\mathbf{y} = \mathbf{a} - \mathbf{b} - \mathbf{c}$$
$$\mathbf{z} = \mathbf{a} + \mathbf{c}$$

7. 3つのベクトル $\mathbf{a} = \begin{pmatrix} -1 \\ 2 \\ 3 \end{pmatrix}, \quad \mathbf{b} = \begin{pmatrix} 0 \\ -3 \\ 3 \end{pmatrix}, \quad \mathbf{c} = \begin{pmatrix} 1 \\ -1 \\ k \end{pmatrix}$ について次の問に答えよ．(図情大)

(1) $\mathbf{a}, \mathbf{b}, \mathbf{c}$ が1次従属になるような k の値を求めよ．

(2) そのとき $\mathbf{a}, \mathbf{b}, \mathbf{c}$ の関係を求めよ．

4

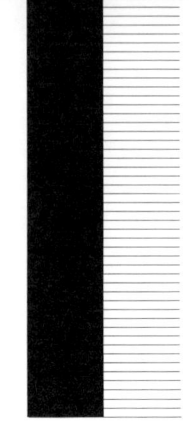

1 次 変 換

　一般に, n 次の正方行列 A は n 次元ベクトル $\mathbf{v}$ に対して, その向きと大きさを変えた別のベクトル $\mathbf{w} = A\mathbf{v}$ に変換する.

$$\mathbf{v} \xrightarrow{A} \mathbf{w}$$

このとき, さまざまな問題が起こる.

　まず, 変換したベクトル $\mathbf{w}$ を元に戻すことができるかどうか？　たとえば, もしほかにも $\mathbf{w} = A\mathbf{u}$ となるベクトル $\mathbf{u}$ があれば, ベクトル $\mathbf{w}$ の変換前のベクトルは $\mathbf{v}$ なのか $\mathbf{u}$ なのか特定できない. この問題は行列の**階数** (rank) と関連し, また, 逆行列の存在の問題でもある.

　直交性という問題もある. ベクトルの基底を考えるときこれは重要なことであるが, ベクトル $\mathbf{v}_1$ と $\mathbf{v}_2$ が直交していても, 変換後 $A\mathbf{v}_1$ と $A\mathbf{v}_2$ が直交するとは限らない. では, どんな場合に直交性は保存されるのか？

　視覚的にとらえやすい 2 次元の場合でさえ, これらの問題を考えることはそれほど簡単ではないのに, 一般に n 次元となると, 具体的なイメージもわかず手に負えなくなる.

　このような問題を解決するアイデアとして, 行列の**対角化** (diagonalization) という方法がある. それは行列 A を, 座標変換を意味する行列 P と, 各座標軸方向だけを伸び縮みさせる行列 D （これは対角行列である）との積

$$A = P^{-1}DP \qquad \begin{array}{ccc} \mathbf{v} & \xrightarrow{A} & \mathbf{w} \\ {\scriptstyle P}\downarrow & & \uparrow{\scriptstyle P^{-1}} \\ P\mathbf{v} & \xrightarrow{D} & DP\mathbf{v} \end{array}$$

で表す方法である. このアイデアはたいへん重要であり, そのとき中心的な役割をはたすのが, 行列の**固有値** (eigenvalue) と**固有ベクトル** (eigenvector) である.

4.1 行列の階数

一般に, $m \times n$ 行列 $A = \begin{pmatrix} a_{11} & a_{12} & \cdots & a_{1n} \\ a_{21} & a_{22} & \cdots & a_{2n} \\ \vdots & \vdots & \ddots & \vdots \\ a_{m1} & a_{m2} & \cdots & a_{mn} \end{pmatrix}$ は n 次元のベクトルを m 次元のベクトルに変換するが, その線形性により, 基底がどのように変換されるかで決まる. そこで, n 個の基本ベクトル

$$\mathbf{e}_1 = \begin{pmatrix} 1 \\ 0 \\ 0 \\ \vdots \\ 0 \end{pmatrix}, \quad \mathbf{e}_2 = \begin{pmatrix} 0 \\ 1 \\ 0 \\ \vdots \\ 0 \end{pmatrix}, \cdots, \quad \mathbf{e}_n = \begin{pmatrix} 0 \\ 0 \\ \vdots \\ 0 \\ 1 \end{pmatrix}$$

にこの行列 A をそれぞれかけてみると, n 個の列ベクトル

$$\mathbf{a}_1 = \begin{pmatrix} a_{11} \\ a_{21} \\ \vdots \\ a_{m1} \end{pmatrix}, \quad \mathbf{a}_2 = \begin{pmatrix} a_{12} \\ a_{22} \\ \vdots \\ a_{m2} \end{pmatrix}, \cdots, \quad \mathbf{a}_n = \begin{pmatrix} a_{1n} \\ a_{2n} \\ \vdots \\ a_{mn} \end{pmatrix}$$

にそれぞれ変換されることがわかる. そのうち, 互いに 1 次独立なものの最大個数を行列 A の**階数**といい, $\mathrm{rank}A$ と表す.

《注》 行列 A の表す 1 次変換 $f : \mathbf{R}^n \longrightarrow \mathbf{R}^m$ を考えるとき, $\mathrm{rank}A$ とは像空間 $\mathrm{Im}\,f$ の次元 $\dim(\mathrm{Im}\,f)$ にほかならず,

$$0 \leq \dim(\mathrm{Im}\,f) \leq m$$

である. このことを頭の片隅においておくと, あとで理解の助けになる.

証明は省略するが, 階数について以下の性質が成り立つ.

定理 4.1 (階数の性質)

1. 行ベクトルをとって, 互いに 1 次独立なものの最大個数を考えても同じである. すなわち, 転置しても階数は変わらない.
$$\mathrm{rank}A = \mathrm{rank}({}^t\!A)$$
2. 行または列について 3 つの基本変形をしても階数は変わらない.

4　1 次 変 換

例 4.1　次の行列の階数を求めよう．

$$A = \begin{pmatrix} 1 & 2 & 3 & 0 \\ 2 & 4 & 7 & -2 \\ -1 & -2 & -4 & 2 \end{pmatrix}$$

解　行に関して基本変形をすると

$$\begin{pmatrix} 1 & 2 & 3 & 0 \\ 2 & 4 & 7 & -2 \\ -1 & -2 & -4 & 2 \end{pmatrix} \to \begin{pmatrix} 1 & 2 & 0 & 6 \\ 0 & 0 & 1 & -2 \\ 0 & 0 & 0 & 0 \end{pmatrix}$$

ここで,

$$B = \begin{pmatrix} 1 & 2 & 0 & 6 \\ 0 & 0 & 1 & -2 \\ 0 & 0 & 0 & 0 \end{pmatrix}$$

とおくと，行列 B による変換で得られる 4 つの列ベクトルのうち，1 次独立なものは明らかに $\begin{pmatrix} 1 \\ 0 \\ 0 \end{pmatrix}, \begin{pmatrix} 0 \\ 1 \\ 0 \end{pmatrix}$ の 2 つだけであるから，上の定理により，

$$\mathrm{rank} A = \mathrm{rank} B = 2$$

となる．または，次のように考えることもできる．

$$\mathbf{a}_1 = \begin{pmatrix} 1 \\ 2 \\ -1 \end{pmatrix}, \quad \mathbf{a}_2 = \begin{pmatrix} 2 \\ 4 \\ -2 \end{pmatrix}, \quad \mathbf{a}_3 = \begin{pmatrix} 3 \\ 7 \\ -4 \end{pmatrix}, \quad \mathbf{a}_4 = \begin{pmatrix} 0 \\ -2 \\ 2 \end{pmatrix}$$

とおくとき，上の基本変形から

$$\mathbf{a}_2 = 2\mathbf{a}_1, \quad \mathbf{a}_4 = 6\mathbf{a}_1 - 2\mathbf{a}_3$$

であることがわかる．したがって行列 A に含まれる 4 つのベクトルのうち 1 次独立なものは $\mathbf{a}_1, \mathbf{a}_3$ だけであるので，$\mathrm{rank} A = 2$ となる．

このように基本変形によって行列の階級がわかるので，上の基本変形ができたところですぐ $\mathrm{rank} A = 2$ と答えてよい．∎

この例の行列 A が表す 1 次写像 $f: \mathbf{R}^4 \longrightarrow \mathbf{R}^3$ はどういうものか，もう少し調べてみよう．

その像空間は 2 つのベクトル $\mathbf{a}_1, \mathbf{a}_3$ を基底とする 2 次元の平面になっている．その 2 つのベクトル基底とする平面の方程式を求めてみよう．それを $x + ay + bz = 0$ とするとき，点 $(1, 2, -1), (3, 7, -4)$ の座標を代入して，$a = -1, b = -1$ を得るので，方程式は $x - y - z = 0$ である．または，あとで出てくる公式により

$$\begin{vmatrix} x & y & z \\ 1 & 2 & -1 \\ 3 & 7 & -4 \end{vmatrix} = 0$$

を展開して, $x - y - z = 0$ を得る方法もある. したがって, 4次元の空間 $\mathbf{R}^4$ が行列 A の表す変換によって, 3次元の空間 $\mathbf{R}^3$ の中の2次元の平面 $x - y - z = 0$ につぶされるとみることができる. つまり, その平面が像空間 $\mathrm{Im}\, f$ なのである. そしてこのとき, 残りの次元がどこに消えたのかというと, 例1.10で見たように, 核と呼ばれる部分空間を調べる問題になるが, それについては5.6節で詳しく考えよう.

例 4.2 n 次の正方行列 A に対して, 次の同値関係が成り立つことを示せ.

$$\det A \neq 0 \iff \mathrm{rank}\, A = n$$

解 3つの基本変形によって, 行列 A を単位行列にすることができるからである. ∎

■ 練習問題 4.1

1. 次の行列のランクを求めよ.

(1) $\begin{pmatrix} 0 & 1 & 2 & 3 \\ 1 & 2 & 3 & 4 \\ 2 & 3 & 4 & 5 \\ 3 & 4 & 5 & 6 \end{pmatrix}$ (2) $\begin{pmatrix} 2 & -1 & 1 \\ 1 & 0 & 1 \\ 1 & -1 & 2 \end{pmatrix}$ (筑波大)

2. 次の行列を使って以下の問に答えよ.(茨城大)

$$A = \begin{pmatrix} 1 & x & z \\ x & 1 & y \\ z & y & 1 \end{pmatrix}$$

(1) $\mathrm{rank}\, A = 1$ になるすべての (x, y, z) の組合せを求めよ.

(2) $x = 1, y = 2$ とするとき

 i. $\det A = 0$ のとき z の値を求めよ.

 ii. $\det A \neq 0$ のとき逆行列 A^{-1} を求めよ.

3. 行列 $A = \begin{pmatrix} 1 & 2 & -4 & 5 \\ 1 & -1 & -10 & 14 \\ 1 & 4 & 0 & 1 \\ 2 & 5 & -6 & 7 \end{pmatrix}$ として, 次の問に答えよ.(新潟大)

(1) 行の基本変形を行うことにより, A の階数を求めよ.

(2) 連立方程式 $A\begin{pmatrix} x \\ y \\ z \\ w \end{pmatrix} = \begin{pmatrix} 0 \\ 0 \\ 0 \\ 0 \end{pmatrix}$ の解 $\begin{pmatrix} x \\ y \\ z \\ w \end{pmatrix}$ の全体のなすベクトル空間の基底を求めよ.

4. 行列 $A = \begin{pmatrix} 1 & 1 & a+1 & 2 \\ 1 & 0 & a & 3 \\ 1 & 2 & a+2 & a \end{pmatrix}$ を考える. 次の問に答えよ. ただし a は定数である.

(京工繊大)

(1) 行列 A の階数を求めよ.

(2) 次の連立方程式が解をもつように a の値を定め, その解を求めよ.

$$\begin{cases} x + y + (a+1)z = 2 \\ x + az = 3 \\ x + 2y + (a+2)z = a \end{cases}$$

4.2 逆変換・直交変換

ここでは特に正方行列について考えよう. n 次の正方行列 A は n 次元のベクトル $\mathbf{v}$ を同じ次元のベクトル $A\mathbf{v}$ に変換するが, もし A が正則ならばその逆行列 A^{-1} があって,

$$A^{-1}(A\mathbf{v}) = (A^{-1}A)\mathbf{v} = E\mathbf{v} = \mathbf{v}$$

となる. これは, 行列 A によって変換されたベクトルが逆行列 A^{-1} によって元のベクトルに戻されることを示している. これを **逆変換** (inverse transformation) という. この結果, 次の定理を得る.

定理 4.2

正方行列 A によって表される 1 次変換の逆変換は逆行列 A^{-1} によって表される.

行列 A が表す 1 次変換を f とし, 行列 B が表す 1 次変換を g とする. つまり, 行列 A によってベクトル $\mathbf{u}$ がベクトル $\mathbf{v}$ に変換され, さらに行列 B によってベクトル

4.2 逆変換・直交変換

$\mathbf{v}$ がベクトル $\mathbf{w}$ に変換されるとき

$$A\mathbf{u} = \mathbf{v}, \quad B\mathbf{v} = \mathbf{w}, \quad \therefore B(A\mathbf{u}) = \mathbf{w}$$

行列の積の性質で $B(A\mathbf{u}) = (BA)\mathbf{u}$ だから，これは 2 つの 1 次変換を続けて行うこと（これを 1 次変換 f と 1 次変換 g の**合成変換** (composed transformation) といい，$g \circ f$ で表す）は行列の積で表されることを示している．

$$\mathbf{u} \xrightarrow{f} \mathbf{v} = A\mathbf{u} \xrightarrow{g} \mathbf{w} = B\mathbf{v}$$

$$\mathbf{u} \xrightarrow{g \circ f} \mathbf{w} = B(A\mathbf{u}) = (BA)\mathbf{u}$$

ベクトルをまったく動かさない変換も考えるならば，それは単位行列によって表されることはすぐわかる．これを**恒等変換** (identity transformation) という．

1 次変換 f が逆変換 g をもてば，その合成変換 $g \circ f$ が恒等変換ということである．合成変換は正方行列についてだけでなく，積の演算が可能ならば，一般に長方形の行列で考えることもできる．

例 4.3 f は平面上のベクトルを y 軸に対称なベクトルに変換するものとし，g は直線 $y = x$ に対称に変換するものとする．このとき，合成変換 $g \circ f$ と $f \circ g$ を表す行列を求めよ．また，それぞれの逆変換を表す行列を求めよ．

解 まず，変換 f, g が表す行列はそれぞれ $A = \begin{pmatrix} -1 & 0 \\ 0 & 1 \end{pmatrix}, B = \begin{pmatrix} 0 & 1 \\ 1 & 0 \end{pmatrix}$ である．
合成変換 $g \circ f$ を表す行列は

$$\begin{pmatrix} 0 & 1 \\ 1 & 0 \end{pmatrix} \begin{pmatrix} -1 & 0 \\ 0 & 1 \end{pmatrix} = \begin{pmatrix} 0 & 1 \\ -1 & 0 \end{pmatrix} \text{であり，逆変換は} \begin{pmatrix} 0 & -1 \\ 1 & 0 \end{pmatrix} \text{である．}$$

また，合成変換 $f \circ g$ を表す行列は

$$\begin{pmatrix} -1 & 0 \\ 0 & 1 \end{pmatrix} \begin{pmatrix} 0 & 1 \\ 1 & 0 \end{pmatrix} = \begin{pmatrix} 0 & -1 \\ 1 & 0 \end{pmatrix} \text{であり，逆変換は} \begin{pmatrix} 0 & 1 \\ -1 & 0 \end{pmatrix} \text{である．} ■$$

2 次の正方行列が表す 1 次変換のうち，特に重要なのは以下に述べる回転である．

4　1 次 変 換

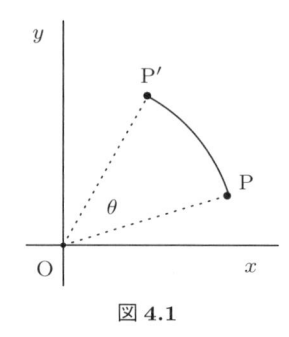

図 4.1

平面上で上図のように，点 $P(x,y)$ を原点 O のまわりに角 θ だけ回転して点 $P'(X,Y)$ に移すとき

$$X = x\cos\theta - y\sin\theta$$
$$Y = x\sin\theta + y\cos\theta$$

または

$$\begin{pmatrix} X \\ Y \end{pmatrix} = \begin{pmatrix} \cos\theta & -\sin\theta \\ \sin\theta & \cos\theta \end{pmatrix} \begin{pmatrix} x \\ y \end{pmatrix}$$

という関係式が成り立つ．

ここに現れる行列 $R(\theta) = \begin{pmatrix} \cos\theta & -\sin\theta \\ \sin\theta & \cos\theta \end{pmatrix}$ が表す 1 次変換を**回転** (rotation) という．また，上の関係式を逆に解いた次の式を使うことも多い．

$$\begin{pmatrix} x \\ y \end{pmatrix} = \begin{pmatrix} \cos\theta & \sin\theta \\ -\sin\theta & \cos\theta \end{pmatrix} \begin{pmatrix} X \\ Y \end{pmatrix}$$

証明は省略するが，回転を表す行列について次の関係式が成り立つ．

1. $R(\theta)^{-1} = R(-\theta) = {}^t R(\theta)$

2. $R(\alpha)R(\beta) = R(\alpha + \beta)$

3. $R(\theta)^n = R(n\theta)$　ただし，n は自然数

例 4.4　直線 $2x + y = 0$ は，直交座標軸を時計まわりに $\pi/4$ だけ回転させると，どのように変わるか．

解　座標軸を時計方向に回転させると，図形のほうは反時計まわりに回転するので，上の関係式に $\theta = \pi/4$ を代入して

$$\begin{pmatrix} x \\ y \end{pmatrix} = \begin{pmatrix} \dfrac{1}{\sqrt{2}} & \dfrac{1}{\sqrt{2}} \\ -\dfrac{1}{\sqrt{2}} & \dfrac{1}{\sqrt{2}} \end{pmatrix} \begin{pmatrix} X \\ Y \end{pmatrix}$$

$$\therefore \ x = \frac{1}{\sqrt{2}}X + \frac{1}{\sqrt{2}}Y, \quad y = -\frac{1}{\sqrt{2}}X + \frac{1}{\sqrt{2}}Y$$

これを直線 $2x + y = 0$ の式に代入して $X + 3Y = 0$ となる. ∎

一般に正方行列 A が

$$^tA\,A = E$$

となるとき（つまり $A^{-1} = {}^tA$ のとき）これを**直交行列** (orthogonal matrix) という. 回転の行列は直交行列である. そして直交行列によって表される変換を**直交変換** (orthogonal transformation) という.

例 4.5 平面上で, 点を x 軸または y 軸に対称に移す変換は直交変換である.

解 その変換を表す行列は $\begin{pmatrix} 1 & 0 \\ 0 & -1 \end{pmatrix}$ または $\begin{pmatrix} -1 & 0 \\ 0 & 1 \end{pmatrix}$ であり, どちらも ${}^tA\,A = E$ という性質をもつことがすぐわかる. ∎

例 4.6 A が直交行列ならば, $|A| = \pm 1$ であることを示せ.

解 まず ${}^tA\,A = E$ であり, $|{}^tA| = |A|$ また $|E| = 1$ であるから, $|A|^2 = 1$ となる. したがって, $|A| = \pm 1$ である. これは A が n 次の直交行列で成り立つ. ∎

次の定理は, 2次の直交行列の特徴を示すものとして重要である.

定理 4.3

2次の直交行列は次の2種類しかない.

1. 回転 $R(\theta) = \begin{pmatrix} \cos\theta & -\sin\theta \\ \sin\theta & \cos\theta \end{pmatrix}$
2. x 軸についての反転と回転との合成
$$\begin{pmatrix} \cos\theta & \sin\theta \\ \sin\theta & -\cos\theta \end{pmatrix} = R(\theta)\begin{pmatrix} 1 & 0 \\ 0 & -1 \end{pmatrix}$$

証明 $A = \begin{pmatrix} a & b \\ c & d \end{pmatrix}$ とおいて考えると, $|A| = 1$ のとき, ${}^tA = A^{-1}$ より関係式

$$a = d, \quad b = -c, \quad a^2 + b^2 = 1$$

4　1　次　変　換

を得ることで, A は
$$\begin{pmatrix} \cos\theta & -\sin\theta \\ \sin\theta & \cos\theta \end{pmatrix} \quad \text{または} \quad \begin{pmatrix} \sin\theta & -\cos\theta \\ \cos\theta & \sin\theta \end{pmatrix}$$
にしぼられる. しかしこの 2 つは角度の取り方による見かけの違いであり
$$\sin\left(\theta+\frac{\pi}{2}\right)=\cos\theta, \quad \cos\left(\theta+\frac{\pi}{2}\right)=-\sin\theta$$
であるから, 本質的には $\begin{pmatrix} \cos\theta & -\sin\theta \\ \sin\theta & \cos\theta \end{pmatrix}$ の 1 つだけである.

$|A|=-1$ のとき, ${}^tA=A^{-1}$ より関係式
$$a=-d, \quad b=c, \quad a^2+b^2=1$$
を得ることで, A は
$$\begin{pmatrix} \cos\theta & \sin\theta \\ \sin\theta & -\cos\theta \end{pmatrix} \quad \text{または} \quad \begin{pmatrix} \sin\theta & \cos\theta \\ \cos\theta & -\sin\theta \end{pmatrix}$$
にしぼられる. しかしこれも, 本質的には $\begin{pmatrix} \cos\theta & \sin\theta \\ \sin\theta & -\cos\theta \end{pmatrix}$ の 1 つだけである. ∎

■ 練習問題 4.2

1. 列ベクトルが互いに垂直な単位ベクトルになっている正方行列は直交行列である. 逆に直交行列ならば, その列ベクトルはそのようになっている. これを 2 次の正方行列の場合について確かめよ.

2. 行列 $\begin{pmatrix} a & 0 \\ b & c \end{pmatrix}$ が直交行列となるように a,b,c を定め, その結果を回転 $R(\theta)$ と x 軸に関する対称変換 $S=\begin{pmatrix} 1 & 0 \\ 0 & -1 \end{pmatrix}$ を用いて表せ.

3. 次の行列が表す 1 次変換の幾何学的な意味を述べよ.
$$\begin{pmatrix} \cos\theta & 0 & -\sin\theta \\ 0 & 1 & 0 \\ \sin\theta & 0 & \cos\theta \end{pmatrix}$$

4. 単位ベクトル $\mathbf{e}_1 = \begin{pmatrix} 1 \\ 0 \\ 0 \end{pmatrix}, \mathbf{e}_2 = \begin{pmatrix} 0 \\ 1 \\ 0 \end{pmatrix}, \mathbf{e}_3 = \begin{pmatrix} 0 \\ 0 \\ 1 \end{pmatrix}$ がある. $\mathbf{e}_1$ と $\mathbf{e}_2$ をそれぞれ xy 平面で角 θ だけ回転させたベクトルを $\mathbf{f}_1, \mathbf{f}_2$ とする. $\mathbf{e}_3$ を z 軸方向へ 2 倍したベクトルを $\mathbf{f}_3$ とする. $\mathbf{e}_1, \mathbf{e}_2, \mathbf{e}_3$ の座標軸から $\mathbf{f}_1, \mathbf{f}_2, \mathbf{f}_3$ の座標軸への変換を表す行列を求めよ.（北大）

5. $\mathbf{R}^3$ のベクトル
$$\mathbf{e}_1 = \begin{pmatrix} 1 \\ 0 \\ 0 \end{pmatrix}, \quad \mathbf{e}_2 = \begin{pmatrix} 0 \\ 1 \\ 0 \end{pmatrix}, \quad \mathbf{e}_3 = \begin{pmatrix} 0 \\ 0 \\ 1 \end{pmatrix}$$
と, 線形写像 $f : \mathbf{R}^3 \to \mathbf{R}^3$ を考え, $\mathbf{a}_i = f(\mathbf{e}_i)$ $(1 \leq i \leq 3)$ とおく. このとき, 次の条件 (1), (2) は互いに同値であることを示せ.（埼玉大）

    (1) ベクトル $\mathbf{a}_1, \mathbf{a}_2, \mathbf{a}_3$ は 1 次独立である.
    (2) f は逆変換 $g : \mathbf{R}^3 \to \mathbf{R}^3$ をもつ.

6. 次の 2 つの線形変換を用いて, 下の問に答えよ.（福井大）
$$A = \begin{pmatrix} -1 & 0 \\ 0 & 1 \end{pmatrix}, \quad B = \begin{pmatrix} \cos\dfrac{\pi}{6} & -\sin\dfrac{\pi}{6} \\ \sin\dfrac{\pi}{6} & \cos\dfrac{\pi}{6} \end{pmatrix}$$

    (1) これらの行列による変換は平面上でどのような幾何学的意味をもつか説明せよ.
    (2) A, B による合成変換の行列を求めよ.
    (3) (2) で求めた合成変換の行列の逆変換行列を求めよ.
    (4) (2) で求めた合成変換によって, 直線 $y = 3x + 2$ はどのような図形に変換されるか.

4.3 固有値と固有ベクトル

行列 A によって表される 1 次変換があるとき, ベクトル $\mathbf{v}$ は一般に, その大きさと向きが変化した別のベクトル $A\mathbf{v}$ になるが, 中には向きが変わらず大きさだけが変化するものや, 逆向きになって大きさが変化するものがある場合がある. つまり式で表すと, どちらも

$$A\mathbf{v} = \lambda \mathbf{v} \quad (\text{ただし } \mathbf{v} \neq \mathbf{0}, \text{また } \lambda \text{ はスカラーとする})$$

と書くことができる．このようなとき，λ を**固有値** (eigenvalue または proper value)，$\mathbf{v}$ を固有値 λ に対する**固有ベクトル** (eigenvector または proper vector) という．

例 4.7 次の行列について固有値と固有ベクトルを求めよ．

(1) $\quad A = \begin{pmatrix} 2 & 0 \\ 0 & 2 \end{pmatrix}$ $\quad$ (2) $\quad B = \begin{pmatrix} a & 0 \\ 0 & b \end{pmatrix}$ $\quad$ (ただし $a \neq 0, b \neq 0$ とする)

解
(1) すべてのベクトル $\mathbf{v}$ に対して $A\mathbf{v} = 2\mathbf{v}$ が成り立つので，固有値は 2 であり，任意のベクトルが固有ベクトルである．

(2) x 軸上のベクトル $\mathbf{v}$ に対して $B\mathbf{v} = a\mathbf{v}$ となり，また y 軸上のベクトル $\mathbf{w}$ に対して $B\mathbf{w} = b\mathbf{w}$ となるので，この行列の固有値は a, b であり，固有値 a に対する固有ベクトルは $\begin{pmatrix} x \\ 0 \end{pmatrix}$，固有値 b に対する固有ベクトルは $\begin{pmatrix} 0 \\ y \end{pmatrix}$ である．∎

以上の例でわかるように，固有ベクトルは唯一ではなく，ある特定の直線上にある任意のベクトルや，ある特定の平面上にある任意のベクトルがどれでも固有ベクトルとなる．このことを考慮して，たとえば行列 $A = \begin{pmatrix} a & 0 \\ 0 & b \end{pmatrix}$ の固有値 a に対する固有ベクトルは

$$k \begin{pmatrix} 1 \\ 0 \end{pmatrix} \quad \text{ただし } k \text{ は } 0 \text{ でない任意の実数}$$

のように答えることが多い．また，ただし書きの「k は 0 でない任意の実数」を簡単に「k は任意」と書くことが多い．

《注》 ただし書きの部分について追加しておこう．「k は 0 も含めた任意の実数」とすると，固有値 a に対する固有ベクトルの全体は $\begin{pmatrix} 1 \\ 0 \end{pmatrix}$ を基底とする 1 次元の空間を表していることになる．これを固有値 a に対する**固有空間** (eigen-space) といい，この場合は x 軸そのものである．同様に，固有値 b に対する固有空間は y 軸になる．

一般に正方行列 A に対してその固有値と固有ベクトルを求めるには上の式 $A\mathbf{v} = \lambda \mathbf{v}$ より

4.3 固有値と固有ベクトル

$$A\mathbf{v} - \lambda \mathbf{v} = (A - \lambda E)\mathbf{v} = \mathbf{0}$$

だから，これが自明でない解をもつためには

$$|A - \lambda E| = 0$$

でなければならない．これを**固有方程式** (eigen equation または proper equation) または**特性方程式** (characteristic equation) ともいう．もし A が n 次の行列ならば，これは n 次の方程式だから（複素数や重解も含めて）n 個の固有値がある．ここでは実数解（重解は含む）の場合を中心に話を進めていこう．

1つの固有値 λ が得られたら，

$$(A - \lambda E)\mathbf{v} = \mathbf{0}$$

を満たすベクトルを求める．それが固有ベクトルである．

例 4.8 次の行列の固有値と固有ベクトルを求めよう．

$$A = \begin{pmatrix} 5 & -1 \\ 6 & -2 \end{pmatrix}$$

解 まず固有方程式は

$$\begin{vmatrix} 5-\lambda & -1 \\ 6 & -2-\lambda \end{vmatrix} = \lambda^2 - 3\lambda - 4 = 0$$

これを解いて $\lambda = -1, 4$ を得る．固有値 $\lambda = -1$ に対する固有ベクトルは

$$\begin{pmatrix} 6 & -1 \\ 6 & -1 \end{pmatrix} \begin{pmatrix} x \\ y \end{pmatrix} = \begin{pmatrix} 0 \\ 0 \end{pmatrix} \text{より} \quad a \begin{pmatrix} 1 \\ 6 \end{pmatrix} \quad (a \text{は任意})$$

これは直線 $6x - y = 0$ 上にあるベクトルである．固有値 $\lambda = 4$ に対する固有ベクトルは

$$\begin{pmatrix} 1 & -1 \\ 6 & -6 \end{pmatrix} \begin{pmatrix} x \\ y \end{pmatrix} = \begin{pmatrix} 0 \\ 0 \end{pmatrix} \text{より} \quad b \begin{pmatrix} 1 \\ 1 \end{pmatrix} \quad (b \text{は任意})$$

これは直線 $x - y = 0$ 上にあるベクトルである．■

なお，ここで

$$\det A = \begin{vmatrix} 5 & -1 \\ 6 & -2 \end{vmatrix} = -4, \quad \operatorname{tr} A = 3$$

はそれぞれ固有値 -1 と 4 の積, 和に等しいことに注意しよう. これは一般に成り立つことなので, 知っているとよい. 証明なしにあげておこう.

> **定理 4.4**
>
> n 次の行列 A の固有値を $\lambda_1, \cdots, \lambda_n$ とするとき
> $$\det A = \lambda_1 \cdots \lambda_n, \quad \mathrm{tr} A = \lambda_1 + \cdots + \lambda_n$$

《注》 固有値には重解も含まれているので, 上のように $\lambda_1, \lambda_2, \cdots, \lambda_n$ と表したとき, これらの中に同じ値があるかもしれない. ただし, いろいろな場合を考慮して, 厳密な表現をしようとすると面倒なので, 今後も上のような簡単な表現で話を進める.

また, 2次の場合の固有方程式を考えると, 行列 $A = \begin{pmatrix} a & b \\ c & d \end{pmatrix}$ に対して

$$\begin{vmatrix} a-\lambda & b \\ c & d-\lambda \end{vmatrix} = \lambda^2 - (a+d)\lambda + ad - bc$$

となり, これはハミルトン・ケーリーの定理と同じものである. この 2 次方程式の解を λ_1, λ_2 とすれば, 解と係数の関係より

$$\det A = ad - bc = \lambda_1 \lambda_2, \quad \mathrm{tr} A = a + d = \lambda_1 + \lambda_2$$

である. したがって 2 次の正方行列 A に対する固有方程式は

$$\lambda^2 - \mathrm{tr} A \, \lambda + \det A = 0$$

と表すこともできる.

例 4.9 次の行列の固有値と固有ベクトルを求めよう.

$$A = \begin{pmatrix} 1 & 0 & 2 \\ 0 & -1 & 0 \\ 2 & 0 & -2 \end{pmatrix}$$

解 まず, 固有方程式は

$$\begin{vmatrix} 1-\lambda & 0 & 2 \\ 0 & -1-\lambda & 0 \\ 2 & 0 & -2-\lambda \end{vmatrix} = -(\lambda+3)(\lambda+1)(\lambda-2) = 0$$

より, $\lambda = -3, -1, 2$ を得る. 固有値 $\lambda = -3$ に対する固有ベクトルは

$$\begin{pmatrix} 4 & 0 & 2 \\ 0 & 2 & 0 \\ 2 & 0 & 1 \end{pmatrix} \begin{pmatrix} x \\ y \\ z \end{pmatrix} = \begin{pmatrix} 0 \\ 0 \\ 0 \end{pmatrix} \text{より} \quad a \begin{pmatrix} 1 \\ 0 \\ -2 \end{pmatrix} \quad (a \text{ は任意})$$

固有値 $\lambda = -1$ に対する固有ベクトルは

$$\begin{pmatrix} 2 & 0 & 2 \\ 0 & 0 & 0 \\ 2 & 0 & -1 \end{pmatrix} \begin{pmatrix} x \\ y \\ z \end{pmatrix} = \begin{pmatrix} 0 \\ 0 \\ 0 \end{pmatrix} \text{より} \quad b \begin{pmatrix} 0 \\ 1 \\ 0 \end{pmatrix} \quad (b \text{ は任意})$$

固有値 $\lambda = 2$ に対する固有ベクトルは

$$\begin{pmatrix} -1 & 0 & 2 \\ 0 & -3 & 0 \\ 2 & 0 & -4 \end{pmatrix} \begin{pmatrix} x \\ y \\ z \end{pmatrix} = \begin{pmatrix} 0 \\ 0 \\ 0 \end{pmatrix} \text{より} \quad c \begin{pmatrix} 2 \\ 0 \\ 1 \end{pmatrix} \quad (c \text{ は任意})$$

ついでに見ておくと, $\mathrm{tr} A = -2 = -3 - 1 + 2$ であるので, 定理 4.4 のトレースに関する式が成り立っている. これは固有値を求めたとき, その値が正しいかどうかをチェックしたいときに役立つので覚えておくとよいであろう. ∎

> **定理 4.5**
> 正則な行列 P があって, $P^{-1}AP = B$ となるとき, 行列 A の固有値と行列 B の固有値は一致する.

証明 これは次のようにして示される.

$$|B - \lambda E| = |P^{-1}AP - P^{-1}(\lambda E)P| = |P^{-1}(A - \lambda E)P|$$
$$= |P^{-1}| \cdot |A - \lambda E| \cdot |P| = |A - \lambda E| \quad \blacksquare$$

以下, いくつかの特徴的な行列について, その固有値がやはり特徴的なものになる例をあげておこう.

例 4.10 三角行列の固有値はその対角成分そのものであることを示せ.

解 3 次の行列 $A = \begin{pmatrix} a & b & c \\ 0 & d & e \\ 0 & 0 & f \end{pmatrix}$ について示してみよう. 固有方程式

$$\begin{vmatrix} a-\lambda & b & c \\ 0 & d-\lambda & e \\ 0 & 0 & f-\lambda \end{vmatrix} = (a-\lambda)(d-\lambda)(f-\lambda) = 0$$

より，固有値 $\lambda = a, d, f$ が得られる．これは一般に n 次の場合でも同様である．■

例 4.11 次の交代行列の固有値を求めよ．

$$A = \begin{pmatrix} 0 & 1 & 0 \\ -1 & 0 & 2 \\ 0 & -2 & 0 \end{pmatrix}$$

解 固有方程式

$$\begin{vmatrix} -\lambda & 1 & 0 \\ -1 & -\lambda & 2 \\ 0 & -2 & -\lambda \end{vmatrix} = -\lambda(\lambda^2 + 5) = 0$$

より，固有値 $\lambda = 0, \pm\sqrt{5}i$ （i は**虚数単位** (imaginary unit)）を得る．なお，一般に交代行列の固有値は 0 または**純虚数** (pure imaginary number) だけである．定理 2.11 と定理 4.4 により，奇数次の交代行列は固有値として必ず 0 をもつことがわかる．■

例 4.12 次の行列の固有値を求めよ．

$$B = \begin{pmatrix} 0 & a & b \\ 0 & 0 & 0 \\ 0 & c & 0 \end{pmatrix}$$

解 固有方程式

$$\begin{vmatrix} -\lambda & a & b \\ 0 & -\lambda & 0 \\ 0 & c & -\lambda \end{vmatrix} = -\lambda^3 = 0$$

より，固有値は $\lambda = 0$ だけである．もう少し詳しくみると，

$$B^2 = \begin{pmatrix} 0 & bc & 0 \\ 0 & 0 & 0 \\ 0 & 0 & 0 \end{pmatrix}, \quad B^3 = \begin{pmatrix} 0 & 0 & 0 \\ 0 & 0 & 0 \\ 0 & 0 & 0 \end{pmatrix} = O$$

となることがわかる．このように，ある自然数 n に対して $A^n = O$ となる行列 A を一般に**べきゼロ行列** (nilpotent matrix) という．そして，べきゼロ行列の固有値は 0 だけである．■

■ 練習問題 4.3

1. 次の行列について,固有値と固有ベクトルを求めよ.

(1) $\begin{pmatrix} 1 & 2 \\ 2 & -2 \end{pmatrix}$
(2) $\begin{pmatrix} 1 & 0 & 2 \\ 1 & 1 & 1 \\ 1 & 0 & 0 \end{pmatrix}$

(3) $\begin{pmatrix} 6 & -3 & -7 \\ -1 & 2 & 1 \\ 5 & -3 & -6 \end{pmatrix}$ (東工大)
(4) $\begin{pmatrix} 1 & -1 & 4 \\ 3 & 2 & -1 \\ 2 & 1 & -1 \end{pmatrix}$ (福井大)

2. 行列 $A = \begin{pmatrix} -8 & -2 & -1 \\ 6 & -3 & -2 \\ -6 & 4 & 3 \end{pmatrix}$ について以下の問に答えよ.（東工大）

(1) 固有値を求めよ.

(2) 固有値に対する基底ベクトルを求めよ.

3. 行列 $A = \begin{pmatrix} -1 & -1 & a \\ 2 & 1 & -1 \\ a^2 & 2 & 1 \end{pmatrix}$ が固有ベクトル $\begin{pmatrix} 1 \\ 0 \\ 2 \end{pmatrix}$ をもつような a の値を求めよ.

また, このとき行列 A のすべての固有値および A の行列式の値を求めよ. （京工繊大）

4. n 次正方行列 A に対して固有値を $\lambda_1, \lambda_2, \cdots, \lambda_n$ とするとき次を示せ.（広島大）

$$|A| = \lambda_1 \lambda_2 \cdots \lambda_n$$

5. 次のことを証明せよ.

(1) 交代行列の固有値は 0 または純虚数だけである.

(2) べきゼロ行列の固有値は 0 だけである.

6. 行列 $A = \begin{pmatrix} 1 & 2 \\ 2 & 1 \end{pmatrix}$ が表す 1 次変換 f によって点 (x, y) が点 (X, Y) に移されるものとする. このとき以下の問に答えよ.

(1) A の固有値と固有ベクトルを求めよ.

(2) 単位円 $x^2 + y^2 = 1$ 上にある点 P で, 変換後も像点 P' が単位円 $X^2 + Y^2 = 1$ 上にあるものが存在するか. 存在するならその点の座標を求め, 存在しないなら

その理由を述べよ．

4.4 固有値と固有ベクトル (つづき)

　この節では，固有値と固有ベクトルについて重要な定理を追加し，そのあと，特に対称行列に対してその固有方程式が重解をもつ場合を考えよう．

> **定理 4.6**
> 　行列 A の固有値 $\lambda_1, \cdots, \lambda_n$ が相異なるとき，それに対する固有ベクトル $\mathbf{v}_1, \cdots, \mathbf{v}_n$ は互いに1次独立である．

証明　もし固有値 λ_1, λ_2 に対する固有ベクトル $\mathbf{v}_1, \mathbf{v}_2$ が1次従属ならば，$\mathbf{v}_2 = k\mathbf{v}_1 \ (k \neq 0)$ とかけるから，

$$A(k\mathbf{v}_1 - \mathbf{v}_2) = kA\mathbf{v}_1 - A\mathbf{v}_2 = k\lambda_1\mathbf{v}_1 - \lambda_2\mathbf{v}_2 = k(\lambda_1 - \lambda_2)\mathbf{v}_1 = 0$$

これは $k \neq 0, \lambda_1 \neq \lambda_2$ だから矛盾．∎

　ただし，この定理の逆は成り立たないことに注意しなければならない．つまり，互いに1次独立な固有ベクトルが1つの固有値から出てくることもある．

> **定理 4.7**
> 　対称行列の固有値はすべて実数である．

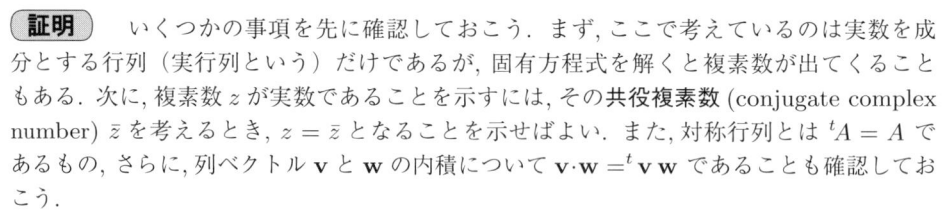

証明　いくつかの事項を先に確認しておこう．まず，ここで考えているのは実数を成分とする行列（実行列という）だけであるが，固有方程式を解くと複素数が出てくることもある．次に，複素数 z が実数であることを示すには，その**共役複素数** (conjugate complex number) $\bar{z}$ を考えるとき，$z = \bar{z}$ となることを示せばよい．また，対称行列とは ${}^tA = A$ であるもの，さらに，列ベクトル $\mathbf{v}$ と $\mathbf{w}$ の内積について $\mathbf{v} \cdot \mathbf{w} = {}^t\mathbf{v}\mathbf{w}$ であることも確認しておこう．

　さて，A の固有値 λ とそれに対する固有ベクトル $\mathbf{v} \neq 0$ があるとき，$A\mathbf{v} = \lambda\mathbf{v}$ より

$$A\mathbf{v} \cdot \bar{\mathbf{v}} = \lambda\mathbf{v} \cdot \bar{\mathbf{v}} = \lambda(\mathbf{v} \cdot \bar{\mathbf{v}})$$

である．他方

$$A\mathbf{v} \cdot \bar{\mathbf{v}} = {}^t(A\mathbf{v})\,\bar{\mathbf{v}} = {}^t\mathbf{v}(A\bar{\mathbf{v}}) = {}^t\mathbf{v}(\bar{\lambda}\bar{\mathbf{v}}) = \bar{\lambda}(\mathbf{v} \cdot \bar{\mathbf{v}})$$

となるので，$\lambda = \bar{\lambda}$ を得る．ゆえに λ は実数である．∎

4.4 固有値と固有ベクトル (つづき)

> **定理 4.8**
> 対称行列の異なる固有値に対する固有ベクトルは互いに直交する.

証明 A の固有値 λ_1, λ_2 とそれに対する固有ベクトル $\mathbf{v}_1$, $\mathbf{v}_2$ があるとき,

$$\mathbf{v}_1 \cdot A\mathbf{v}_2 = \mathbf{v}_1 \cdot \lambda_2 \mathbf{v}_2 = \lambda_2(\mathbf{v}_1 \cdot \mathbf{v}_2)$$

である. 他方

$$\mathbf{v}_1 \cdot A\mathbf{v}_2 = {}^t\mathbf{v}_1(A\mathbf{v}_2) = ({}^t\mathbf{v}_1 A)\mathbf{v}_2$$

であるから, ${}^tA = A$ ならば

$$({}^t\mathbf{v}_1 A)\mathbf{v}_2 = {}^t(A\mathbf{v}_1)\mathbf{v}_2 = A\mathbf{v}_1 \cdot \mathbf{v}_2 = \lambda_1 \mathbf{v}_1 \cdot \mathbf{v}_2$$
$$\therefore (\lambda_2 - \lambda_1)(\mathbf{v}_1 \cdot \mathbf{v}_2) = 0$$

したがって, $\lambda_2 \neq \lambda_1$ ならば $\mathbf{v}_1 \cdot \mathbf{v}_2 = 0$ である. ゆえに $\mathbf{v}_1 \perp \mathbf{v}_2$ である. ∎

例 4.13 次の行列の固有値と固有ベクトルを求めよう.

$$A = \begin{pmatrix} 0 & 1 & 1 \\ 1 & 0 & 1 \\ 1 & 1 & 0 \end{pmatrix}$$

解 固有方程式

$$\begin{vmatrix} -\lambda & 1 & 1 \\ 1 & -\lambda & 1 \\ 1 & 1 & -\lambda \end{vmatrix} = 0$$

を解いて $\lambda = 2, -1$ (-1 は 2 重解) を得る.

固有値 2 に対する固有ベクトルは

$$\begin{pmatrix} -2 & 1 & 1 \\ 1 & -2 & 1 \\ 1 & 1 & -2 \end{pmatrix} \begin{pmatrix} x \\ y \\ z \end{pmatrix} = 0$$

より, 直線 $x = y = z$ 上にあるベクトル $k \begin{pmatrix} 1 \\ 1 \\ 1 \end{pmatrix}$ (k は任意) ということになる. つまり, その直線 (1 次元) が固有空間である.

固有値 -1 に対する固有ベクトルは

$$\begin{pmatrix} 1 & 1 & 1 \\ 1 & 1 & 1 \\ 1 & 1 & 1 \end{pmatrix} \begin{pmatrix} x \\ y \\ z \end{pmatrix} = 0$$

より，平面 $x+y+z=0$ 上にあるベクトル $\begin{pmatrix} x \\ y \\ -x-y \end{pmatrix}$ （x, y は任意）である．つまり，その平面（2次元）が固有空間である．■

上の例をもう少し詳しく調べてみよう．直線 $x=y=z$ と平面 $x+y+z=0$ は直交している．このように，対称行列の場合，固有空間は互いに直交し，しかもその次元数の合計は3になる．したがって，平面 $x+y+z=0$ 上に互いに直交するベクトルを適当に選ぶことで，3つの互いに直交する固有ベクトルをとることができる．たとえば，

$$\begin{pmatrix} 1 \\ 1 \\ 1 \end{pmatrix}, \quad \begin{pmatrix} 1 \\ -1 \\ 0 \end{pmatrix}, \quad \begin{pmatrix} 1 \\ 1 \\ -2 \end{pmatrix}$$

のように．対称行列の場合には，この例のように，固有ベクトルは互いに直交するようにとることが肝心であり，固有方程式が重解をもつときは注意しよう．

対称行列でない場合で，重解となるときは複雑である．たとえば，次の例を上の例と比較してみよう．

例 4.14 次の行列の固有値と固有ベクトルを求めよう．

$$A = \begin{pmatrix} 2 & -1 & 1 \\ 0 & 1 & 1 \\ -1 & 1 & 1 \end{pmatrix}$$

解 固有方程式

$$\begin{vmatrix} 2-\lambda & -1 & 1 \\ 0 & 1-\lambda & 1 \\ -1 & 1 & 1-\lambda \end{vmatrix} = 0$$

を解いて $\lambda = 2, 1$ （1は2重解）を得る．

固有値2に対する固有ベクトルは

$$\begin{pmatrix} 0 & -1 & 1 \\ 0 & -1 & 1 \\ -1 & 1 & -1 \end{pmatrix} \begin{pmatrix} x \\ y \\ z \end{pmatrix} = 0$$

より，直線 $x = 0, y = z$ 上にあるベクトル $a \begin{pmatrix} 0 \\ 1 \\ 1 \end{pmatrix}$ (a は任意) である．次に，固有値 1 に対する固有ベクトルは

$$\begin{pmatrix} 1 & -1 & 1 \\ 0 & 0 & 1 \\ -1 & 1 & 0 \end{pmatrix} \begin{pmatrix} x \\ y \\ z \end{pmatrix} = 0$$

より，直線 $x = y, z = 0$ 上にあるベクトル $b \begin{pmatrix} 1 \\ 1 \\ 0 \end{pmatrix}$ (b は任意) である．どちらの固有空間も 1 次元であり，その合計は 3 にならない．ただし，すべての非対称な行列がこのような結果になるのではないので，注意を要する．なお，この例を 4.6 節でもう一度とりあげて，さらに詳しく調べることにする．∎

最後に，固有値に関する用語を一つ追加しておくと，固有空間の次元をその固有値の**重複度** (multiplicity) という．たとえば，例 4.13 の場合，固有値 2 の重複度は 1，また固有値 -1 の重複度は 2 である．例 4.14 の場合，固有値 2 と 1 の重複度はどちらも 1 である．

■ 練習問題 4.4

1. 次の行列の固有値と固有ベクトルを求めよ．

(1) $\begin{pmatrix} 1 & 1 & 1 \\ 1 & 1 & 1 \\ 1 & 1 & 1 \end{pmatrix}$ (福井大) (2) $\begin{pmatrix} 8 & 4 & -14 \\ -1 & 1 & 2 \\ 3 & 2 & -5 \end{pmatrix}$ (東商船大)

2. 実対称行列 $\begin{pmatrix} 1 & 0 & 0 & 1 \\ 0 & 1 & 1 & 0 \\ 0 & 1 & 1 & 0 \\ 1 & 0 & 0 & 1 \end{pmatrix}$ の固有値，その重複度を求めよ．(九大)

3. 正則な行列 A に対して，逆行列 A^{-1} の固有値は A の固有値の逆数であることを証明せよ．

そのことを次の行列について実際に計算して確かめよ.

(1) $\begin{pmatrix} 1 & 2 \\ 2 & -2 \end{pmatrix}$ (2) $\begin{pmatrix} 8 & 4 & -14 \\ -1 & 1 & 2 \\ 3 & 2 & -5 \end{pmatrix}$

4. A, B を2次正方行列とする. 次の命題が正しければ証明し, 正しくなければ反例をあげよ. (東工大)

(1) λ が A の固有値で, μ が B の固有値のとき, $\lambda\mu$ は AB の固有値である.

(2) A は正則行列とし, λ が A の固有値とすると, $\lambda \neq 0$ であり, λ^{-1} は A^{-1} の固有値である.

4.5 対称行列の対角化

対角行列 $\begin{pmatrix} a_1 & & 0 \\ & \ddots & \\ 0 & & a_n \end{pmatrix}$ は「各座標成分を a_k 倍する」という非常にわかりやすい1次変換を表す. 一般に正方行列 A に対して, 正則行列 P を探して, $P^{-1}AP$ が対角行列になるようにすることを**対角化** (diagonalization) という. そのような正則行列が一般に存在するかどうかは面倒な問題であるが, 存在する場合に, どうやって探し求めるかはわりと簡単である.

まず, 対称行列の場合には, 固有値に重解がある場合も含めて, 必ず行列の次数と同じ個数の1次独立な (さらに, 互いに直交するように) 固有ベクトルをとることができ, 以下のように解決できる.

定理 4.9

対称行列の固有値 $\lambda_1, \cdots, \lambda_n$ に対する互いに直交する固有ベクトル $\mathbf{v}_1, \cdots, \mathbf{v}_n$ を正規化したものを $\mathbf{p}_1, \cdots, \mathbf{p}_n$ とする. それらを列ベクトルとして含む行列 $P = \begin{pmatrix} \mathbf{p}_1 & \cdots & \mathbf{p}_n \end{pmatrix}$ は直交行列である.

証明 $n = 3$ の場合を考えるが, これは一般に n 次の場合にも同様である. 正規化するとは, ベクトルの大きさを1にすることで, $\mathbf{p}_k = \dfrac{1}{|\mathbf{v}_k|}\mathbf{v}_k$ とおけばよい. そうすると, 内積は

$$\mathbf{p}_j \cdot \mathbf{p}_k = \begin{cases} 1 & (j = k \text{のとき}) \\ 0 & (j \neq k \text{のとき}) \end{cases}$$

だから,
$$
{}^tPP = \begin{pmatrix} \mathbf{p}_1 \cdot \mathbf{p}_1 & \mathbf{p}_1 \cdot \mathbf{p}_2 & \mathbf{p}_1 \cdot \mathbf{p}_3 \\ \mathbf{p}_2 \cdot \mathbf{p}_1 & \mathbf{p}_2 \cdot \mathbf{p}_2 & \mathbf{p}_2 \cdot \mathbf{p}_3 \\ \mathbf{p}_3 \cdot \mathbf{p}_1 & \mathbf{p}_3 \cdot \mathbf{p}_2 & \mathbf{p}_3 \cdot \mathbf{p}_3 \end{pmatrix} = \begin{pmatrix} 1 & 0 & 0 \\ 0 & 1 & 0 \\ 0 & 0 & 1 \end{pmatrix} = E
$$
となって, P は直交行列である. ∎

定理 4.10
対称行列 A に対して, 前の定理のように直交行列 P をとれば, ${}^tPAP$ は対角行列となり, ちょうど対角成分に固有値 $\lambda_1, \cdots, \lambda_n$ が並ぶ.

証明 2次の対称行列 $A = \begin{pmatrix} a_{11} & a_{12} \\ a_{21} & a_{22} \end{pmatrix}$ に対して確かめてみるが, この方法は一般に n 次についても有効である. 前の定理のように
$$
P = \begin{pmatrix} p_{11} & p_{12} \\ p_{21} & p_{22} \end{pmatrix}, \quad \mathbf{p}_1 = \begin{pmatrix} p_{11} \\ p_{21} \end{pmatrix}, \quad \mathbf{p}_2 = \begin{pmatrix} p_{12} \\ p_{22} \end{pmatrix}
$$
をとれば, P は直交行列であり, $A\mathbf{p}_k = \lambda_k \mathbf{p}_k$ だから
$$
AP = \begin{pmatrix} \lambda_1 p_{11} & \lambda_2 p_{12} \\ \lambda_1 p_{21} & \lambda_2 p_{22} \end{pmatrix}
$$
この両辺に左側から ${}^tP$ をかけ, $\mathbf{p}_1$ と $\mathbf{p}_2$ が正規直交であることを使うと
$$
{}^tPAP = \begin{pmatrix} \lambda_1 & 0 \\ 0 & \lambda_2 \end{pmatrix}
$$
となる. ∎

例 4.15 次の行列を対角化せよ.
$$
A = \begin{pmatrix} 1 & 2 \\ 2 & -2 \end{pmatrix}
$$

解 まず, 固有方程式 $\begin{vmatrix} 1-\lambda & 2 \\ 2 & -2-\lambda \end{vmatrix} = 0$ を解いて, 固有値 $\lambda = 2, -3$ を得る. 次に, それぞれの固有ベクトルは

$$a\begin{pmatrix} 2 \\ 1 \end{pmatrix}, \quad b\begin{pmatrix} -1 \\ 2 \end{pmatrix} \quad (a, b \text{ は任意定数})$$

だから,それぞれ正規化して直交行列 $P = \dfrac{1}{\sqrt{5}}\begin{pmatrix} 2 & -1 \\ 1 & 2 \end{pmatrix}$ をつくると

$$^tPAP = \begin{pmatrix} 2 & 0 \\ 0 & -3 \end{pmatrix}$$

となる.

ついでに,説明をいくつか追加しておこう.まず,固有値は上のように固有方程式から得られるが,2次の行列の場合にはハミルトン・ケーリーの定理を用いて,$\mathrm{tr}A = -1, \det A = -6$ だから,方程式 $x^2 + x - 6 = 0$ の解として $x = 2, -3$ を求めることもできる.

また,対角化するときに,固有値の順や,固有ベクトルの向きのとり方は問題にならないこともつけ加えておこう.たとえば,固有値 $\lambda = -3, 2$ の順に選んで,$P = \dfrac{1}{\sqrt{5}}\begin{pmatrix} -1 & 2 \\ 2 & 1 \end{pmatrix}$ とすれば,$^tPAP = \begin{pmatrix} -3 & 0 \\ 0 & 2 \end{pmatrix}$ となるだけである.∎

さらに,この例を使って,対角化することの意味を説明しておこう.まず,$D = \begin{pmatrix} 2 & 0 \\ 0 & -3 \end{pmatrix}$ とおけば,$A = PD\,{}^tP$ である.つまり1次変換 A は,以下の非常にわかりやすい2種類の1次変換,すなわち伸縮 D と回転 P(^tP は逆回転) の合成である.

回転 (直交行列 P)

$$\mathbf{i} = \begin{pmatrix} 1 \\ 0 \end{pmatrix}, \mathbf{j} = \begin{pmatrix} 0 \\ 1 \end{pmatrix} \quad \longrightarrow \quad P\mathbf{i} = \frac{1}{\sqrt{5}}\begin{pmatrix} 2 \\ 1 \end{pmatrix}, P\mathbf{j} = \frac{1}{\sqrt{5}}\begin{pmatrix} -1 \\ 2 \end{pmatrix}$$

座標軸方向の伸縮 (対角行列 D)

$$\mathbf{i} = \begin{pmatrix} 1 \\ 0 \end{pmatrix}, \mathbf{j} = \begin{pmatrix} 0 \\ 1 \end{pmatrix} \quad \longrightarrow \quad D\mathbf{i} = \begin{pmatrix} 2 \\ 0 \end{pmatrix}, D\mathbf{j} = \begin{pmatrix} 0 \\ -3 \end{pmatrix}$$

合成 ($A = PD\,{}^tP$)

$$\begin{array}{ccc} \mathbf{v} & \xrightarrow{A} & \mathbf{w} \\ {}^tP \downarrow & & \uparrow P \\ {}^tP\mathbf{v} & \xrightarrow{D} & D({}^tP\mathbf{v}) \end{array}$$

このように,正方行列を対角化することの図形的な意味を理解し,そこで固有値と

固有ベクトルが重要な役割をはたしていることを知っておこう.

■ **練習問題 4.5**

1. 行列 $A = \begin{pmatrix} 2 & 1 \\ 1 & 2 \end{pmatrix}$ について次の問に答えよ.（茨城大, 北見工大）

   (1) A の固有値および固有ベクトルを求めよ.

   (2) A を直交行列を用いて対角化せよ.

2. 行列 $A = \begin{pmatrix} 1 & 2 & 0 \\ 2 & 2 & 2 \\ 0 & 2 & 3 \end{pmatrix}$ について次の問に答えよ.（千葉大）

   (1) 固有値および固有ベクトルを求めよ.

   (2) A を対角化せよ.

3. 行列 $A = \begin{pmatrix} 1 & 0 & 0 \\ 0 & 3 & -1 \\ 0 & -1 & 3 \end{pmatrix}$ について次の問に答えよ.（北大）

   (1) 固有値 λ_i $(i = 1, 2, 3\,;\, \lambda_1 \leq \lambda_2 \leq \lambda_3)$ を求め, それぞれの固有値に対する固有ベクトル $\mathbf{p}_i$ を求めよ.

   (2) A を対角化する直交行列 P を求め, A を対角化せよ.

   (3) A の逆行列 A^{-1} を求めよ.

4. 実対称行列 $A = \begin{pmatrix} 1 & 0 & 0 & 1 \\ 0 & 1 & 1 & 0 \\ 0 & 1 & 1 & 0 \\ 1 & 0 & 0 & 1 \end{pmatrix}$ を対角化せよ.（九大）

4.6 対称行列の対角化 (つづき)

ここでは, 対称行列の対角化について固有方程式が重解をもつ場合に注意すべきことと, 非対称行列の対角化について考えよう.

まず, 対称行列の固有値の中に重解があるときは, 固有ベクトルを互いに直交するようにとることに注意しなければならない. 次の例について2つの解答を比較してその意味を理解しよう.

例 4.16 次の行列を対角化しよう.
$$A = \begin{pmatrix} 0 & 1 & 1 \\ 1 & 0 & 1 \\ 1 & 1 & 0 \end{pmatrix}$$

解 まず, 固有値は $\lambda = 2, -1$ (2重解) である. 固有値 2 に対する固有ベクトルは直線 $x = y = z$ 上にあり, 固有値 -1 に対する固有ベクトルは平面 $x + y + z = 0$ 上にある. 直線 $x = y = z$ 上に固有ベクトルをとるときは何も心配ないが, 平面 $x + y + z = 0$ 上に固有ベクトルをとるときは, 互いに直交するものを選ぶかどうかで違いが生じる.

直交する場合. 固有ベクトルを互いに直交するようにとり, それぞれ正規化して直交行列 P をつくれば, 次のようになる.

$$\begin{pmatrix} 1 \\ 1 \\ 1 \end{pmatrix}, \begin{pmatrix} 1 \\ -1 \\ 0 \end{pmatrix}, \begin{pmatrix} 1 \\ 1 \\ -2 \end{pmatrix} \Rightarrow P = \begin{pmatrix} \frac{1}{\sqrt{3}} & \frac{1}{\sqrt{2}} & \frac{1}{\sqrt{6}} \\ \frac{1}{\sqrt{3}} & -\frac{1}{\sqrt{2}} & \frac{1}{\sqrt{6}} \\ \frac{1}{\sqrt{3}} & 0 & -\frac{2}{\sqrt{6}} \end{pmatrix}$$

$${}^t\!PAP = \begin{pmatrix} 2 & 0 & 0 \\ 0 & -1 & 0 \\ 0 & 0 & -1 \end{pmatrix}$$

直交しない場合. 平面 $x + y + z = 0$ 上にある固有ベクトルを, 直交しないものをとって, たとえば,

$$\begin{pmatrix} 1 \\ 1 \\ 1 \end{pmatrix}, \begin{pmatrix} 1 \\ -1 \\ 0 \end{pmatrix}, \begin{pmatrix} 1 \\ 0 \\ -1 \end{pmatrix}$$

とすれば, これらを正規化しても (直交行列にならないから) 意味はないので, そのまま並べて $Q = \begin{pmatrix} 1 & 1 & 1 \\ 1 & -1 & 0 \\ 1 & 0 & -1 \end{pmatrix}$ とおくとき, その逆行列 Q^{-1} を求めたうえで,

$$Q^{-1}AQ = \begin{pmatrix} 2 & 0 & 0 \\ 0 & -1 & 0 \\ 0 & 0 & -1 \end{pmatrix}$$

となる.

4.6 対称行列の対角化 (つづき)

以上のように 2 通りの解法があるが, 対称行列の場合は前者のやり方が重要である. なぜなら, 直交行列が表す座標変換によって (x,y,z) 座標系が (X,Y,Z) 座標系に変わったとすると, (x,y,z) 座標系の基本ベクトル $\mathbf{i}, \mathbf{j}, \mathbf{k}$ がそれぞれ $P\mathbf{i}, P\mathbf{j}, P\mathbf{k}$ に変換されて, それがそのまま (X,Y,Z) 座標系の基本ベクトルになるからである. それに対して, 後者の場合, 基本ベクトルの像ベクトル $Q\mathbf{i}, Q\mathbf{j}, Q\mathbf{k}$ は互いに 1 次独立であるというだけで, 直交しないことと単位ベクトルでないために扱いづらいのである.

非対称な行列に対しては後者の方法でやるしかない. それを次の例でみてみよう. ただし, 互いに直交しなくても, 1 次独立なベクトルを選ぶことは大切である.

例 4.17 次の行列を対角化しよう.
$$A = \begin{pmatrix} 5 & -1 \\ 6 & -2 \end{pmatrix}$$

解 まず固有値と固有ベクトルを求めると,
$$\lambda = 4 \text{ に対して} \begin{pmatrix} 1 \\ 1 \end{pmatrix}, \quad \lambda = -1 \text{ に対して} \begin{pmatrix} 1 \\ 6 \end{pmatrix}$$

そこで $P = \begin{pmatrix} 1 & 1 \\ 1 & 6 \end{pmatrix}$ とおけば, $P^{-1} = \dfrac{1}{5}\begin{pmatrix} 6 & -1 \\ -1 & 1 \end{pmatrix}$ であり
$$P^{-1}AP = \begin{pmatrix} 4 & 0 \\ 0 & -1 \end{pmatrix}$$

となる.

対称行列の場合, 直交行列を使って必ず対角化できるが, 非対称な行列の場合はそうとは限らず, 固有方程式が重解をもつとき対角化できないこともある. たとえば, 例 4.14 で扱った行列
$$A = \begin{pmatrix} 2 & -1 & 1 \\ 0 & 1 & 1 \\ -1 & 1 & 1 \end{pmatrix}$$

については 1 次独立な固有ベクトルが 2 個しかないので, この行列を対角化することはできない. ただし, 行列の基本変形を行って対角行列にすることはできる. たとえば,

$$P_1 = \begin{pmatrix} 1 & 0 & 0 \\ 0 & 1 & 0 \\ 1/2 & 0 & 1 \end{pmatrix}, \quad P_2 = \begin{pmatrix} 1 & 1 & 0 \\ 0 & 1 & 0 \\ 0 & 0 & 1 \end{pmatrix}, \quad P_3 = \begin{pmatrix} 1 & 0 & 0 \\ 0 & 1 & 0 \\ 0 & -1/2 & 1 \end{pmatrix}$$

$$P_4 = \begin{pmatrix} 1 & 0 & -2 \\ 0 & 1 & 0 \\ 0 & 0 & 1 \end{pmatrix}, \quad P_5 = \begin{pmatrix} 1 & 0 & 0 \\ 0 & 1 & -1 \\ 0 & 0 & 1 \end{pmatrix}$$

という基本変形を続けて行い, $P = P_5 P_4 P_3 P_2 P_1$ とおくとき

$$PA = \begin{pmatrix} 2 & 0 & 0 \\ 0 & 1 & 0 \\ 0 & 0 & 1 \end{pmatrix}$$

となる. しかし行列の対角化というのはこういう意味ではない.

ここで, 2つの例 4.13 と 4.14 を使って行列の対角化についてまとめておこう. 一般に, A が n 次正方行列とすれば, その固有方程式は重解も含めて n 個の解をもつが, もしそれらがすべて異なる解であれば, 定理 4.6 により, 固有ベクトルは互いに1次独立となり, したがって, それらの固有空間の次元の総和は n となる. 例 4.13 では, 固有方程式は重解をもっているが, 固有空間の次元の総和は 3 である. このように, 固有空間の次元の和が全体の空間の次元に等しくなるとき, 行列 A は適当な正則行列 P によって

$$P^{-1}AP = \begin{pmatrix} \lambda_1 & 0 & \cdots & 0 \\ 0 & \lambda_2 & \cdots & 0 \\ \vdots & & \ddots & \vdots \\ 0 & \cdots & 0 & \lambda_n \end{pmatrix}$$

とすることができる. ここで $\lambda_1, \lambda_2, \cdots, \lambda_n$ は固有値である. それに対して, 例 4.14 のように固有空間の次元の和が 2 となって, 全体の空間の次元 3 に達しないときは対角化できないのである. したがって, 非対称な行列で, 固有方程式が重解をもつときは注意が必要である.

ベクトル空間の次元は1次独立なベクトルの個数で決まるので, 要するに, n 次の行列に対して n 個の1次独立な固有ベクトルが得られれば, その行列は対角化可能であり, n 個より少なければ対角化することができないということになる.

例 4.18 次の行列が対角化できるための条件を求めよ.

4.6 対称行列の対角化 (つづき)

$$A = \begin{pmatrix} 2 & -1 & a \\ 0 & 1 & a \\ -1 & 1 & a \end{pmatrix}$$

解 まず, 固有方程式は

$$\begin{vmatrix} 2-\lambda & -1 & a \\ 0 & 1-\lambda & a \\ -1 & 1 & a-\lambda \end{vmatrix} = (2-\lambda)(1-\lambda)(a-\lambda)$$

であるから, 固有値は $\lambda = 2, 1, a$ である. $a \neq 1$ かつ $a \neq 2$ のときは定理 4.6 より 1 次独立な固有ベクトルを 3 つとることができ, 対角化可能であるので, 重解となる $a = 1$ または $a = 2$ の場合を調べればよい.

$a = 1$ のとき行列 A は対角化できないことはすでにみているので, $a = 2$ の場合を考えよう.

$$A = \begin{pmatrix} 2 & -1 & 2 \\ 0 & 1 & 2 \\ -1 & 1 & 2 \end{pmatrix}, \quad |A - \lambda E| = (2-\lambda)^2(1-\lambda)$$

$\lambda = 2$ に対する固有ベクトルは

$$\begin{pmatrix} 0 & -1 & 2 \\ 0 & -1 & 2 \\ -1 & 1 & 0 \end{pmatrix} \begin{pmatrix} x \\ y \\ z \end{pmatrix} = \begin{pmatrix} 0 \\ 0 \\ 0 \end{pmatrix} \quad \cdots (*)$$

より, $x = y = 2z$ であるから, $k \begin{pmatrix} 2 \\ 2 \\ 1 \end{pmatrix}$ となる. ただし k は任意の実数とする. このように, 1 次独立な固有ベクトルが 1 つしかないので, 対角化できない.

したがって, 行列 A が対角化できるための条件は

$$a \neq 1, \quad a \neq 2$$

である.

以上のように固有ベクトルをすべて求めることで結論が出せるが, 以下のように行列の階数を調べて判断することもできる. まず, 次章の最後に取り上げる部分空間の議論によれば, 上の式 $(*)$ は, 行列 $A' = A - 2E$ によって表される 1 次変換 f の核 $\mathrm{Ker}\, f$ を求めることにほかならない. そこでは 1 次独立な固有ベクトルがいくつ求められるかという計算を行っているが, それは核 $\mathrm{Ker} f$ の次元を求めることと同じである. この例の場合,

$$\dim(\mathrm{Im} f) + \dim(\mathrm{Ker} f) = 3$$

であり, また $\mathrm{rank} A' = \dim(\mathrm{Im} f)$ であるから, $a = 2$ の場合について,

$$A \text{ が対角化できる} \iff \dim(\mathrm{Ker} f) = 2 \iff \mathrm{rank} A' = 1$$

とならなければならない. ところが, 明らかに

$$\operatorname{rank} A' = \operatorname{rank} \begin{pmatrix} 0 & -1 & 2 \\ 0 & -1 & 2 \\ -1 & 1 & 0 \end{pmatrix} = 2$$

であるから, $\dim(\operatorname{Ker} f) = 1$ となり, A は対角化できないという結論になる. ∎

ここで, 上の例 4.18 について, 対角化に必要な固有値と固有ベクトルに関連するパラメータ類を表 4.1 にまとめてみよう.

表 4.1

$a = 1$ の場合

λ	重複度 μ	$A' = A - \lambda E$	固有ベクトル	$\operatorname{rank} A'$	$n - \mu$
1	2	$\begin{pmatrix} 1 & -1 & 1 \\ 0 & 0 & 1 \\ -1 & 1 & 0 \end{pmatrix}$	$\begin{pmatrix} 1 \\ 1 \\ 0 \end{pmatrix}$	2	1
2	1	$\begin{pmatrix} 0 & -1 & 1 \\ 0 & -1 & 1 \\ -1 & 1 & -1 \end{pmatrix}$	$\begin{pmatrix} 0 \\ 1 \\ 1 \end{pmatrix}$	2	2

$a = 2$ の場合

λ	重複度 μ	$A' = A - \lambda E$	固有ベクトル	$\operatorname{rank} A'$	$n - \mu$
1	1	$\begin{pmatrix} 1 & -1 & 2 \\ 0 & 0 & 2 \\ -1 & 1 & 1 \end{pmatrix}$	$\begin{pmatrix} 1 \\ 1 \\ 0 \end{pmatrix}$	2	2
2	2	$\begin{pmatrix} 0 & -1 & 2 \\ 0 & -1 & 2 \\ -1 & 1 & 0 \end{pmatrix}$	$\begin{pmatrix} 2 \\ 2 \\ 1 \end{pmatrix}$	2	1

以上のように, 1 次独立な固有ベクトルがその固有値 λ の重複度と同じ数だけ存在すれば対角化可能となるのであるが, そうなっていないことがわかる.

同じように, 重複度が 2 以上の固有値がありながら対角化できる例 4.16 について表を作ってみよう (表 4.2).

このように, 1 次独立な固有ベクトルがその固有値 λ の重複度と同じ数だけ存在していることがわかる.

定理 4.6 により, 相異なる固有値に対する固有ベクトルは互いに 1 次独立である

4.6 対称行列の対角化 (つづき)

表 4.2

λ	重複度 μ	$A' = A - \lambda E$	固有ベクトル	rankA'	$n - \mu$
2	1	$\begin{pmatrix} -2 & 1 & 1 \\ 1 & -2 & 1 \\ 1 & 1 & -2 \end{pmatrix}$	$\begin{pmatrix} 1 \\ 1 \\ 1 \end{pmatrix}$	2	2
-1	2	$\begin{pmatrix} 1 & 1 & 1 \\ 1 & 1 & 1 \\ 1 & 1 & 1 \end{pmatrix}$	$\begin{pmatrix} 1 \\ -1 \\ 0 \end{pmatrix}, \begin{pmatrix} 1 \\ 1 \\ -2 \end{pmatrix}$	1	1

から, 対角化可能であることを調べるには, 重複度が 2 以上の固有値に対してだけその固有ベクトルの個数を求めればよい. さらに, 固有ベクトルを求めないで判別するには, 重複度が 2 以上の固有値に対して rank$(A - \lambda E)$ と $n - \mu$ が一致するかどうかをみればよい.

以上をまとめると, 対称でない n 次の正方行列 A が対角化可能であることを見きわめる方法は次のようになる.

1. 固有値がすべて異なるか, あるいは固有値がすべて異ならないにしても, n 個の 1 次独立な固有ベクトルがある.

2. 重複度が 2 以上の固有値がある (つまり固有方程式が重解をもつ) 場合, その固有値を λ, 重複度を μ とするとき, 関係式 rank$(A - \lambda E) = n - \mu$ が成り立つこと.

■ 練習問題 4.6

1. 次の行列の固有値と固有ベクトルを求め, 対角化せよ.

    (1) $\begin{pmatrix} 2 & -1 & 1 \\ 1 & 0 & 1 \\ 1 & -1 & 2 \end{pmatrix}$ (筑波大)   (2) $\begin{pmatrix} 4 & -5 \\ 2 & -3 \end{pmatrix}$ (豊橋技大)

2. 行列 $A = \begin{pmatrix} 0 & -1 & 1 \\ 0 & 1 & 0 \\ -2 & -2 & 3 \end{pmatrix}$ に対して次の問に答えよ. (東工大)

    (1) 固有値をすべて求めよ.
    (2) $P^{-1}AP$ が対角行列となるような正則行列 P を求めよ.

4　1 次 変 換

3. $A = \begin{pmatrix} 0 & 0 & i \\ 0 & 0 & 1 \\ -i & 1 & 0 \end{pmatrix}$ とする．次の各問に答えよ．（茨城大）

(1) A の固有値を求めよ．

(2) A を対角化するユニタリー行列を求めよ．

(3) A^6 を求めよ．

《注》 ここに聞きなれない用語がある．その意味については付録の解答のところに説明をのせたので参考にしてほしい．

4. 次の行列について，対角化可能かどうか調べよ．ただし固有値は実数とする．

(1) $A = \begin{pmatrix} 1 & 2 \\ a & -1 \end{pmatrix}$　　(2) $B = \begin{pmatrix} 0 & -1 & 1 \\ 0 & a & 0 \\ -2 & -2 & 3 \end{pmatrix}$

5 いろいろな応用

　ベクトル, 行列, そして行列式の応用は非常に広く多彩であるが, この章では, 特に **2次形式の標準化** (diagonalization of quadratic forms) を重要なテーマとしよう. 第1章から第4章まではそのための準備として展開してきたともいえる.

　2次形式の標準化とは, 実数を係数とする変数 x, y の **2次形式** (quadratic form)

$$ax^2 + 2hxy + by^2$$

があるとき, 適当な座標変換 f で,

$$\alpha X^2 + \beta Y^2$$

の形にすることである. 簡単にいえば, 2次形式の xy の項を消去して, だ円または双曲線の標準形にすることといってもよい.

　その他の応用として, 行列の対角化を利用して, 行列のべき乗を求めることをもう一度取り上げてみよう.

　また, 直線, 円, 平面などの図形の方程式を行列式で表現することを考える. 点の座標が行列式の中に見事に並んで見え, 行列式で表現することの便利さが理解できるだろう. さらに, 行列式の値が, 平行四辺形の面積や平行六面体の体積と直接関係していることもわかるだろう.

　最後に, 一般的な形で n 次元のベクトル空間と, その部分空間についての説明を追加する. 1次変換というものを考えるとき, その背景にはベクトル空間があり, その部分空間として重要な **像** (image) そして **核** (kernel) と呼ばれるものと問題が関連していることに目を向けておきたいからである.

5.1　対角化の応用, 行列のべき

　行列のべき乗を求める方法としては, 予想式をたて数学的帰納法で証明すること

や，ハミルトン・ケーリーの定理の応用（特に 2 次の場合に便利）があったが，もし行列 A が正則な行列 P を用いて対角行列 B にすることができれば，つまり

$$P^{-1}AP = B \quad (A \text{ が対称行列の場合は } {}^tPAP = B)$$

とするとき，$A = PBP^{-1}$ だから

$$\begin{aligned} A^n &= (PBP^{-1})(PBP^{-1})\cdots(PBP^{-1}) \\ &= PB^nP^{-1} \end{aligned}$$

として求めることもできる．この方法は 3 次以上の行列に対して，そのべきを求めるときに威力を発揮するであろうが，以下，簡単のために，2 次の行列を例にとってやってみよう．

例 5.1 次の行列 A に対して，上の方法でべき A^n を求めてみよう．

$$A = \begin{pmatrix} 5 & -1 \\ 6 & -2 \end{pmatrix}$$

解 まず固有値と固有ベクトルを求めると，

$$\lambda = 4 \text{ に対して } \begin{pmatrix} 1 \\ 1 \end{pmatrix}, \quad \lambda = -1 \text{ に対して } \begin{pmatrix} 1 \\ 6 \end{pmatrix}$$

そこで，$P = \begin{pmatrix} 1 & 1 \\ 1 & 6 \end{pmatrix}$ とおけば，$P^{-1}AP = \begin{pmatrix} 4 & 0 \\ 0 & -1 \end{pmatrix}$ と対角化できるので

$$A = P \begin{pmatrix} 4 & 0 \\ 0 & -1 \end{pmatrix} P^{-1}$$

である．したがって，

$$A^n = \frac{1}{5} \begin{pmatrix} 1 & 1 \\ 1 & 6 \end{pmatrix} \begin{pmatrix} 4^n & 0 \\ 0 & (-1)^n \end{pmatrix} \begin{pmatrix} 6 & -1 \\ -1 & 1 \end{pmatrix}$$

$$\therefore A^n = \frac{1}{5} \begin{pmatrix} 6\cdot 4^n - (-1)^n & -4^n + (-1)^n \\ 6\cdot 4^n - 6\cdot(-1)^n & -4^n + 6\cdot(-1)^n \end{pmatrix} \blacksquare$$

さらに，行列のべきを使って行列の指数関数というものを考えることもある．それは，実数 x についての指数関数 e^x の**マクローリン展開** (Maclaurin expansion)

5.1 対角化の応用, 行列のべき

$$e^x = \sum_{k=0}^{\infty} \frac{1}{k!}x^k = 1 + x + \frac{1}{2}x^2 + \frac{1}{3!}x^3 + \cdots$$

をまねて, 行列 A の指数関数を以下のように定義するのである.

$$\exp(A) = E + \sum_{n=1}^{\infty} \frac{1}{n!}A^n$$

例 5.2 次の行列 A に対して $\exp(tA)$ を求めてみよう. ただし t は任意の実数とする.

$$A = \begin{pmatrix} a & 0 \\ 0 & b \end{pmatrix}$$

解

$$\begin{aligned}
\exp(tA) &= E + \sum_{n=1}^{\infty} \frac{1}{n!}\begin{pmatrix} (at)^n & 0 \\ 0 & (bt)^n \end{pmatrix} \\
&= \begin{pmatrix} 1 + at + \frac{(at)^2}{2!} + \cdots & 0 \\ 0 & 1 + bt + \frac{(bt)^2}{2!} + \cdots \end{pmatrix} \\
&= \begin{pmatrix} e^{at} & 0 \\ 0 & e^{bt} \end{pmatrix} \quad \blacksquare
\end{aligned}$$

例 5.3 次の行列 (例 3.9 で扱った) に対して $\exp(tA)$ を求めよう. ただし $|t| < 1$ とする.

$$A = \begin{pmatrix} 1 & a \\ 0 & 1 \end{pmatrix}$$

解 $A^n = \begin{pmatrix} 1 & na \\ 0 & 1 \end{pmatrix}$ であるから

$$\frac{1}{n!}(tA)^n = \frac{t^n}{n!}A^n = \begin{pmatrix} \dfrac{t^n}{n!} & \dfrac{at^n}{(n-1)!} \\ 0 & \dfrac{t^n}{n!} \end{pmatrix}.$$

$\exp(tA) = \begin{pmatrix} \alpha & \beta \\ 0 & \alpha \end{pmatrix}$ とおくと

$$\alpha = \sum_{n=0}^{\infty} \frac{t^n}{n!} = e^t$$
$$\beta = \sum_{n=1}^{\infty} \frac{at^n}{(n-1)!} = at \sum_{n=1}^{\infty} \frac{t^{n-1}}{(n-1)!} = ate^t$$

したがって

$$\exp(tA) = \begin{pmatrix} e^t & ate^t \\ 0 & e^t \end{pmatrix} = e^t \begin{pmatrix} 1 & at \\ 0 & 1 \end{pmatrix} \quad \blacksquare$$

《注》 $t=0$ とすると, $\exp(O) = E$ が得られる. また $\exp(tA)^{-1} = \exp(-tA)$ となる. さらに, 証明は省略するが, 一般に任意の正方行列 X に対して, $\exp(X)^{-1} = \exp(-X)$ が成り立つ. また, A, B が可換ならば $\exp(A+B) = \exp(A)\exp(B)$ である.

ところで, このような行列のべき級数 (power series) は収束する (converge) のだろうかと気になるところであるが, これに関して次の結果が知られているので心配ない.

定理 5.1 (ヘンゼルの定理)

実数 x についての (実係数の) べき級数

$$f(x) = a_0 + a_1 x + a_2 x^2 + a_3 x^3 + \cdots$$

の収束半径を r とするとき, n 次の行列 A の固有値の絶対値がすべて r より小さいならば, 行列のべき級数

$$f(A) = a_0 E + a_1 A + a_2 A^2 + a_3 A^3 + \cdots$$

は絶対収束し, 絶対値が r 以上の固有値があるならば収束しない.

さらに, ついでに道草すると, $|x| < 1$ のとき $x^n \to 0 \, (n \to \infty)$ であるから

$$1 + x + x^2 + x^3 + \cdots = \frac{1}{1-x} = (1-x)^{-1}$$

となるので, これを正方行列にあてはめて,

$$E + A + A^2 + A^3 + \cdots = (E - A)^{-1} \quad \cdots (*)$$

という式が類推できるが,これに関しては次のことが知られている.

> **定理 5.2**
> 行列 A の固有値の絶対値がすべて 1 より小さいならば, $n \to \infty$ のとき $A^n \to O$ であり,上の等式 $(*)$ が成立する.

そして,$(E-A)^{-1}$ は行列 A に対する**レオンチェフ逆行列** (Leontief inverse) と呼ばれている.

■ 練習問題 5.1

1. 行列 $X = \begin{pmatrix} 0 & a & 0 \\ 0 & 0 & b \\ 0 & 0 & 0 \end{pmatrix}$ があるとき,X^2, X^3 を求めよ.また,$\exp(X)$ を求めよ.ただし a, b は 0 でない実数とする.

2. 行列 $A = \begin{pmatrix} 2 & 1 \\ 1 & 2 \end{pmatrix}$ について A^n を求めよ.(茨城大)

3. 次の行列 A の固有値と固有ベクトルを求め,それを用いて A^n を求めよ.ただし A^n は行列 A を n 回かけ合わせることを意味する.(千葉大)

$$\begin{pmatrix} 1 & 2 & 0 \\ 2 & 2 & 2 \\ 0 & 2 & 3 \end{pmatrix}$$

4. 行列 $A = \begin{pmatrix} 1 & 1 & 1 \\ -2 & 3 & 2 \\ 0 & 1 & 2 \end{pmatrix}$ について以下の問に答えよ.(北大)

   (1) 固有値 $\lambda_1, \lambda_2, \lambda_3$ ($\lambda_1 \leq \lambda_2 \leq \lambda_3$ とする) を求めよ.
   (2) 固有ベクトル $\mathbf{p}_1, \mathbf{p}_2, \mathbf{p}_3$ を求めよ.ただし 3 行 1 列の値を 1 となるように定めよ.
   (3) 行列 X の指数関数を
   $$\exp(X) = E + \sum_{n=1}^{\infty} \frac{1}{n!} X^n$$

のように定義するとき，$\exp(tA)$ を求めよ．ただし t は任意の実数とする．

5. 行列 $A = \begin{pmatrix} a & 1-b \\ 1-a & b \end{pmatrix}$ に対して，以下の問に答えよ．ただし $0 < a < 1$ かつ $0 < b < 1$ とする．（筑波大）

   (1) 固有値と固有ベクトルを求めよ．

   (2) 行列 A を対角化せよ．

   (3) その対角化を用いて A^n を求めよ．（n は自然数）

5.2 2次曲線の標準形

平面上の2次曲線（**円すい曲線** (conic section) ともいう）は4種類あり，それぞれ以下の**標準形** (canonical form) と呼ばれる2次式で表される．

- 円 (circle)　$x^2 + y^2 = r^2$
- だ円 (ellipse)　$\dfrac{x^2}{a^2} + \dfrac{y^2}{b^2} = 1$
- 双曲線 (hyperbola)　$\dfrac{x^2}{a^2} - \dfrac{y^2}{b^2} = 1$　または　$-\dfrac{x^2}{a^2} + \dfrac{y^2}{b^2} = 1$
- 放物線 (parabola)　$y^2 = 4px$　または　$x^2 = 4py$

ただしここでは，だ円と双曲線について考えよう．

例 5.4　原点のまわりにグラフを45°回転すると，だ円 $\dfrac{x^2}{2} + y^2 = 1$ はどんな式に変わるだろうか．

解　まずその回転を表す行列は
$$R = \begin{pmatrix} \dfrac{1}{\sqrt{2}} & -\dfrac{1}{\sqrt{2}} \\ \dfrac{1}{\sqrt{2}} & \dfrac{1}{\sqrt{2}} \end{pmatrix} = \dfrac{1}{\sqrt{2}} \begin{pmatrix} 1 & -1 \\ 1 & 1 \end{pmatrix}$$

であり，そのだ円上に終点をもつ位置ベクトル $\begin{pmatrix} x \\ y \end{pmatrix}$ が回転してベクトル $\begin{pmatrix} X \\ Y \end{pmatrix}$ になったとすると，
$$\begin{pmatrix} X \\ Y \end{pmatrix} = R \begin{pmatrix} x \\ y \end{pmatrix}, \quad \text{または} \quad \begin{pmatrix} x \\ y \end{pmatrix} = {}^t R \begin{pmatrix} X \\ Y \end{pmatrix}$$

である.他方,このだ円の方程式の左辺は
$$(x\ y)\begin{pmatrix}\frac{1}{2}&0\\0&1\end{pmatrix}\begin{pmatrix}x\\y\end{pmatrix}$$
と表すことができるので,
$$(X\ Y)\,R\begin{pmatrix}\frac{1}{2}&0\\0&1\end{pmatrix}{}^t R\begin{pmatrix}X\\Y\end{pmatrix}=\frac{1}{2}(X\ Y)\begin{pmatrix}\frac{3}{2}&-\frac{1}{2}\\-\frac{1}{2}&\frac{3}{2}\end{pmatrix}\begin{pmatrix}X\\Y\end{pmatrix}$$
となる.したがって
$$\frac{3}{4}X^2-\frac{1}{2}XY+\frac{3}{4}Y^2=1 \quad \text{または} \quad 3X^2-2XY+3Y^2=4$$
という結果を得る.■

つまり,結果をみれば,
$$\frac{x^2}{2}+y^2=1 \quad \xrightarrow{R} \quad 3X^2-2XY+3Y^2=4$$
となったのであるから,これを逆に考えれば
$$3X^2-2XY+3Y^2=4 \quad \xrightarrow{{}^t R} \quad \frac{x^2}{2}+y^2=1$$
ということになり,原点のまわりの回転を考えることで,標準形が得られることがわかる.一般的に,2次形式を
$$ax^2+2hxy+by^2 \quad \longrightarrow \quad \alpha X^2+\beta Y^2$$
のように変形にすることを **2次形式の標準化** という.原点のまわりにグラフを回転することにより,2次形式を標準化する例をやってみよう.

例 5.5 原点のまわりにグラフを $45°$ 回転する1次変換により,双曲線 $2xy=1$ の標準形を求めよう.

解 左辺の2次形式を行列で表現すると
$$F=2xy=\begin{pmatrix}x&y\end{pmatrix}\begin{pmatrix}0&1\\1&0\end{pmatrix}\begin{pmatrix}x\\y\end{pmatrix}$$
となる.$45°$ 回転を表す直交行列は

$$P = R(45°) = \frac{1}{\sqrt{2}} \begin{pmatrix} 1 & -1 \\ 1 & 1 \end{pmatrix}$$

だから, 座標変換

$$\begin{pmatrix} X \\ Y \end{pmatrix} = \frac{1}{\sqrt{2}} \begin{pmatrix} 1 & -1 \\ 1 & 1 \end{pmatrix} \begin{pmatrix} x \\ y \end{pmatrix}, \quad \text{または} \quad \begin{pmatrix} x \\ y \end{pmatrix} = \frac{1}{\sqrt{2}} \begin{pmatrix} 1 & 1 \\ -1 & 1 \end{pmatrix} \begin{pmatrix} X \\ Y \end{pmatrix}$$

によって標準化できる. したがって

$$\begin{aligned} F &= \frac{1}{2} \begin{pmatrix} X & Y \end{pmatrix} \begin{pmatrix} 1 & -1 \\ 1 & 1 \end{pmatrix} \begin{pmatrix} 0 & 1 \\ 1 & 0 \end{pmatrix} \begin{pmatrix} 1 & 1 \\ -1 & 1 \end{pmatrix} \begin{pmatrix} X \\ Y \end{pmatrix} \\ &= \frac{1}{2} \begin{pmatrix} X & Y \end{pmatrix} \begin{pmatrix} -2 & 0 \\ 0 & 2 \end{pmatrix} \begin{pmatrix} X \\ Y \end{pmatrix} \\ &= \begin{pmatrix} X & Y \end{pmatrix} \begin{pmatrix} -1 & 0 \\ 0 & 1 \end{pmatrix} \begin{pmatrix} X \\ Y \end{pmatrix} \\ &= -X^2 + Y^2 \end{aligned}$$

これで双曲線 $2xy = 1$ の標準形 $-X^2 + Y^2 = 1$ が得られた.

この例の場合, 原点のまわりにグラフを $-45°$ 回転すると

$$X^2 - Y^2 = 1$$

という標準形になる. もちろんこれも双曲線である. ∎

《注》 上の例を一般的な形で見直しておこう. まず, 2次形式 $F = ax^2 + 2hxy + by^2$ を行列で表現して

$$F = \begin{pmatrix} x & y \end{pmatrix} \begin{pmatrix} a & h \\ h & b \end{pmatrix} \begin{pmatrix} x \\ y \end{pmatrix}$$

とすると, ここに現れる行列 $A = \begin{pmatrix} a & h \\ h & b \end{pmatrix}$ は対称行列なので, ある直交行列 P によって対角化できる. それを

$${}^t P A P = \begin{pmatrix} \alpha & 0 \\ 0 & \beta \end{pmatrix}$$

とすれば, 2次形式は

$$F = \begin{pmatrix} x & y \end{pmatrix} P \begin{pmatrix} \alpha & 0 \\ 0 & \beta \end{pmatrix} {}^t P \begin{pmatrix} x \\ y \end{pmatrix}$$

となる. したがって, 座標変換

$$\begin{pmatrix} X \\ Y \end{pmatrix} = {}^t P \begin{pmatrix} x \\ y \end{pmatrix}, \quad \text{または} \quad \begin{pmatrix} x \\ y \end{pmatrix} = P \begin{pmatrix} X \\ Y \end{pmatrix}$$

によって，
$$F = \begin{pmatrix} X & Y \end{pmatrix} \begin{pmatrix} \alpha & 0 \\ 0 & \beta \end{pmatrix} \begin{pmatrix} X \\ Y \end{pmatrix} = \alpha X^2 + \beta Y^2$$
となる．このように考えると，2次曲線（ここでは，楕円と双曲線のこと）の標準形を求めることは，座標変換によって2次の対称行列を対角化する問題になる．このとき，原点のまわりにグラフを θ 回転することは座標軸を $-\theta$ 回転することになるので注意しよう．詳しいことは次節で考える．

■ 練習問題 5.2

1. 上の例で，行列 $\begin{pmatrix} 0 & 1 \\ 1 & 0 \end{pmatrix}$ の固有値と固有ベクトルがそれぞれ対角行列と回転を表す行列の中にあることを確かめよ．

2. 2次曲線 $5x^2 + 2\sqrt{3}xy + 3y^2 = 24$ を原点のまわりに $\pi/3$ だけ回転することにより標準形に直せ．

3. 2次形式 $F = ax^2 + 2hxy + by^2$ が原点のまわりのグラフの回転によって標準形 $F = \alpha X^2 + \beta Y^2$ になるとき，その回転角 θ は
$$\tan 2\theta = \frac{2h}{b-a}$$
によって得られることを示せ．

4. $A = \begin{pmatrix} 1 & \sqrt{3} \\ \sqrt{3} & -1 \end{pmatrix}$, $P = \begin{pmatrix} \cos\theta & -\sin\theta \\ \sin\theta & \cos\theta \end{pmatrix}$ とする．このとき次の問に答えよ．（新潟大）

    (1) 逆行列 P^{-1} を求めよ．
    (2) 行列 A の固有値を求めよ．
    (3) $P^{-1}AP$ が対角行列になるように θ の値を定めよ．ただし $0 \leq \theta \leq \pi/2$ とする．
    (4) 曲線 $x^2 + 2\sqrt{3}xy - y^2 = 2$ の概形を描け．

5.3 2次形式の標準化

2次形式の標準化とは対称行列の対角化にほかならないことがわかったので，具体的な座標変換（たとえば，具体的に 45° 回転するとか）が与えられなくても，固有値と固有ベクトルを求めることで実現できる．それを次の例で示そう．

例 5.6 次の2次曲線の標準形を求め，図示しよう．
$$7x^2 + 2\sqrt{3}xy + 5y^2 = 8$$

解 まず左辺の2次形式を行列表現すると
$$F = \begin{pmatrix} x & y \end{pmatrix} \begin{pmatrix} 7 & \sqrt{3} \\ \sqrt{3} & 5 \end{pmatrix} \begin{pmatrix} x \\ y \end{pmatrix}$$

ここに現れた対称行列 $A = \begin{pmatrix} 7 & \sqrt{3} \\ \sqrt{3} & 5 \end{pmatrix}$ に対して，$\mathrm{tr}A = 12$, $\det A = 32$ だから $x^2 - 12x + 32 = 0$ を解いて固有値 $4, 8$ を得る．固有値 4 に対する固有ベクトルは直線 $y = -\sqrt{3}x$ にあるから，これを X 軸にとり，ベクトル $\begin{pmatrix} 1 \\ -\sqrt{3} \end{pmatrix}$ の方向を正の向きとし，固有値 8 に対する固有ベクトルは直線 $y = \dfrac{1}{\sqrt{3}}x$ にあるから，これを Y 軸にとり，ベクトル $\begin{pmatrix} \sqrt{3} \\ 1 \end{pmatrix}$ の方向を正の向きとする．このとき直交行列 $P = \dfrac{1}{2}\begin{pmatrix} 1 & \sqrt{3} \\ -\sqrt{3} & 1 \end{pmatrix}$ によって行列 A は次のように対角化される．

$$^tPAP = \begin{pmatrix} 4 & 0 \\ 0 & 8 \end{pmatrix}$$

$$\therefore F = \begin{pmatrix} x & y \end{pmatrix} P \begin{pmatrix} 4 & 0 \\ 0 & 8 \end{pmatrix} {}^tP \begin{pmatrix} x \\ y \end{pmatrix}$$

したがって，座標軸を原点のまわりに $-60°$ 回転するという座標変換
$$^tP \begin{pmatrix} x \\ y \end{pmatrix} \quad \text{または} \quad \begin{pmatrix} x & y \end{pmatrix} P$$

によって対角化
$$F = \begin{pmatrix} X & Y \end{pmatrix} \begin{pmatrix} 4 & 0 \\ 0 & 8 \end{pmatrix} \begin{pmatrix} X \\ Y \end{pmatrix}$$

が得られ,だ円 $\dfrac{X^2}{2}+Y^2=1$ の標準形となる.これにより $7x^2+2\sqrt{3}xy+5y^2=8$ のグラフは図 5.1 のようになる.■

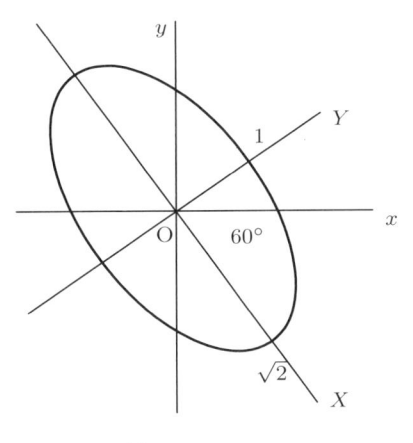

図 5.1

この例では,基本ベクトル $\mathbf{i}=\begin{pmatrix}1\\0\end{pmatrix}$, $\mathbf{j}=\begin{pmatrix}0\\1\end{pmatrix}$ を基底とする xy 座標系を,ベクトル $\begin{pmatrix}1\\-\sqrt{3}\end{pmatrix}$, $\begin{pmatrix}\sqrt{3}\\1\end{pmatrix}$ を基底とする XY 座標系に変換することで標準形を得た.このように,座標変換をするということは基底の変換をすることと同じである.これを**主軸変換** (transformation of principal axis) ということもある.なお,**主軸** (principal axis) とはその曲線の対称軸となる直線のことであり,この例では X 軸と Y 軸である.したがって,主軸変換とは基底を変換することであり,この例のように **正規直交系** (orthonormal system),つまり互いに直交する単位ベクトルからなる基底を考えるのがふつうである.

また,上の例からもわかるように,2 次曲線
$$\begin{pmatrix}x & y\end{pmatrix}\begin{pmatrix}a & h\\h & b\end{pmatrix}\begin{pmatrix}x\\y\end{pmatrix}=c\quad (c>0)$$
は,行列 $A=\begin{pmatrix}a & h\\h & b\end{pmatrix}$ の固有値が正の同符号のときだ円の標準形に,異符号のとき双曲線の標準形になる.

例 5.7 次の 2 つの 2 次形式があるとき $\dfrac{F(x,y)}{G(x,y)}$ の最大値と最小値を求めよ.

$$F(x,y) = 7x^2 + 2\sqrt{3}xy + 5y^2, \quad G(x,y) = x^2 + y^2$$

解 2 次形式 $F(x,y)$ を行列表現すると

$$F = \begin{pmatrix} x & y \end{pmatrix} \begin{pmatrix} 7 & \sqrt{3} \\ \sqrt{3} & 5 \end{pmatrix} \begin{pmatrix} x \\ y \end{pmatrix}$$

であるが, ここに現れた対称行列 $A = \begin{pmatrix} 7 & \sqrt{3} \\ \sqrt{3} & 5 \end{pmatrix}$ は前の例の結果から, 直交行列 $P = \dfrac{1}{2} \begin{pmatrix} 1 & \sqrt{3} \\ -\sqrt{3} & 1 \end{pmatrix}$ によって, 次のように対角化される.

$${}^t P A P = \begin{pmatrix} 4 & 0 \\ 0 & 8 \end{pmatrix}$$

この対角行列を D とおくと, 行列 A による 1 次変換は座標軸の回転 P と D の合成である. つまり, 回転 ${}^tP$, 変換 D, そして回転 P を続けてすることである.

このとき, 回転による xy 座標系と XY 座標系との間の変換ではベクトルの大きさに変化はなく, XY 座標系での変換 D により大きさの変化が起こる. それは, X 軸方向に 4 倍に, また Y 軸方向には 8 倍に引き伸ばすものである. したがって, 比 $\dfrac{F(X,Y)}{G(X,Y)}$ は $X = 0$ のとき最大値 8 になり, $Y = 0$ のとき最小値 4 となる. $X = 0$ となるのは $x = \sqrt{3}a, y = a$ (a は任意の実数) のときであり, このとき,

$$\frac{F(\sqrt{3}a, a)}{G(\sqrt{3}a, a)} = \frac{32a^2}{4a^2} = 8$$

である. $Y = 0$ の場合も同様であり, したがって,

$$x = \sqrt{3}a, \ y = a \text{ のとき 最大値 } 8 \quad (a \text{ は任意})$$
$$x = b, \ y = -\sqrt{3}b \text{ のとき 最小値 } 4 \quad (b \text{ は任意})$$

となる. ∎

■ **練習問題 5.3**

1. 次の 2 次曲線を標準形に直し, 図示せよ.

    (1) $3x^2 + 4xy + 3y^2 = 25$

    (2) $x^2 + 6xy + y^2 = 8$

(3) $\quad x^2 + 4xy + y^2 = 3$

2. $x^2 + y^2 = 1$ のもとで $f(x,y) = x^2 + 4\sqrt{2}xy + 3y^2$ の最大値，最小値，およびそれらを与える x, y を求めよ．（東工大）

3. 次の 2 次形式について下の問に答えよ．
$$F(x, y, z) = ay^2 + 2xy + 2yz + 4zx$$

(1) 対称行列を使って，行列の積の形で表せ．

(2) その中にある正方行列を A とおくとき，行列式 $|A|$ の値が 0 となるように定数 a の値を定めよ．以下その値を使う．

(3) 行列 A の固有値を求めよ．

(4) 2 次形式 $F(x, y, z)$ の標準形を求めよ．

4. 2 次形式
$$F(x, y, z) = -x^2 - y^2 - z^2 + 4xy + 4yz + 4zx$$
を標準形に直せ．また
$$G(x, y, z) = x^2 + y^2 + z^2$$
として $F(x, y, z)/G(x, y, z)$ の最大値，最小値，およびそのときの x, y, z の値を求めよ．（東大）

5.4 平面上の図形

2 点 $A(a_1, a_2)$, $B(b_1, b_2)$ を通る直線があるとき，その直線上の任意の点 $P(x, y)$ に対して，適当にスカラー t をとって，$\overrightarrow{AP} = t\overrightarrow{AB}$ とすることができる．成分表示すると
$$\begin{pmatrix} x - a_1 \\ y - a_2 \end{pmatrix} = t \begin{pmatrix} b_1 - a_1 \\ b_2 - a_2 \end{pmatrix}$$
である．この式から
$$t = \frac{x - a_1}{b_1 - a_1}, \quad t = \frac{y - a_2}{b_2 - a_2}$$
となる．さらに t を消去すると

であり，これを行列式を使って表すと

$$\begin{vmatrix} b_1 - a_1 & x - a_1 \\ b_2 - a_2 & y - a_2 \end{vmatrix} = 0 \quad \therefore \begin{vmatrix} 1 & 0 & 0 \\ 0 & b_1 - a_1 & x - a_1 \\ 0 & b_2 - a_2 & y - a_2 \end{vmatrix} = 0$$

となる．さらに変形すると，次の公式が得られる．

[公式 1] 2点 $A(a_1, a_2)$, $B(b_1, b_2)$ を通る直線の方程式は

$$\begin{vmatrix} 1 & x & y \\ 1 & a_1 & a_2 \\ 1 & b_1 & b_2 \end{vmatrix} = 0$$

このことから次の結果が得られる．

[公式 2] 3点 $A(a_1, a_2)$, $B(b_1, b_2)$, $C(c_1, c_2)$ が一直線上にある条件は

$$\begin{vmatrix} 1 & a_1 & a_2 \\ 1 & b_1 & b_2 \\ 1 & c_1 & c_2 \end{vmatrix} = 0$$

また，この公式の証明は以下のように示すこともできる．

証明　3点 $A(a_1, a_2)$, $B(b_1, b_2)$, $C(c_1, c_2)$ が一直線 $\alpha x + \beta y + \gamma = 0$ 上にあるならば，

$$\begin{cases} \alpha a_1 + \beta a_2 + \gamma = 0 \\ \alpha b_1 + \beta b_2 + \gamma = 0 \\ \alpha c_1 + \beta c_2 + \gamma = 0 \end{cases}$$

が同時に成り立つが，これは連立方程式

$$\begin{cases} a_1 x + a_2 y + z = 0 \\ b_1 x + b_2 y + z = 0 \\ c_1 x + c_2 y + z = 0 \end{cases}$$

が自明でない解 (α, β, γ) をもつことを意味するので

5.4 平面上の図形

$$\begin{vmatrix} a_1 & a_2 & 1 \\ b_1 & b_2 & 1 \\ c_1 & c_2 & 1 \end{vmatrix} = 0$$

でなければならない．なお，この結果から逆に 2 点を通る直線の方程式を示すこともできる．■

例 5.8 次の各問に答えよ．

(1) 2 点 $(1,2), (3,4)$ を通る直線の方程式を求めよ．
(2) 2 点 $A(2,0), B(-3,5)$ を通る直線と放物線 $y = x^2$ との交点の座標を求めよ．

解 (1) 上の公式にあてはめて

$$\begin{vmatrix} 1 & x & y \\ 1 & 1 & 2 \\ 1 & 3 & 4 \end{vmatrix} = 0$$

より $y = x + 1$ を得る．

(2) 求める点を $P(a, a^2)$ とおくと，3 点 A, B, P は一直線上にあるので

$$\begin{vmatrix} 1 & 2 & 0 \\ 1 & -3 & 5 \\ 1 & a & a^2 \end{vmatrix} = -5a^2 - 5a + 10 = 0$$

となり，これより $a = 1, -2$ である．したがって，求める座標は $(1,1)$ と $(-2,4)$ である．■

例 5.9 図 5.2 のように 2 点 $A(a_1, a_2), B(b_1, b_2)$ があるとき，三角形 OAB の面積 S を考えよう．

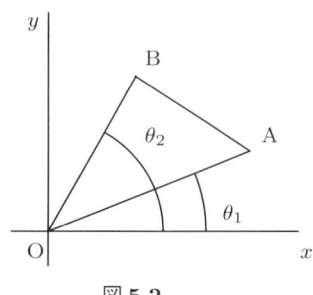

図 5.2

解 $\theta_2 > \theta_1$ ならば $S = \dfrac{1}{2} \mathrm{OA} \cdot \mathrm{OB} \sin(\theta_2 - \theta_1)$ だから，右辺を変形していくと

5 いろいろな応用

$$S = \frac{1}{2}\mathrm{OA}\cdot\mathrm{OB}(\sin\theta_2\cos\theta_1 - \cos\theta_2\sin\theta_1)$$
$$= \frac{1}{2}\mathrm{OA}\cdot\mathrm{OB}\left(\frac{b_2}{\mathrm{OB}}\cdot\frac{a_1}{\mathrm{OA}} - \frac{b_1}{\mathrm{OB}}\cdot\frac{a_2}{\mathrm{OA}}\right)$$
$$= \frac{1}{2}(b_2 a_1 - b_1 a_2)$$
$$= \frac{1}{2}\begin{vmatrix} a_1 & a_2 \\ b_1 & b_2 \end{vmatrix}$$

$\theta_2 < \theta_1$ のときも合わせると

$$S = \frac{1}{2}\begin{vmatrix} a_1 & a_2 \\ b_1 & b_2 \end{vmatrix} \text{の絶対値} \blacksquare$$

このことから一般に, 次のことがいえる.

> **定理 5.3**
> 2 次の行列式の絶対値は, 2 つの列ベクトルを 2 辺とする**平行四辺形の面積**を表す.

3 点 $\mathrm{A}(a_1, a_2)$, $\mathrm{B}(b_1, b_2)$, $\mathrm{C}(c_1, c_2)$ がつくる三角形の面積 S は, 点 C が原点に重なるように平行移動して, 上の結果を使うと

$$S = \frac{1}{2}\begin{vmatrix} a_1 - c_1 & b_1 - c_1 \\ a_2 - c_2 & b_2 - c_2 \end{vmatrix} \text{の絶対値}$$

となる. この右辺を変形すると次の公式が得られる.

[公式 3] 3 点 $\mathrm{A}(a_1, a_2), \mathrm{B}(b_1, b_2), \mathrm{C}(c_1, c_2)$ がつくる三角形の面積 S は

$$S = \frac{1}{2}\begin{vmatrix} 1 & a_1 & a_2 \\ 1 & b_1 & b_2 \\ 1 & c_1 & c_2 \end{vmatrix} \text{の絶対値}$$

この公式を導く前半の部分は, ベクトルの内積を使って以下のように証明することもできる.

証明 $\mathbf{a} = \overrightarrow{\mathrm{OA}}, \mathbf{b} = \overrightarrow{\mathrm{OB}}, \alpha = |\mathbf{a}|, \beta = |\mathbf{b}|, \theta = |\theta_1 - \theta_2|$ とおくと,

$$S^2 = \left(\frac{\alpha\beta}{2}\sin\theta\right)^2 = \frac{\alpha^2\beta^2}{4}(1 - \cos^2\theta) = \frac{1}{4}\{\alpha^2\beta^2 - (\alpha\beta\cos\theta)^2\}$$

$$= \frac{1}{4}\{(\mathbf{a}\cdot\mathbf{a})(\mathbf{b}\cdot\mathbf{b}) - (\mathbf{a}\cdot\mathbf{b})^2\}$$

$$= \frac{1}{4}\begin{vmatrix} \mathbf{a}\cdot\mathbf{a} & \mathbf{a}\cdot\mathbf{b} \\ \mathbf{a}\cdot\mathbf{b} & \mathbf{b}\cdot\mathbf{b} \end{vmatrix} = \frac{1}{4}\begin{vmatrix} a_1{}^2 + a_2{}^2 & a_1b_1 + a_2b_2 \\ a_1b_1 + a_2b_2 & b_1{}^2 + b_2{}^2 \end{vmatrix}$$

$$= \frac{1}{4}\begin{vmatrix} a_1 & a_2 \\ b_1 & b_2 \end{vmatrix} \cdot \begin{vmatrix} a_1 & b_1 \\ a_2 & b_2 \end{vmatrix} = \frac{1}{4}\begin{vmatrix} a_1 & a_2 \\ b_1 & b_2 \end{vmatrix}^2 \quad\blacksquare$$

3直線

$$a_1x + b_1y + c_1 = 0, \quad a_2x + b_2y + c_2 = 0, \quad a_3x + b_3y + c_3 = 0$$

が1点で交わるための条件を考えてみよう．その点を (x_0, y_0) とすれば，次の左の3式 (1) が同時に成り立つことになる．

$$(1)\quad \begin{cases} a_1x_0 + b_1y_0 + c_1 = 0 \\ a_2x_0 + b_2y_0 + c_2 = 0 \\ a_3x_0 + b_3y_0 + c_3 = 0 \end{cases} \qquad (2)\quad \begin{cases} a_1x + b_1y + c_1z = 0 \\ a_2x + b_2y + c_2z = 0 \\ a_3x + b_3y + c_3z = 0 \end{cases}$$

それは上の右の連立方程式 (2) が自明でない解 $(x_0, y_0, 1)$ をもつことを意味するので，次の結果が得られる．

［公式 4］ 上の3直線が1点で交わるための条件は

$$\begin{vmatrix} a_1 & b_1 & c_1 \\ a_2 & b_2 & c_2 \\ a_3 & b_3 & c_3 \end{vmatrix} = 0$$

次に円の方程式を考えよう．一般に円の方程式は

$$x^2 + y^2 + \alpha x + \beta y + \gamma = 0$$

と表せるが，その円周上に4点 $(a_1, b_1), (a_2, b_2), (a_3, b_3), (a_4, b_4)$ があるとすれば

$$\begin{cases} a_1{}^2 + b_1{}^2 + \alpha a_1 + \beta b_1 + \gamma = 0 \\ a_2{}^2 + b_2{}^2 + \alpha a_2 + \beta b_2 + \gamma = 0 \\ a_3{}^2 + b_3{}^2 + \alpha a_3 + \beta b_3 + \gamma = 0 \\ a_4{}^2 + b_4{}^2 + \alpha a_4 + \beta b_4 + \gamma = 0 \end{cases}$$

が同時に成り立つが，これは連立方程式

$$\begin{cases} (a_1{}^2+b_1{}^2)w+a_1x+b_1y+z=0 \\ (a_2{}^2+b_2{}^2)w+a_2x+b_2y+z=0 \\ (a_3{}^2+b_3{}^2)w+a_3x+b_3y+z=0 \\ (a_4{}^2+b_4{}^2)w+a_4x+b_4y+z=0 \end{cases}$$

が自明でない解 $(1,\alpha,\beta,\gamma)$ をもつことを意味するので

$$\begin{vmatrix} a_1{}^2+b_1{}^2 & a_1 & b_1 & 1 \\ a_2{}^2+b_2{}^2 & a_2 & b_2 & 1 \\ a_3{}^2+b_3{}^2 & a_3 & b_3 & 1 \\ a_4{}^2+b_4{}^2 & a_4 & b_4 & 1 \end{vmatrix}=0$$

でなければならない.したがって以下の公式が得られる.

[公式 5] 4点 $(a_1,b_1),(a_2,b_2),(a_3,b_3),(a_4,b_4)$ が同一円上にあるための条件は

$$\begin{vmatrix} a_1{}^2+b_1{}^2 & a_1 & b_1 & 1 \\ a_2{}^2+b_2{}^2 & a_2 & b_2 & 1 \\ a_3{}^2+b_3{}^2 & a_3 & b_3 & 1 \\ a_4{}^2+b_4{}^2 & a_4 & b_4 & 1 \end{vmatrix}=0$$

[公式 6] 3点 $(a_1,b_1),(a_2,b_2),(a_3,b_3)$ を通る円の方程式は

$$\begin{vmatrix} x^2+y^2 & x & y & 1 \\ a_1{}^2+b_1{}^2 & a_1 & b_1 & 1 \\ a_2{}^2+b_2{}^2 & a_2 & b_2 & 1 \\ a_3{}^2+b_3{}^2 & a_3 & b_3 & 1 \end{vmatrix}=0$$

以上のように,平面上のいくつかの図形の方程式は行列式を用いて表すことでもでき,そこに座標がきれいに並んでいるのを見ると,行列式の便利さ(あるいはよく定義されていること)がわかる.

■ 練習問題 5.4

1. 平面上の3点 $A(2,3),B(-4,9),C(1,7)$ を頂点とする三角形の面積を求めよ.
2. 平面上に2点 $A(2,0),B(1,-\sqrt{3})$ がある.点 P が円 $x^2+y^2=1$ 上を動くとき,三角

形 ABP の面積 S を求めよ．また S の最大値，最小値およびそのときの点 P の座標を求めよ．

3. xy 平面上の任意のベクトル $\mathbf{v}$ に対して，次の等式が成り立つ 1 次変換 f を考える．
$$\mathbf{v} \cdot f(\mathbf{v}) = |\mathbf{v}|^2$$
ここで記号・はベクトルの内積を表す．

(1) この 1 次変換 f を表す行列を A とし，またベクトル $\mathbf{v}$ を，それぞれ
$$A = \begin{pmatrix} a & b \\ c & d \end{pmatrix}, \quad \mathbf{v} = \begin{pmatrix} x \\ y \end{pmatrix}$$
とおくとき，上の等式から得られる a, b, c, d の関係式を求めよ．

(2) 点 $P(1,0), Q(0,1), R(1,1)$ の像をそれぞれ P', Q', R' とするとき，三角形 $P'Q'R'$ の面積 S を求めよ．

(3) $S = 1$ であるとき，この 1 次変換 f によって 2 次曲線 $xy = 1$ はどんな式になるか．また，その式のグラフを書け．

4. 正則行列 $A = \begin{pmatrix} a & b \\ c & d \end{pmatrix}$ で表される平面上の 1 次変換を f とするとき，以下の問に答えよ．（豊橋技大）

(1) 任意の正方形の f による像は平方四辺形になることを示せ．

(2) もとの正方形の面積を S_0 とするとき，この平行四辺形の面積 S を，S_0 と行列 A の成分を用いて表せ．

(3) 任意の正方形の $f \circ f$ による像がもとの正方形であり，$(1,1)$ の f による像が $(2,0)$ であるとき，行列 A を求めよ．

5. 行列 $A = \begin{pmatrix} 5 & -2 \\ -2 & 2 \end{pmatrix}$ について，以下の問に答えよ．（東大）

(1) $A\mathbf{u} = \lambda \mathbf{u}$ を満たす実数 λ と非零ベクトル $\mathbf{u}$ の組をすべて求めよ．

(2) 2 点 P, Q と原点 O を頂点とする三角形 OPQ の各頂点の位置ベクトルが A によって 1 次変換されたとき，その三角形の面積が何倍になるか答えよ．

5.5 空間内の図形

3 次元の空間内の図形についても行列式との関連をみることができる．まず，3 つ

のベクトル
$$\mathbf{v_1} = \begin{pmatrix} x_1 \\ y_1 \\ z_1 \end{pmatrix}, \quad \mathbf{v_2} = \begin{pmatrix} x_2 \\ y_2 \\ z_2 \end{pmatrix}, \quad \mathbf{v_3} = \begin{pmatrix} x_3 \\ y_3 \\ z_3 \end{pmatrix}$$

があるとき，それらを3辺とする平行六面体の体積 V は，ベクトル $\mathbf{v_1} \times \mathbf{v_2}$ と $\mathbf{v_3}$ のなす角を θ とするとき，

$$\begin{aligned} V &= |\mathbf{v_1} \times \mathbf{v_2}||\mathbf{v_3}||\cos\theta| \\ &= |(\mathbf{v_1} \times \mathbf{v_2}) \cdot \mathbf{v_3}| \\ &= \left(\begin{vmatrix} y_1 & z_1 \\ y_2 & z_2 \end{vmatrix} x_3 - \begin{vmatrix} x_1 & z_1 \\ x_2 & z_2 \end{vmatrix} y_3 + \begin{vmatrix} x_1 & y_1 \\ x_2 & y_2 \end{vmatrix} z_3 \right) \text{の絶対値} \\ &= \begin{vmatrix} x_1 & y_1 & z_1 \\ x_2 & y_2 & z_2 \\ x_3 & y_3 & z_3 \end{vmatrix} \text{の絶対値} \end{aligned}$$

となる．ここで，$(\mathbf{v_1} \times \mathbf{v_2}) \cdot \mathbf{v_3}$ を**スカラー3重積** (scalar triple product) という．

以上のことから次の結果が得られる．

定理 5.4

3次の行列式の絶対値は，3つの列ベクトルを3辺とする**平行六面体の体積**を表す．

ベクトル $\mathbf{v_3}$ が2つのベクトル $\mathbf{v_1}, \mathbf{v_2}$ で張られる平面上にあれば，これらのスカラー3重積はつねに0であるので，次の結果を得る．

[公式 7] 平行でない2つのベクトルが定める平面の方程式は

$$\begin{vmatrix} x & y & z \\ x_1 & y_1 & z_1 \\ x_2 & y_2 & z_2 \end{vmatrix} = 0$$

3点 $A(a_1, a_2, a_3), B(b_1, b_2, b_3), C(c_1, c_2, c_3)$ があるとき，ベクトル

$$\mathbf{v} = \overrightarrow{CA} = (a_1 - c_1, a_2 - c_2, a_3 - c_3), \quad \mathbf{w} = \overrightarrow{CB} = (b_1 - c_1, b_2 - c_2, b_3 - c_3)$$

を考えることにより，次の結果が得られる．

[公式 8] 空間内の 3 点 $A(a_1, a_2, a_3)$, $B(b_1, b_2, b_3)$, $C(c_1, c_2, c_3)$ を通る平面の方程式は

$$\begin{vmatrix} 1 & x & y & z \\ 1 & a_1 & a_2 & a_3 \\ 1 & b_1 & b_2 & b_3 \\ 1 & c_1 & c_2 & c_3 \end{vmatrix} = 0$$

このことから, さらに以下が得られる.

[公式 9] 空間内の 4 点

$$A(a_1, a_2, a_3), \quad B(b_1, b_2, b_3), \quad C(c_1, c_2, c_3), \quad D(d_1, d_2, d_3)$$

が同一平面上にあるための条件は

$$\begin{vmatrix} 1 & a_1 & a_2 & a_3 \\ 1 & b_1 & b_2 & b_3 \\ 1 & c_1 & c_2 & c_3 \\ 1 & d_1 & d_2 & d_3 \end{vmatrix} = 0$$

■ 練習問題 5.5

1. 4 点 $A(1, 0, 7), B(2, 1, 8), C(1, 0, 3), D(2, 2, 9)$ を頂点とする四面体の体積を求めよ. (広島大)

2. 空間内に 4 点 $P_1(2, -1, 0), P_2(3, 1, 1), P_3(-1, 2, 1), P_4(1, 0, -3)$ があるとき, 次のものを求めよ.
   (1) 外積 $\overrightarrow{P_1P_2} \times \overrightarrow{P_3P_4}$
   (2) P_1P_2, P_3P_4 を 2 辺とする平行四辺形の面積 S
   (3) P_1P_2, P_2P_3, P_3P_4 を 3 辺にもつ平行六面体の体積 V

3. 3 つのベクトル $\mathbf{A}(2, -3, 4), \mathbf{B}(1, 2, -1), \mathbf{C}(3, -1, 2)$ を 3 辺とする平行六面体の体積を求めよ. (福井大)

4. 3 点 $O(0, 0, 0), A(1, 2, 1), B(2, 0, -1)$ がある. 2 つのベクトル $\overrightarrow{OA}, \overrightarrow{OB}$ で張られる平面上の点 X で点 $C(6, 1, 5)$ までの距離を最小にするもの座標を求めよ. (宮崎大)

5.6 ベクトル空間と部分空間

一般に n 次元のベクトルは n 行 1 列の行列 $\begin{pmatrix} x_1 \\ x_2 \\ \vdots \\ x_n \end{pmatrix}$ で表すことができ，それは n 個の実数 $x_1, x_2, \cdots, x_n$ の組であるので，n 次元のベクトル全体を $\mathbf{R}^n$ のような記号で表すことが多い．

ベクトルに和 $\mathbf{v}+\mathbf{w}$ とスカラー倍 $a\mathbf{v}$ が定義されるが，それについて以下の性質がある．

1. $(\mathbf{u}+\mathbf{v})+\mathbf{w} = \mathbf{u}+(\mathbf{v}+\mathbf{w})$
2. $\mathbf{v}+\mathbf{w} = \mathbf{w}+\mathbf{v}$
3. $\mathbf{v}+\mathbf{0} = \mathbf{v}$
4. ベクトル $\mathbf{v}$ の成分の符号を変えたもの，つまり逆向きのベクトルを $-\mathbf{v}$ で表すとき，$\mathbf{v}+(-\mathbf{v}) = \mathbf{0}$．なお，$\mathbf{v}+(-\mathbf{w})$ を $\mathbf{v}-\mathbf{w}$ と表す．
5. $1\mathbf{v} = \mathbf{v}$
6. $a(b\mathbf{v}) = (ab)\mathbf{v}$
7. $(a+b)\mathbf{v} = a\mathbf{v}+b\mathbf{v}$
8. $a(\mathbf{v}+\mathbf{w}) = a\mathbf{v}+a\mathbf{w}$

したがって，$\mathbf{R}^n$ は単に n 次元のベクトル全体（集合）というだけでなく，以上の演算構造をもっているものとみることが重要である．そのため，$\mathbf{R}^n$ を n 次元実ベクトル空間 (vector space) という．

たとえば，平面上のベクトル全体は 2 次元のベクトル空間 $\mathbf{R}^2$ となり，3 次元の空間にあるベクトルの全体は 3 次元のベクトル空間 $\mathbf{R}^3$ となる．そして $\mathbf{R}^2$ に属するベクトル $\mathbf{v}$ を $\begin{pmatrix} x \\ y \\ 0 \end{pmatrix}$ と考えることで，$\mathbf{R}^2$ は $\mathbf{R}^3$ の一部になっている．つまり部分空間である．

一般に $\mathbf{R}^n$ の一部のベクトルからなる集合 W が上の 8 つの性質をもつとき，W を $\mathbf{R}^n$ の部分空間 (subspace) という．そのためには，ベクトルの和とスカラー倍について閉じていること，つまり

1. $\mathbf{v}, \mathbf{w} \in W \Rightarrow \mathbf{v}+\mathbf{w} \in W$
2. $a \in \mathbf{R}, \mathbf{v} \in W \Rightarrow a\mathbf{v} \in W$

が必要十分条件である．ここで記号 $\in$ は集合論で使うもので，「$a \in \mathbf{R}$」は「a は実

5.6 ベクトル空間と部分空間

数全体からなる集合 $\mathbf{R}$ に属する」ということを意味する. つまり「a はある実数である」ということである.

例 5.10 $\mathbf{R}^3$ 内の平面 $ax + by + cz = 0$ は 2 次元部分空間である.

解 正確には,関係式 $ax + by + cz = 0$ を満たすようなベクトル $\mathbf{v} = \begin{pmatrix} x \\ y \\ z \end{pmatrix}$ の集合 W は $\mathbf{R}^3$ の部分空間であるというべきである.これを図形的に考えてみよう.その平面上の任意のベクトル $\mathbf{v}$ は O を始点として $\overrightarrow{OA}$ のように表すことができる.A はその平面上の点であるから $A(x_1, y_1, z_1)$ とすれば, $ax_1 + by_1 + cz_1 = 0$ となっている.すると,任意のスカラー k に対して,$k\mathbf{v} = \overrightarrow{OA'}$ とおくと, $A'(kx_1, ky_1, kz_1)$ であり,

$$akx_1 + bky_1 + ckz_1 = k(ax_1 + by_1 + cz_1) = 0$$

となるからベクトル $k\mathbf{v}$ はその平面上にある. 次に,その平面上の 2 つのベクトル $\mathbf{v}_1 = \overrightarrow{OA_1}$, $\mathbf{v}_2 = \overrightarrow{OA_2}$ に対して, $A_1(x_1, y_1, z_1), A_2(x_2, y_2, z_2)$ とすると,

$$ax_1 + by_1 + cz_1 = 0, \quad ax_2 + by_2 + cz_2 = 0$$

であり, $\mathbf{v}_1 + \mathbf{v}_2 = \overrightarrow{OB}$ とおくとき,

$$B(x_1 + x_2, y_1 + y_2, z_1 + z_2)$$

であるから

$$a(x_1 + x_2) + b(y_1 + y_2) + c(z_1 + z_2) = 0$$

となる.したがってその平面はベクトルの和とスカラー倍について閉じている.ゆえに平面 $ax + by + cz = 0$ は $\mathbf{R}^3$ の部分空間である. ∎

平面 $ax + by + cz + d = 0 \ (d \neq 0)$ は部分空間になるだろうか? 上の例の考察から,原点 O を通らなければこの関係式が満たされなくなるので,それは部分空間ではない.いいかえれば,部分空間であるためには,まずゼロ・ベクトルを共有していなければならない.

次に,行列による 1 次写像があるとき,その**像** (image) と**核** (kernel) と呼ばれる重要な部分空間があるので説明しよう. m 次元ベクトル空間 $\mathbf{R}^m$ から n 次元ベクトル空間 $\mathbf{R}^n$ への 1 次写像 f があるとき,像ベクトル全体を $\mathrm{Im} f$ で表し, $f(\mathbf{v}) = \mathbf{0}$ となるベクトル $\mathbf{v}$ 全体を $\mathrm{Ker} f$ で表す.すると,像 $\mathrm{Im} f$ は $\mathbf{R}^n$ の部分空間であり,核 $\mathrm{Ker} f$ は $\mathbf{R}^m$ の部分空間になる.

5 いろいろな応用

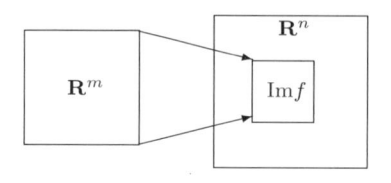

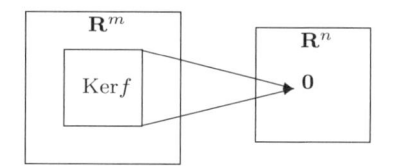

図 5.3

また, 証明は省略するが, この 2 つの部分空間の次元について, 次のことが成り立つ.

> **定理 5.5**
> $$\dim(\mathrm{Im} f) + \dim(\mathrm{Ker} f) = m$$

ここで, dim は次元(つまり, 1 次独立なベクトルの最大個数)を意味するものとする. さらに, 行列の階数とは, その行列で表される 1 次変換の像の次元 $\dim(\mathrm{Im} f)$ のことである. つまり, その 1 次変換を表す行列を A とすると,

$$\mathrm{rank} A = \dim(\mathrm{Im} f)$$

である. 詳しいことは以下の例で理解しよう.

例 5.11 例 1.7 の 1 次変換について像 $\mathrm{Im} f$ と核 $\mathrm{Ker} f$ を考えよう.

解 行列 $A = \begin{pmatrix} 1 & 2 & 3 \\ 4 & 5 & 6 \end{pmatrix}$ は 3 次元ベクトル空間 $\mathbf{R}^3$ から 2 次元ベクトル空間 $\mathbf{R}^2$ への 1 次変換を表すが, まず, 像 $\mathrm{Im} f$ は $\mathbf{R}^3$ のすべてのベクトルを変換してできる像ベクトルの集合であり, それは $\mathbf{R}^2$ の中にある. それを見るためには基底がどのように変換されるかを調べればよい. 3 次元ベクトル空間 $\mathbf{R}^3$ の基本ベクトル $\mathbf{i}, \mathbf{j}, \mathbf{k}$ がそれぞれ 2 次元ベクトル空間 $\mathbf{R}^2$ のベクトル

$$A\mathbf{i} = \begin{pmatrix} 1 \\ 4 \end{pmatrix}, \quad A\mathbf{j} = \begin{pmatrix} 2 \\ 5 \end{pmatrix}, \quad A\mathbf{k} = \begin{pmatrix} 3 \\ 6 \end{pmatrix}$$

に変換される. これらは 1 次従属であり,

$$A\mathbf{k} = \begin{pmatrix} 3 \\ 6 \end{pmatrix} = -\begin{pmatrix} 1 \\ 4 \end{pmatrix} + 2\begin{pmatrix} 2 \\ 5 \end{pmatrix} = -A\mathbf{i} + 2A\mathbf{j}$$

と表される. ここで $A\mathbf{i}, A\mathbf{j}$ は 1 次独立であり,

5.6 ベクトル空間と部分空間

$$\begin{pmatrix} 1 \\ 0 \end{pmatrix} = -\frac{5}{3}A\mathbf{i} + \frac{4}{3}A\mathbf{j}, \quad \begin{pmatrix} 0 \\ 1 \end{pmatrix} = \frac{2}{3}A\mathbf{i} - \frac{1}{3}A\mathbf{j}$$

であるから、像 $\mathrm{Im} f$ は R^2 と一致する。

次に、核 $\mathrm{Ker} f$ は $\mathbf{R}^3$ のベクトルのうち、その像ベクトルが $\mathbf{R}^2$ のゼロ・ベクトルになるものの集合である。それを見るために、

$$\begin{pmatrix} 1 & 2 & 3 \\ 4 & 5 & 6 \end{pmatrix} \begin{pmatrix} x \\ y \\ z \end{pmatrix} = \begin{pmatrix} 0 \\ 0 \end{pmatrix}$$

の解を考えると、

$$y = -2x, \quad z = x$$

より、核 $\mathrm{Ker} f$ は $k\begin{pmatrix} 1 \\ -2 \\ 1 \end{pmatrix}$ (k は任意の実数) の形をしたベクトルの集合となる。これが和とスカラー積について閉じていることはすぐわかるので、核 $\mathrm{Ker} f$ は 3 次元ベクトル空間 $\mathbf{R}^3$ の中の 1 次元の部分空間である。∎

例 5.12 例 3.12 の 1 次変換について像 $\mathrm{Im} f$ と核 $\mathrm{Ker} f$ を考えよう。

解 行列 $A = \begin{pmatrix} 1 & 2 \\ 2 & 4 \end{pmatrix}$ は $\mathbf{R}^2$ から $\mathbf{R}^2$ への 1 次変換であり、基本ベクトル $\mathbf{i}, \mathbf{j}$ はそれぞれベクトル

$$A\mathbf{i} = \begin{pmatrix} 1 \\ 2 \end{pmatrix}, \quad A\mathbf{j} = \begin{pmatrix} 2 \\ 4 \end{pmatrix}$$

に変換され、これらは 1 次従属である。つまり $A\mathbf{j} = 2A\mathbf{i}$ となっている。したがって、像 $\mathrm{Im} f$ は $A\mathbf{i}$ を基底とする 1 次元の部分空間である。別ないい方をすれば、像 $\mathrm{Im} f$ は平面上の直線 $y = 2x$ で表される。次に

$$\begin{pmatrix} 1 & 2 \\ 2 & 4 \end{pmatrix} \begin{pmatrix} x \\ y \end{pmatrix} = \begin{pmatrix} 0 \\ 0 \end{pmatrix}$$

の解を考えると、$x + 2y = 0$ より、核 $\mathrm{Ker} f$ は $k\begin{pmatrix} -2 \\ 1 \end{pmatrix}$ (k は任意の実数) の形をしたベクトルの集合となる。したがって、核 $\mathrm{Ker} f$ は $\begin{pmatrix} -2 \\ 1 \end{pmatrix}$ を基底とする 1 次元の部分空間である。別ないい方をすれば、核 $\mathrm{Ker} f$ は平面上の直線 $x + 2y = 0$ で表される。そして直線

$y=2x$ と $x+2y=0$ が互いに直交していることにも注意しよう.∎

■ 練習問題 5.6

1. 正方行列 A が逆行列をもつための必要十分条件は,その行列で表される1次変換を f とするとき,
$$\mathrm{Ker}\, f = \{\mathbf{0}\}$$
であることを証明せよ.

2. すべての成分が実数の4次元ベクトルの全体はベクトル空間となる.この空間を $\mathbf{R}^4$ で表す.このとき次の問に答えよ.(筑波大)

    (1) $\mathbf{R}^4$ の元 (x_1, x_2, x_3, x_4) で,$x_1 = 2x_2, x_3 = x_4 = 0$ という性質を満たすものの全体 W は $\mathbf{R}^4$ の部分空間となるかを説明せよ.

    (2) $\mathbf{R}^4$ の元 (x_1, x_2, x_3, x_4) で,$x_1^2 + x_2^2 + x_3^2 + x_4^2 = 1$ という性質を満たすものの全体 W は $\mathbf{R}^4$ の部分空間となるかを説明せよ.

3. 行列 $A = \begin{pmatrix} 1 & 2 & -4 & 5 \\ 1 & -1 & -10 & 14 \\ 1 & 4 & 0 & 1 \\ 2 & 5 & -6 & 7 \end{pmatrix}$ について次の問に答えよ.(新潟大)

    (1) 行の基本変形を行い,A の階数 rank を求めよ.

    (2) 連立方程式 $A \begin{pmatrix} x \\ y \\ z \\ w \end{pmatrix} = \begin{pmatrix} 0 \\ 0 \\ 0 \\ 0 \end{pmatrix}$ の解 $\begin{pmatrix} x \\ y \\ z \\ w \end{pmatrix}$ の全体のなすベクトル空間の基底を求めよ.

4. $v = \begin{pmatrix} 1 \\ 2 \\ -1 \end{pmatrix} \in \mathbf{R}^3$ とし,線形写像 $f : \mathbf{R}^3 \to \mathbf{R}^3$ を,
$$f(x) = 6x - \langle v, x \rangle v \quad (x \in \mathbf{R}^3)$$
で定義するとき,次の問に答えよ.ただし $\langle , \rangle$ は通常のユークリッド内積とする.(電通大)

    (1) $\langle f(x), v \rangle = 0$ を示せ.

(2) $f(x) = Ax$ と表すとき, 行列 A を求めよ.

(3) f の像 $\mathrm{Im}f$ の次元, および f の核 $\mathrm{Ker}f$ の次元を求めよ.

(4) $\mathrm{Im}f \ni x \neq \begin{pmatrix} 0 \\ 0 \\ 0 \end{pmatrix}$ を満たし, $e = \begin{pmatrix} 1 \\ 0 \\ 0 \end{pmatrix}$ と直交するベクトル $x \in \mathbf{R}^3$ が存在するならば, それを1つ求めよ. もしそのようなベクトルが存在しないならば, それを証明せよ.

5. $\mathbf{R}^3$ から $\mathbf{R}^3$ への写像
$$\varphi(x) = \begin{pmatrix} x_1 + 2x_2 - x_3 \\ 3x_2 + x_3 \\ x_1 + 7x_2 + x_3 \end{pmatrix}, \quad x = \begin{pmatrix} x_1 \\ x_2 \\ x_3 \end{pmatrix} \in \mathbf{R}^3$$
について次の問に答えよ.（九大）

(1) $\varphi(x) = Ax$ となる 3 次正方行列 A を求めよ.

(2) A の行列式 $\det A$ を求めよ.

(3) $e = \begin{pmatrix} 1 \\ 0 \\ 0 \end{pmatrix}$ とする. $\varphi(e)$ を求めよ.

(4) $\varphi(x) = \begin{pmatrix} 1 \\ 0 \\ 1 \end{pmatrix}$ となる $x \in \mathbf{R}^3$ をすべて求めよ.

(5) $V = \{x \in \mathbf{R}^3 | x_3 = 0\}$ とする. $\varphi(V) = \{\varphi(x) | x \in V\}$ は部分空間であることを示し, さらにその次元を求めよ.

練習問題の解答と解説

第 1 章

■ **練習問題 1.1** （6 ページ）

1. 点をたどっていくと，A → O → B → M より
$$\overrightarrow{AM} = \overrightarrow{AO} + \overrightarrow{OB} + \overrightarrow{BM}$$
である．また $\overrightarrow{BM} = \frac{1}{2}\overrightarrow{BC} = \frac{1}{2}(\overrightarrow{BO} + \overrightarrow{OC})$ だから
$$\overrightarrow{AM} = -\overrightarrow{OA} + \frac{1}{2}\overrightarrow{OB} + \frac{1}{2}\overrightarrow{OC}$$

2. ベクトル $\mathbf{v} = \begin{pmatrix} x \\ 2x+1 \end{pmatrix}$ の大きさ $|\mathbf{v}|$ の最小値を求める．
$$|\mathbf{v}|^2 = x^2 + (2x+1)^2 = 5\left(x + \frac{2}{5}\right)^2 + \frac{1}{5}$$
だから，$x = -\frac{2}{5}$ のとき，最短距離は $\frac{1}{\sqrt{5}}$ である．

3. (1) $\begin{pmatrix} x \\ \frac{c-ax}{b} \end{pmatrix}$ (2) $\begin{pmatrix} \cos\theta \\ \sin\theta \end{pmatrix}$

ただし，原点を中心とし，x 軸の正の向きからベクトル $\overrightarrow{OP}$ の向きへ回したときの角度を θ とする．

4. $|\overrightarrow{OP}|^2 = x^2 + \left(\frac{c-ax}{b}\right)^2 = \frac{a^2+b^2}{b^2}\left(x - \frac{ac}{a^2+b^2}\right)^2 + \frac{c^2}{a^2+b^2}$ となるから，最短距離は $\frac{|c|}{\sqrt{a^2+b^2}}$ である．これは公式として利用できる．

5. $\overrightarrow{OP} = \begin{pmatrix} \cos\theta \\ \sin\theta \\ z \end{pmatrix}$

6. 空間内の平面の方程式は x, y, x の 1 次式 $ax + by + cz = d$ で表される．これに与えられた点の座標を代入して，平面の方程式 $x + y + z = t$ が得られる．ゆえに $\overrightarrow{OP} =$

$\begin{pmatrix} x \\ y \\ t-x-y \end{pmatrix}$ である．これを変形して

$$\overrightarrow{OP} = \begin{pmatrix} x \\ 0 \\ -x \end{pmatrix} + \begin{pmatrix} 0 \\ y \\ -y \end{pmatrix} + \begin{pmatrix} 0 \\ 0 \\ t \end{pmatrix} = x\begin{pmatrix} 1 \\ 0 \\ -1 \end{pmatrix} + y\begin{pmatrix} 0 \\ 1 \\ -1 \end{pmatrix} + t\begin{pmatrix} 0 \\ 0 \\ 1 \end{pmatrix}$$

$$= \frac{x}{t}\overrightarrow{CA} + \frac{y}{t}\overrightarrow{CB} + \overrightarrow{OC}$$

■ **練習問題 1.2** （10 ページ）

1. まず，終点の座標と始点の座標との差をとり，ベクトル

$$\mathbf{v} = \begin{pmatrix} 1 \\ 2 \\ 1 \end{pmatrix}, \quad \mathbf{w} = \begin{pmatrix} 2 \\ -2 \\ -4 \end{pmatrix}$$

となるから

(1) $\mathbf{v} \cdot \mathbf{w} = -6$

(2) $\cos\theta = \dfrac{\mathbf{v}\cdot\mathbf{w}}{|\mathbf{v}||\mathbf{w}|} = -\dfrac{1}{2}$ より $\theta = \dfrac{2}{3}\pi$

2. まず，長さは $|a| = \sqrt{6}$, $|b| = \sqrt{2}$. 次に $a\cdot b = -3$ だから

$$\cos\theta = \frac{-3}{\sqrt{12}} = -\frac{\sqrt{3}}{2} \quad \therefore \theta = \frac{5\pi}{6}$$

《注》 この問題ではベクトルを a, b のように表しているので，スカラーと読み間違えないようにしよう．

3. $c = \begin{pmatrix} x \\ y \\ z \end{pmatrix}$ とおくと $a\cdot c = 0$ と $b\cdot c = 0$ より

$$x + 2y + 3z = 0, \quad x + y + z = 0$$

であるので $x = z, y = -2x$ である．次に，単位の長さであることから $x^2 + y^2 + z^2 = 1$ より $x = \pm\dfrac{1}{\sqrt{6}}$ となる．したがって $c = \pm\dfrac{1}{\sqrt{6}}\begin{pmatrix} 1 \\ -2 \\ 1 \end{pmatrix}$ である．

4. $OB \leq OA + AB$ つまり $|\vec{a}+\vec{b}| \leq |\vec{a}| + |\vec{b}|$ を示すためには

練習問題の解答と解説

$$|\vec{a}+\vec{b}|^2 \leq (|\vec{a}|+|\vec{b}|)^2 \quad \cdots (*)$$

を示せばよい.

$$\begin{aligned}
\text{左辺} &= (\vec{a}+\vec{b})\cdot(\vec{a}+\vec{b}) \\
&= \vec{a}\cdot\vec{a}+2\vec{a}\cdot\vec{b}+\vec{b}\cdot\vec{b} \\
&= |\vec{a}|^2+|\vec{b}|^2+2\vec{a}\cdot\vec{b} \\
\text{右辺} &= |\vec{a}|^2+|\vec{b}|^2+2|\vec{a}||\vec{b}|
\end{aligned}$$

内積の定義より $\vec{a}\cdot\vec{b}=|\vec{a}||\vec{b}|\cos(\pi-\alpha)$ であり, $|\cos(\pi-\alpha)|\leq 1$ だから, $\vec{a}\cdot\vec{b}\leq |\vec{a}||\vec{b}|$ である. ゆえに $(*)$ が示された.

《注》 なす角を使わない証明もあり, それはコーシー・シュワルツの不等式の証明のところで示してある. また, 三角形であるから, 不等号 $\leq$ を $<$ で表現したほうがよいであろう.

■ **練習問題 1.3** (13 ページ)

1. $\mathbf{v}\times\mathbf{w} = 15\mathbf{i}+14\mathbf{j}+3\mathbf{k} = \begin{pmatrix}15\\14\\3\end{pmatrix}$

2. (1) 2 乗すると,

$$\begin{aligned}
|\mathbf{v}\times\mathbf{w}|^2 &= |\mathbf{v}|^2|\mathbf{w}|^2\sin^2\theta = |\mathbf{v}|^2|\mathbf{w}|^2(1-\cos^2\theta) \\
&= |\mathbf{v}|^2|\mathbf{w}|^2-(|\mathbf{v}||\mathbf{w}|\cos\theta)^2 \\
&= (\mathbf{v}\cdot\mathbf{v})(\mathbf{w}\cdot\mathbf{w})-(\mathbf{v}\cdot\mathbf{w})^2
\end{aligned}$$

ここで次の公式を使っている.

$$\cos\theta = \frac{\mathbf{v}\cdot\mathbf{w}}{|\mathbf{v}||\mathbf{w}|}, \quad \sin\theta = \frac{|\mathbf{v}\times\mathbf{w}|}{|\mathbf{v}||\mathbf{w}|}$$

(2) $\mathbf{i}\times(\mathbf{i}\times\mathbf{k}) = \mathbf{i}\times(-\mathbf{j}) = -\mathbf{k}$
他方, $(\mathbf{i}\times\mathbf{i})\times\mathbf{k} = \mathbf{0}$

3. 空間内の平面は, その平面に垂直なベクトル $\begin{pmatrix}a\\b\\c\end{pmatrix}$ (これを**法線ベクトル** (normal vector) という) と, 原点からの距離をパラメータとして含む 1 次式 $ax+by+cz+d=0$ で表される. これに 3 点の座標を代入し, 係数 a,b,c,d を定めると, 平面の方程式 $x+y+z=2$ を得る. 次に

$$\overrightarrow{PQ}\times\overrightarrow{PR} = 2\mathbf{i}+2\mathbf{j}+2\mathbf{k} = 2(\mathbf{i}+\mathbf{j}+\mathbf{k})$$

となるので, その平面に垂直なベクトルはベクトル $\mathbf{i}+\mathbf{j}+\mathbf{k}$ と平行でなければならない. その平面上の任意の点 $\mathrm{T}(x,y,z)$ をとると

$$\overrightarrow{\mathrm{OT}} = x\mathbf{i} + y\mathbf{j} + (2-x-y)\mathbf{k}$$

これをベクトル $\mathbf{i}+\mathbf{j}+\mathbf{k}$ と平行になるようにして, その大きさの最小値を求める. 平行であるためには $x=y$ だから, このとき

$$|\mathrm{OT}|^2 = x^2 + x^2 + (2-2x)^2 = 6\left(x-\frac{2}{3}\right)^2 + \frac{4}{3}$$

ゆえに求める距離は $\dfrac{2}{\sqrt{3}}$ である.

ついでに述べておくと, 空間内の平面 $ax+by+cz+d=0$ があるとき, 原点からの距離は $\dfrac{|d|}{\sqrt{a^2+b^2+c^2}}$ である. さらに, その平面上にない点 $\mathrm{P}(x_0, y_0, z_0)$ から平面 $ax+by+cz+d=0$ までの距離は

$$\frac{|ax_0+by_0+cz_0+d|}{\sqrt{a^2+b^2+c^2}}$$

である. これを公式として, この問題に答えることもできる.

4. 2つの式から $\dfrac{3x+7}{4} = \dfrac{3y-8}{-5} = z$ となるので, 方向ベクトルは $\begin{pmatrix} 4 \\ -5 \\ 3 \end{pmatrix}$ である. また2つの平面の法線ベクトルは $\begin{pmatrix} 1 \\ 2 \\ 2 \end{pmatrix}, \begin{pmatrix} 3 \\ 3 \\ 1 \end{pmatrix}$ であるので, 交角を θ とすれば $\cos\theta = \dfrac{11}{3\sqrt{19}}$ である.

■ **練習問題 1.4**（17 ページ）

1. $AB = \begin{pmatrix} 2 & b \\ 2a-1 & ab-1 \end{pmatrix}, BA = \begin{pmatrix} ab+2 & -b \\ a+1 & -1 \end{pmatrix}$ である. 2つの行列が等しいとは, 対応する成分がすべて等しい関係にあるので $a=2, b=0$ を得る.

2. 上と同様に

$$AB = \begin{pmatrix} 2-2b & a-8 \\ 6-b & 3a-4 \end{pmatrix}, \quad BA = \begin{pmatrix} 2+3a & -4-a \\ b+12 & -2b-4 \end{pmatrix}$$

これから $a=2, b=-3$ を得る. 次に C を求めるには, $AB = BA$ という関係を使って

$$\begin{aligned} C &= (AB)(AB) - A^2B^2 = A(BA)B - A^2B^2 \\ &= A(AB)B - A^2B^2 = (AA)(BB) - A^2B^2 = O \end{aligned}$$

のようにするのがよい．

3. $X = \begin{pmatrix} a & b \\ c & d \end{pmatrix}$ とおくとき

$$AX = \begin{pmatrix} a+c & b+d \\ -a-c & -b-d \end{pmatrix} = \begin{pmatrix} 0 & 0 \\ 0 & 0 \end{pmatrix}$$

より $a+c=0, b+d=0$ である．したがって

$$X = \begin{pmatrix} a & b \\ -a & -b \end{pmatrix} \quad (a,b \text{ は任意})$$

このとき

$$XA = \begin{pmatrix} a-b & a-b \\ -a+b & -a+b \end{pmatrix} = (a-b)A$$

だから $XA = O$ となるとは限らず

$$XA = O \iff a = b$$

である．つまり $X = aA$ でなければならない．

4. 与えられた行列を A とおけば

(1) $A + {}^tA = \begin{pmatrix} 2 & 1 & 0 \\ 1 & 2 & 1 \\ 0 & 1 & 2 \end{pmatrix}$, $A - {}^tA = \begin{pmatrix} 0 & 1 & 0 \\ -1 & 0 & 1 \\ 0 & -1 & 0 \end{pmatrix}$ だから

$$\begin{pmatrix} 1 & 1 & 0 \\ 0 & 1 & 1 \\ 0 & 0 & 1 \end{pmatrix} = \begin{pmatrix} 1 & \frac{1}{2} & 0 \\ \frac{1}{2} & 1 & \frac{1}{2} \\ 0 & \frac{1}{2} & 1 \end{pmatrix} + \begin{pmatrix} 0 & \frac{1}{2} & 0 \\ -\frac{1}{2} & 0 & \frac{1}{2} \\ 0 & -\frac{1}{2} & 0 \end{pmatrix}$$

(2) $A + {}^tA = \begin{pmatrix} 6 & 10 & 18 \\ 10 & 10 & 6 \\ 18 & 6 & 14 \end{pmatrix}$, $A - {}^tA = \begin{pmatrix} 0 & -2 & -2 \\ 2 & 0 & 2 \\ 2 & -2 & 0 \end{pmatrix}$ だから

$$\begin{pmatrix} 3 & 4 & 8 \\ 6 & 5 & 4 \\ 10 & 2 & 7 \end{pmatrix} = \begin{pmatrix} 3 & 5 & 9 \\ 5 & 5 & 3 \\ 9 & 3 & 7 \end{pmatrix} + \begin{pmatrix} 0 & -1 & -1 \\ 1 & 0 & 1 \\ 1 & -1 & 0 \end{pmatrix}$$

5. (1) $S = \frac{1}{2}(A + {}^tA), K = \frac{1}{2}(A - {}^tA)$ とおけば $A = S + K$ となるので

$$A = \frac{1}{2}\begin{pmatrix} 2 & 5 & -10 \\ 5 & 0 & -7 \\ -10 & -7 & 2 \end{pmatrix} + \frac{1}{2}\begin{pmatrix} 0 & 1 & -8 \\ -1 & 0 & -5 \\ 8 & 5 & 0 \end{pmatrix}$$

(2) ${}^tS = S$, ${}^tK = -K$ と ${}^t(AB) = {}^tB\,{}^tA$ であること，さらに先にあげた行列の演算についての性質を使うと

$$\begin{aligned}{}^t(KS + SK) &= {}^t(KS) + {}^t(SK) = {}^tS\,{}^tK + {}^tK\,{}^tS \\ &= -SK - KS = -(SK + KS) = -(KS + SK)\end{aligned}$$

同様にして

$$ {}^t(KSKS + SKSK) = KSKS + SKSK $$

となるので，$KS + SK$ は交代行列であり，$KSKS + SKSK$ は対称行列である．

■ **練習問題 1.5** （23 ページ）

1. (1) $A = \begin{pmatrix} 1 & 0 \\ 0 & 0 \end{pmatrix}$

(2) 作図して，互いに直交する 2 つの直線，あるいはベクトルを考えてみるとよい．
$$B = \frac{1}{1+k^2}\begin{pmatrix} 1 & k \\ k & k^2 \end{pmatrix}$$

2. 直線 $y = nx + 2$ 上の任意の点 $(x, nx + 2)$ は

$$\begin{pmatrix} m & 1 \\ 1 & m \end{pmatrix}\begin{pmatrix} x \\ nx + 2 \end{pmatrix} = \begin{pmatrix} mx + nx + 2 \\ x + mnx + 2m \end{pmatrix}$$

のように変換される．それが同じ直線上にあるから

$$x + mnx + 2m = n(mx + nx + 2) + 2$$

という恒等式を得る．

(1) $n^2 - 1 = 0$, $n - m + 1 = 0$, $n > 0$ より $n = 1$, $m = 2$

(2) $\begin{pmatrix} 2 & 1 \\ 1 & 2 \end{pmatrix}\begin{pmatrix} x \\ x+2 \end{pmatrix} = \begin{pmatrix} x \\ x+2 \end{pmatrix}$ より $(-1, 1)$

3. y 座標は変わらないから，xz 平面上で点 $\mathrm{P}(x, z)$ が点 $\mathrm{P}'(x', z')$ に移ることで式を立てる．まず中点 $\left(\dfrac{x+x'}{2}, \dfrac{z+z'}{2}\right)$ は直線 $z = \sqrt{3}x$ 上にあるから $\dfrac{z+z'}{2} =$

練習問題の解答と解説

$\frac{\sqrt{3}(x+x')}{2}$ という関係式が成り立つ．次に 2 点 P, P' を通る直線の傾きは $\frac{z'-z}{x'-x} = -\frac{1}{\sqrt{3}}$ だから，

$$x' = \frac{\sqrt{3}z - x}{2}, \quad z' = \frac{\sqrt{3}x + z}{2}$$

となり，xz 平面上での変換は行列 $\begin{pmatrix} -\frac{1}{2} & \frac{\sqrt{3}}{2} \\ \frac{\sqrt{3}}{2} & \frac{1}{2} \end{pmatrix}$ で表される．

あとで学ぶ回転の行列を使えば，この行列は以下のようにして求めることもできる．別解として見てほしい．まず，xz 平面上で座標軸を時計まわりに 60° だけ回転させる．それを表す行列は $R = \begin{pmatrix} \frac{1}{2} & \frac{\sqrt{3}}{2} \\ -\frac{\sqrt{3}}{2} & \frac{1}{2} \end{pmatrix}$ である．次に点を x 軸に対称に移す．それを表す行列は $S = \begin{pmatrix} 1 & 0 \\ 0 & -1 \end{pmatrix}$ である．そして座標軸を反時計まわりに 60° だけ回転させる．それを表す行列は R^{-1} である．これらを合成した $R^{-1}SR$ が求める変換であり，上と同じ結果を得ることができる．

$$A = R^{-1}SR$$
$$= \begin{pmatrix} -\frac{1}{2} & 0 & \frac{\sqrt{3}}{2} \\ 0 & 1 & 0 \\ \frac{\sqrt{3}}{2} & 0 & \frac{1}{2} \end{pmatrix}$$

第 2 章

■ 練習問題 2.1 （29 ページ）

1. 簡単のために，置換 $p = \begin{pmatrix} 1 & 2 & 3 & 4 \\ p_1 & p_2 & p_3 & p_4 \end{pmatrix}$ の下段の部分だけを示す．つまりこれは，場合の数で学んだ**順列**を数えあげているのとまったく同じである．

   ⊕1234　⊖1243　⊖1324　⊕1342　⊕1423　⊖1432
   ⊖2134　⊕2143　⊕2314　⊖2341　⊖2413　⊕2431

⊕3124　⊖3142　⊖3214　⊕3241　⊕3412　⊖3421
⊖4123　⊕4132　⊕4213　⊖4231　⊖4312　⊕4321

2. 上記のうち ⊕ 印が偶置換に, ⊖ 印が奇置換になる.

3. $pq = \begin{pmatrix} 1 & 2 & 3 & 4 & 5 \\ 2 & 4 & 5 & 1 & 3 \end{pmatrix}$, $qp = \begin{pmatrix} 1 & 2 & 3 & 4 & 5 \\ 3 & 4 & 1 & 5 & 2 \end{pmatrix}$

4. (1) 互換の積の表し方は一意ではなく, たとえば $(2,4)(1,2)$ あるいは $(1,4)(2,4)$ などがある. 偶置換.

(2) 互換の積の表し方は一意ではないので省略するが, 奇置換である.

(3) 互換の積の表し方は一意ではないが, ある方針に従って順序よく行うことを考え, 1 を順に右隣の数と入れ換えて

$$(1,n)(1,n-1)\cdots(1,4)(1,3)(1,2)$$

とするのがよい. こうして入れ替える回数は $n-1$ だから, n が偶数のとき奇置換になり, n が奇数のときは偶置換である. ここで念のために注意しておくが, 置換の積は右から順に左へと行っていくことに注意しよう.

(4) n を順に左隣の数と入れ換えていけばよいから,

$$(1,n)(2,n)\cdots(n-2,n)(n-1,n)$$

となる. この場合も $n-1$ 個の互換の積になっているので, n が偶数のとき奇置換になり, 奇数のときは偶置換である.

5. 置換の上の段は行の番号を, 下の段は列の番号を表すものとすれば

$$\mathrm{sgn}\begin{pmatrix} 1 & 2 & 3 & 4 & 5 \\ 2 & 4 & 1 & 5 & 3 \end{pmatrix} \times 2 \times 1 \times (-1) \times 5 \times (-1) = 10$$

あるいは, 置換の上の段は列の番号を, 下の段は行の番号を表すものとすれば

$$\mathrm{sgn}\begin{pmatrix} 1 & 2 & 3 & 4 & 5 \\ 2 & 4 & 1 & 5 & 3 \end{pmatrix} \times (-4) \times (-2) \times (-1) \times 4 \times 3 = -96$$

6. (1) 4, (2) 26, (3) -36, (4) 37

7. (1) $\cos(\alpha+\beta) = \cos\pi = -1$

(2) $\sin\left(\alpha+\beta+\dfrac{5}{6}\pi\right) = \sin\dfrac{11}{6}\pi = -\dfrac{1}{2}$

8. サラスの方法で行列式を展開して考えればよい.

(1) $(5-x)(-2-x)+6 = x^2-3x-4 = 0$ より $x = 4, -1$

(2) $(a-x)^3 - 2(a-x) = (a-x)\{(a-x)^2-2\} = 0$ より $x = a, a\pm\sqrt{2}$

■ 練習問題 2.2 （34 ページ）

1. (1) $1 \cdot 2 \cdot 3 \cdot 4 = 24$

(2) $4 \cdot 7 \cdot 9 \cdot 10 = 2520$

(3) 第 1 列 + 第 2 列, 第 3 列 − 第 1 列の変形により

$$\begin{vmatrix} 4 & 3 & -1 \\ 0 & 1 & 0 \\ 4 & 1 & 1 \end{vmatrix} = 8$$

2. (1) まず定理 2.7 より

$$\begin{vmatrix} 0 & x_{11} & x_{12} & x_{13} \\ 0 & x_{21} & x_{22} & x_{23} \\ 0 & x_{31} & x_{32} & x_{33} \\ a & b & c & d \end{vmatrix} = - \begin{vmatrix} x_{11} & 0 & x_{12} & x_{13} \\ x_{21} & 0 & x_{22} & x_{23} \\ x_{31} & 0 & x_{32} & x_{33} \\ b & a & c & d \end{vmatrix}$$

$$= (-1)^3 \begin{vmatrix} x_{11} & x_{12} & x_{13} & 0 \\ x_{21} & x_{22} & x_{23} & 0 \\ x_{31} & x_{32} & x_{33} & 0 \\ b & c & d & a \end{vmatrix}$$

右辺は

$$\begin{pmatrix} 1 & 2 & 3 & 4 \\ p_1 & p_2 & p_3 & 4 \end{pmatrix} \quad \text{ここで } p_k \text{ は } 1,2,3 \text{ のいずれか}$$

の形の置換だけで定まり, 各項に共通因数として a が必ず含まれている. それは 3 次の行列式の定義式を a 倍したものにほかならない.

なお実は, 符号は成分が位置する行と列によって定まり, この場合はもともと成分 a は第 4 行の第 1 列にあるので $(-1)^{4+1}$ と一致する. あるいはこの符号は次のように配置されていると考えてもよい.

$$\begin{vmatrix} + & - & + & - \\ - & + & - & + \\ + & - & + & - \\ - & + & - & + \end{vmatrix}$$

これは行列式の次数を下げて計算するときによく使われるので, 覚えておくとよいであろう. たとえば,

$$\begin{vmatrix} 1 & 2 & 3 & 4 & 5 \\ 10 & 9 & 8 & 7 & 6 \\ 0 & 0 & 0 & a & 0 \\ 11 & 12 & 13 & 14 & 15 \\ 20 & 19 & 18 & 17 & 16 \end{vmatrix} = -a \cdot \begin{vmatrix} 1 & 2 & 3 & 5 \\ 10 & 9 & 8 & 6 \\ 11 & 12 & 13 & 15 \\ 20 & 19 & 18 & 16 \end{vmatrix}$$

(2) $A = \begin{pmatrix} x_{11} & x_{12} & \cdots & x_{1n} \\ x_{21} & x_{22} & \cdots & x_{2n} \\ \vdots & \vdots & & \vdots \\ x_{n1} & x_{n2} & \cdots & x_{nn} \end{pmatrix}$ とおくとき,

$$aA = \begin{pmatrix} ax_{11} & ax_{12} & \cdots & ax_{1n} \\ ax_{21} & ax_{22} & \cdots & ax_{2n} \\ \vdots & \vdots & & \vdots \\ ax_{n1} & ax_{n2} & \cdots & ax_{nn} \end{pmatrix}$$

であるので,各行(または各列)から共通因数 a をくくり出して

$$|aA| = \begin{vmatrix} ax_{11} & ax_{12} & \cdots & ax_{1n} \\ ax_{21} & ax_{22} & \cdots & ax_{2n} \\ \vdots & \vdots & & \vdots \\ ax_{n1} & ax_{n2} & \cdots & ax_{nn} \end{vmatrix}$$

$$= a^n |A|$$

となる.さらに $a = -1$ とすれば $|-A| = (-1)^n |A|$ である.

3. 以下の計算は1つの例であり,もっとよい変形を考えてみよう.

(1) 第1列に第2列から第4列までのすべてを加えると

$$\begin{vmatrix} 10 & 2 & 3 & 4 \\ 10 & 3 & 4 & 1 \\ 10 & 4 & 1 & 2 \\ 10 & 1 & 2 & 3 \end{vmatrix} = 10 \begin{vmatrix} 1 & 2 & 3 & 4 \\ 1 & 3 & 4 & 1 \\ 1 & 4 & 1 & 2 \\ 1 & 1 & 2 & 3 \end{vmatrix}$$

第1行 − 第4行,第2行 − 第4行,第3行 − 第4行を行うと

$$10 \begin{vmatrix} 0 & 1 & 1 & 1 \\ 0 & 2 & 2 & -2 \\ 0 & 3 & -1 & -1 \\ 1 & 1 & 2 & 3 \end{vmatrix} = -10 \begin{vmatrix} 1 & 1 & 1 \\ 2 & 2 & -2 \\ 3 & -1 & -1 \end{vmatrix}$$

$$= 160$$

(2) 第 2 行 + 第 1 行, 第 3 行 $-3\times$ 第 1 行, 第 4 行 $-2\times$ 第 1 行, 第 5 行 $-2\times$ 第 1 行, を行うと

$$\begin{vmatrix} 1 & -2 & 3 & 1 & -3 \\ 0 & -7 & 0 & 4 & 4 \\ 0 & 10 & 0 & -5 & 17 \\ 0 & 0 & 0 & 0 & 1 \\ 0 & 9 & 1 & 7 & 10 \end{vmatrix} = \begin{vmatrix} -7 & 0 & 4 & 4 \\ 10 & 0 & -5 & 17 \\ 0 & 0 & 0 & 1 \\ 9 & 1 & 7 & 10 \end{vmatrix}$$

さらに次数を下げることができ, 次のようになる.

$$\begin{vmatrix} -7 & 4 \\ 10 & -5 \end{vmatrix} = -5$$

(3) 第 3 行 $-2\times$ 第 2 行, 第 4 行 + 第 2 行, を行い,

$$\begin{vmatrix} 0 & 1 & -1 & 2 \\ 1 & -2 & 1 & 1 \\ 0 & 5 & -3 & 0 \\ 0 & -1 & -1 & 2 \end{vmatrix} = -\begin{vmatrix} 1 & -1 & 2 \\ 5 & -3 & 0 \\ -1 & -1 & 2 \end{vmatrix}$$

$$= 12$$

(4) 第 1 列に第 2 列から第 4 列までのすべてを加えると

$$\begin{vmatrix} 4 & 2 & 0 & 1 \\ 4 & 4 & 1 & -4 \\ 4 & 0 & 1 & 2 \\ 4 & 1 & 3 & 4 \end{vmatrix} = 4\begin{vmatrix} 1 & 2 & 0 & 1 \\ 1 & 4 & 1 & -4 \\ 1 & 0 & 1 & 2 \\ 1 & 1 & 3 & 4 \end{vmatrix}$$

第 2 行 − 第 1 行, 第 3 行 − 第 1 行, 第 4 行 − 第 1 行より

$$4\begin{vmatrix} 1 & 2 & 0 & 1 \\ 0 & 2 & 1 & -5 \\ 0 & -2 & 1 & 1 \\ 0 & -1 & 3 & 3 \end{vmatrix} = 4\begin{vmatrix} 2 & 1 & -5 \\ -2 & 1 & 1 \\ -1 & 3 & 3 \end{vmatrix}$$

$$= 120$$

■ 練習問題 2.3 (38 ページ)

1. (1) 第 3 列における展開式

$$-4\begin{vmatrix} 1 & 1 & 3 \\ 2 & a & 4 \\ 3 & -2 & 2 \end{vmatrix} + 5\begin{vmatrix} 1 & 1 & 3 \\ -1 & 3 & 2 \\ 3 & -2 & 2 \end{vmatrix} + 2\begin{vmatrix} 1 & 1 & 3 \\ -1 & 3 & 2 \\ 2 & a & 4 \end{vmatrix}$$

(2) $\begin{vmatrix} 1 & 1 & 0 \\ 2 & a & 5 \\ 3 & -2 & -2 \end{vmatrix} = -2a + 29 = 23$ より $a = 3$

(3) 27

2. (1) 第 3 列 − 第 1 列, 第 4 列 − 第 2 列の変形をすると

$$\begin{vmatrix} 1 & 4 & 0 & 0 \\ 2 & 1 & 1 & 4 \\ 6 & 2 & -3 & 5 \\ 3 & 0 & 6 & 5 \end{vmatrix}$$

第 1 行で展開すると

$$\begin{vmatrix} 1 & 1 & 4 \\ 2 & -3 & 5 \\ 0 & 6 & 5 \end{vmatrix} - 4 \begin{vmatrix} 2 & 1 & 4 \\ 6 & -3 & 5 \\ 3 & 6 & 5 \end{vmatrix} = -7 - 300$$
$$= -307$$

(2) 第 2 から第 5 列をすべて第 1 列に加えると

$$\begin{vmatrix} 10 & 1 & 2 & 3 & 4 \\ 10 & 0 & 1 & 2 & 3 \\ 10 & 4 & 0 & 1 & 2 \\ 10 & 3 & 4 & 0 & 1 \\ 10 & 2 & 3 & 4 & 0 \end{vmatrix} = 10 \begin{vmatrix} 1 & 1 & 2 & 3 & 4 \\ 1 & 0 & 1 & 2 & 3 \\ 1 & 4 & 0 & 1 & 2 \\ 1 & 3 & 4 & 0 & 1 \\ 1 & 2 & 3 & 4 & 0 \end{vmatrix}$$

第 2 から第 5 行をすべて第 1 行に加えると

$$10 \begin{vmatrix} 5 & 10 & 10 & 10 & 10 \\ 1 & 0 & 1 & 2 & 3 \\ 1 & 4 & 0 & 1 & 2 \\ 1 & 3 & 4 & 0 & 1 \\ 1 & 2 & 3 & 4 & 0 \end{vmatrix} = 50 \begin{vmatrix} 1 & 2 & 2 & 2 & 2 \\ 1 & 0 & 1 & 2 & 3 \\ 1 & 4 & 0 & 1 & 2 \\ 1 & 3 & 4 & 0 & 1 \\ 1 & 2 & 3 & 4 & 0 \end{vmatrix}$$

あとの変形は省略するが, 値は 1250 になる.

3. この行列式を $|A|$ とおき, 第 1 行における展開を考えると,

$$|A| = a \begin{vmatrix} d & 0 & 0 \\ y & e & f \\ w & g & h \end{vmatrix} - b \begin{vmatrix} c & 0 & 0 \\ x & e & f \\ z & g & h \end{vmatrix}$$

練習問題の解答と解説

$$= ad \begin{vmatrix} e & f \\ g & h \end{vmatrix} - bc \begin{vmatrix} e & f \\ g & h \end{vmatrix}$$

$$= (ad - bc) \begin{vmatrix} e & f \\ g & h \end{vmatrix}$$

$$= \begin{vmatrix} a & b \\ c & d \end{vmatrix} \cdot \begin{vmatrix} e & f \\ g & h \end{vmatrix}$$

4. (1) 転置しても値は変わらないから

$$\begin{vmatrix} 3 & 5 & 6 & 7 \\ 2 & 1 & 8 & 9 \\ 0 & 0 & 3 & 1 \\ 0 & 0 & 0 & 2 \end{vmatrix} = \begin{vmatrix} 3 & 5 \\ 2 & 1 \end{vmatrix} \cdot \begin{vmatrix} 3 & 1 \\ 0 & 2 \end{vmatrix}$$

$$= -7 \times 6$$

$$= -42$$

(2) 列の入れ替えを行って変形すると

$$\begin{vmatrix} 1 & 2 & 0 & 0 \\ 4 & 3 & 0 & 0 \\ 0 & 0 & 8 & 5 \\ 0 & 0 & 7 & 6 \end{vmatrix} = \begin{vmatrix} 1 & 2 \\ 4 & 3 \end{vmatrix} \cdot \begin{vmatrix} 8 & 5 \\ 7 & 6 \end{vmatrix}$$

$$= -65$$

5. (1) 行列の成分をしっかりとらえて, 行列の積をつくってみよう. まず $2n$ 次の正方行列をそれぞれ

$$\begin{pmatrix} I & O \\ -C & I \end{pmatrix} = \begin{pmatrix} 1 & & 0 & 0 & \cdots & 0 \\ & \ddots & & & \vdots & \vdots \\ 0 & & 1 & 0 & \cdots & 0 \\ -c_{11} & \cdots & -c_{1n} & 1 & & 0 \\ \vdots & & \vdots & & \ddots & \\ -c_{n1} & \cdots & -c_{nn} & 0 & & 1 \end{pmatrix}$$

148

$$\begin{pmatrix} I & B \\ C & D \end{pmatrix} = \begin{pmatrix} 1 & & 0 & b_{11} & \cdots & b_{1n} \\ & \ddots & & \vdots & & \vdots \\ 0 & & 1 & b_{n1} & \cdots & b_{nn} \\ c_{11} & \cdots & c_{1n} & d_{11} & \cdots & d_{1n} \\ \vdots & & \vdots & \vdots & & \vdots \\ c_{n1} & \cdots & c_{nn} & d_{n1} & \cdots & d_{nn} \end{pmatrix}$$

として，その積を

$$\begin{pmatrix} p_{11} & \cdots & p_{1n} & q_{11} & \cdots & q_{1n} \\ \vdots & & \vdots & \vdots & & \vdots \\ p_{n1} & \cdots & p_{nn} & q_{n1} & \cdots & q_{nn} \\ r_{11} & \cdots & r_{1n} & s_{11} & \cdots & s_{1n} \\ \vdots & & \vdots & \vdots & & \vdots \\ r_{n1} & \cdots & r_{nn} & s_{n1} & \cdots & s_{nn} \end{pmatrix}$$

とおけば

$$\begin{pmatrix} p_{11} & \cdots & p_{1n} \\ \vdots & & \vdots \\ p_{n1} & \cdots & p_{nn} \end{pmatrix} = \begin{pmatrix} 1 & & 0 \\ & \ddots & \\ 0 & & 1 \end{pmatrix} = I$$

$$\begin{pmatrix} q_{11} & \cdots & q_{1n} \\ \vdots & & \vdots \\ q_{n1} & \cdots & q_{nn} \end{pmatrix} = \begin{pmatrix} b_{11} & \cdots & b_{1n} \\ \vdots & & \vdots \\ b_{n1} & \cdots & b_{nn} \end{pmatrix} = B$$

$$\begin{pmatrix} r_{11} & \cdots & r_{1n} \\ \vdots & & \vdots \\ r_{n1} & \cdots & r_{nn} \end{pmatrix} = \begin{pmatrix} 0 & \cdots & 0 \\ \vdots & & \vdots \\ 0 & \cdots & 0 \end{pmatrix} = O$$

$$\begin{pmatrix} s_{11} & \cdots & s_{1n} \\ \vdots & & \vdots \\ s_{n1} & \cdots & s_{nn} \end{pmatrix} = -CB + D$$

となることがわかるので

$$\begin{pmatrix} I & O \\ -C & I \end{pmatrix} \begin{pmatrix} I & B \\ C & D \end{pmatrix} = \begin{pmatrix} I & B \\ O & D - CB \end{pmatrix}$$

(2) 両辺の行列式を考えると,$|I| = 1$ だから

$$\text{左辺} = \begin{vmatrix} I & O \\ -C & I \end{vmatrix} \begin{vmatrix} I & B \\ C & D \end{vmatrix}$$

$$= \begin{vmatrix} I & B \\ C & D \end{vmatrix}$$

$$\text{右辺} = \begin{vmatrix} I & B \\ O & D - CB \end{vmatrix}$$

$$= |I||D - CB|$$

$$= |D - CB|$$

(3) 逆行列については次節で述べるので,ここの設問は後で考えてよい.

先に述べたように,一般には

$$\begin{vmatrix} A & B \\ C & D \end{vmatrix} = |AD - CB|$$

は成り立たないが,この問のように条件(A は正則,A と C は可換)があれば,その等式が成り立つというのである.

まず

$$\begin{pmatrix} I & O \\ -CA^{-1} & I \end{pmatrix} \begin{pmatrix} A & B \\ C & D \end{pmatrix} = \begin{pmatrix} A & B \\ O & D - CA^{-1}B \end{pmatrix}$$

となるので $X = -CA^{-1}$ である.そしてこのとき

$$\begin{vmatrix} A & B \\ C & D \end{vmatrix} = |A||D - CA^{-1}B|$$

$$= |AD - ACA^{-1}B|$$

$$= |AD - CB|$$

■ 練習問題 **2.4**(42 ページ)

1. (1) 第 2 列から第 1 列を,第 3 列から第 1 列を引くと

$$\begin{vmatrix} 1 & 1 & 1 \\ 1 & a & a^2 \\ 1 & a^3 & a^4 \end{vmatrix} = \begin{vmatrix} 1 & 0 & 0 \\ 1 & a-1 & a^2-1 \\ 1 & a^3-1 & a^4-1 \end{vmatrix}$$

共通因数をくくり出して,次数を下げると

$$(a-1)^2 \begin{vmatrix} 1 & a+1 \\ a^2+a+1 & a^3+a^2+a+1 \end{vmatrix}$$

第 2 行から第 1 行を引くと

$$(a-1)^2 \begin{vmatrix} 1 & a+1 \\ a^2+a & a^3+a^2 \end{vmatrix} = (a-1)^2 \begin{vmatrix} 1 & a+1 \\ a(a+1) & a^2(a+1) \end{vmatrix}$$

さらに共通因数をくくり出して

$$a(a+1)(a-1)^2 \begin{vmatrix} 1 & a+1 \\ 1 & a \end{vmatrix} = -a(a+1)(a-1)^2$$

(2) 第 1 行に第 2 行を,第 2 行に第 3 行を加えると

$$\begin{vmatrix} a+b+c & -c & -b \\ -c & a+b+c & -a \\ -b & -a & a+b+c \end{vmatrix} = \begin{vmatrix} a+b & a+b & -a-b \\ -b-c & b+c & b+c \\ -b & -a & a+b+c \end{vmatrix}$$

共通因数をくくり出して

$$(a+b)(b+c) \begin{vmatrix} 1 & 1 & -1 \\ -1 & 1 & 1 \\ -b & -a & a+b+c \end{vmatrix}$$

第 1 列を第 3 列に加えて

$$(a+b)(b+c) \begin{vmatrix} 1 & 1 & 0 \\ -1 & 1 & 0 \\ -b & -a & a+c \end{vmatrix} = (a+b)(b+c)(c+a) \begin{vmatrix} 1 & 1 \\ -1 & 1 \end{vmatrix}$$

$$\therefore 2(a+b)(b+c)(c+a)$$

(3) まず第 1 列に第 2, 第 3, 第 4 列を加えると

$$\begin{vmatrix} x+6 & 1 & 2 & 3 \\ x+6 & x & 2 & 3 \\ x+6 & 2 & x & 3 \\ x+6 & 2 & 3 & x \end{vmatrix} = (x+6) \begin{vmatrix} 1 & 1 & 2 & 3 \\ 1 & x & 2 & 3 \\ 1 & 2 & x & 3 \\ 1 & 2 & 3 & x \end{vmatrix}$$

第 1 行から第 2 行を,第 2 行から第 3 行を,第 3 行から第 4 行を引くと

$$(x+6) \begin{vmatrix} 0 & 1-x & 0 & 0 \\ 0 & x-2 & 2-x & 0 \\ 0 & 0 & x-3 & 3-x \\ 1 & 2 & 3 & x \end{vmatrix}$$

共通因数をくくり出して $(x+6)(x-1)(x-2)(x-3)$ という結果を得る. または

$$f(x) = \begin{vmatrix} 1 & 1 & 2 & 3 \\ 1 & x & 2 & 3 \\ 1 & 2 & x & 3 \\ 1 & 2 & 3 & x \end{vmatrix}$$

とおくとき, $f(1) = 0, f(2) = 0, f(3) = 0$ だから

$$f(x) = k(x-1)(x-2)(x-3)$$

として, 係数 k を決める方法も考えられる.

(4) これも第 1 行から第 2 行を, 第 2 行から第 3 行を, 第 3 行から第 4 行を引くと, 上の問と同じようなことになり, $(x-a)(x-b)(x-c)$ という結果を得る.

(5) まず 2 倍角の公式より

$$\begin{vmatrix} \sin x & \sin^2 x & \cos 2x \\ \sin y & \sin^2 y & \cos 2y \\ \sin z & \sin^2 z & \cos 2z \end{vmatrix} = \begin{vmatrix} \sin x & \sin^2 x & 1-2\sin^2 x \\ \sin y & \sin^2 y & 1-2\sin^2 y \\ \sin z & \sin^2 z & 1-2\sin^2 z \end{vmatrix}$$

第 3 列に第 2 列の 2 倍を加え, その後, 第 1 行から第 2 行を, 第 2 行から第 3 行を引くと

$$\begin{vmatrix} \sin x & \sin^2 x & 1 \\ \sin y & \sin^2 y & 1 \\ \sin z & \sin^2 z & 1 \end{vmatrix} = \begin{vmatrix} \sin x - \sin y & \sin^2 x - \sin^2 y & 0 \\ \sin y - \sin z & \sin^2 y - \sin^2 z & 0 \\ \sin z & \sin^2 z & 1 \end{vmatrix}$$

共通因数をくくり出し, 行列式の次数を下げると

$$(\sin x - \sin y)(\sin y - \sin z) \begin{vmatrix} 1 & \sin x + \sin y \\ 1 & \sin y + \sin z \end{vmatrix}$$

となり, ここから $(\sin x - \sin y)(\sin y - \sin z)(\sin z - \sin x)$ という結果を得る.

(6) 第 2 行 − 第 1 行, 第 3 行 − 第 1 行より

$$\begin{vmatrix} 1 & a & a^2 \\ 0 & b-a & b^2-a^2 \\ 0 & c-a & c^2-a^2 \end{vmatrix} = \begin{vmatrix} b-a & (b-a)(b+a) \\ c-a & (c-a)(c+a) \end{vmatrix}$$

共通因数をくくり出して

$$(b-a)(c-a) \begin{vmatrix} 1 & b+a \\ 1 & c+a \end{vmatrix} = (a-b)(b-c)(c-a)$$

実は, この問題の行列式は一般にヴァンデルモンドの行列式（Vandermonde's

determinant) と呼ばれているものであり，4 次の場合は次のようになる．

$$\begin{vmatrix} 1 & a & a^2 & a^3 \\ 1 & b & b^2 & b^3 \\ 1 & c & c^2 & c^3 \\ 1 & d & d^2 & d^3 \end{vmatrix} = (a-b)(a-c)(a-d)(b-c)(b-d)(c-d)$$

(7) 第 3 列から a をくくり出し，その後，第 1 列 − 第 3 列，第 2 列 − 第 3 列，第 4 列 − 第 3 列をすると

$$a \begin{vmatrix} a & 1 & 1 & 1 \\ 1 & a & 1 & 1 \\ 1 & 1 & 1 & 1 \\ 1 & 1 & 0 & 1 \end{vmatrix} = a \begin{vmatrix} a-1 & 0 & 1 & 0 \\ 0 & a-1 & 1 & 0 \\ 0 & 0 & 1 & 0 \\ 1 & 1 & 0 & 1 \end{vmatrix}$$

第 4 列で展開すると

$$a \begin{vmatrix} a-1 & 0 & 1 \\ 0 & a-1 & 1 \\ 0 & 0 & 1 \end{vmatrix} = a(a-1)^2$$

(8) まず第 1 列に第 2, 第 3 列を加えると

$$\begin{vmatrix} 3(x+y+z) & 2y & x+y+3z \\ 3(x+y+z) & x+3y+z & 2z \\ 3(x+y+z) & 2y & 2z \end{vmatrix}$$

共通因数をくくり出し

$$3(x+y+z) \begin{vmatrix} 1 & 2y & x+y+3z \\ 1 & x+3y+z & 2z \\ 1 & 2y & 2z \end{vmatrix}$$

第 1 行から第 3 行を，第 2 行から第 3 行を引くと

$$3(x+y+z) \begin{vmatrix} 0 & 0 & x+y+z \\ 0 & x+y+z & 0 \\ 1 & 2y & 2z \end{vmatrix} = -3(x+y+z)^3$$

2. この行列式を因数分解すると $x^2(2-x)(2+x)$ なので

$$x = 0 \,(2\,\text{重解}), \quad \pm 2$$

3. まず次数を下げて，そこに 3 次の交代行列式があることがわかれば

$$\begin{vmatrix} 0 & a & -1 & 1 \\ -a & 0 & 1 & -1 \\ 1 & -1 & 0 & 1 \\ 0 & 0 & 0 & a \end{vmatrix} = a \begin{vmatrix} 0 & a & -1 \\ -a & 0 & 1 \\ 1 & -1 & 0 \end{vmatrix} = 0$$

■ 練習問題 **2.5** （46 ページ）

1. 掃き出し法による途中の計算過程は省略する．例を参考にやってみよう．

(1) $x = 5, \quad y = -2, \quad z = 3$

(2) $x = 1, \quad y = 2, \quad z = -1$

(3) $x = 2t + 1, \quad y = -2t + 2, \quad z = -t, \quad w = t$ （t は任意）

2. まず係数行列式は

$$\begin{vmatrix} 2 & 1 & 1 \\ -1 & a & -1 \\ 1 & 2 & -1 \end{vmatrix} = -3a \quad (a \neq 0)$$

クラメルの公式から

$$x = \frac{1}{-3a} \begin{vmatrix} 0 & 1 & 1 \\ 0 & a & -1 \\ 3 & 2 & -1 \end{vmatrix} = \frac{a+1}{a} = 2$$

だから $a = 1$ である．このとき他の解 y, z は

$$y = \frac{1}{-3} \begin{vmatrix} 2 & 0 & 1 \\ -1 & 0 & -1 \\ 1 & 3 & -1 \end{vmatrix} = \frac{3}{-3} = -1, \quad z = \frac{1}{-3} \begin{vmatrix} 2 & 1 & 0 \\ -1 & 1 & 0 \\ 1 & 2 & 3 \end{vmatrix} = \frac{9}{-3} = -3$$

■ 練習問題 **2.6** （49 ページ）

1. 係数行列式 $\begin{vmatrix} a & 2 \\ 3 & 4 \end{vmatrix} \neq 0$ より $a \neq \frac{3}{2}$

2. $x = y = z = \dfrac{1}{a+2}$

3. (1) 掃き出し法を用いるとよい．関係式 $x + z = 2, y + z = 1$ で答えるか，または次のように解答する．

$$x = 2 - k, \quad y = 1 - k, \quad z = k \quad (k \text{ は任意})$$

(2) まず係数行列式を計算すると

$$\begin{vmatrix} a & 1 & 1 \\ 3 & -1 & 4 \\ 1 & -2 & 3 \end{vmatrix} = 5(a-2)$$

である．$a = 2$ のとき，掃き出し法により解を求めようとすると

$$\begin{array}{ccc|c} 1 & -2 & 3 & 1 \\ 0 & 5 & -5 & 0 \\ 0 & 5 & -5 & -2 \end{array}$$

という形になってしまい，この場合は解なしである．$a \neq 2$ のとき解は一意に定まる．それをクラメルの公式などで求めると

$$x = \frac{2}{a-2}, \quad y = -\frac{a+8}{5(a-2)}, \quad z = \frac{a-12}{5(a-2)}$$

4. まず $(2-k)x + y = 0, 2x + (3-k) = 0$ と直して，例 2.16 を当てはめると，

$$\begin{vmatrix} 2-k & 1 \\ 2 & 3-k \end{vmatrix} = 0 \quad \text{より} \quad k = 1 \text{ または } 4$$

5. (1) $\begin{vmatrix} a & -1 & 3 \\ 1 & 1 & a \\ 1 & -a & 1 \end{vmatrix} = (a+1)^2(a-2) = 0$ より $a = -1, 2$ である．

(2) $a = 0$ または $a = 1$ である．

第 3 章

■ 練習問題 3.1 （54 ページ）

1. 逆行列があるかどうかはその行列が正則かどうかということであり，それは行列式の値が 0 になるかならないかで決まることを述べたうえ，それぞれの行列式を計算すると，$|M_1| = -1, |M_2| = 0, |M_3| = 0$ であるから，行列 M_1 に対してのみ逆行列が存在すると答えよう．それは

$$M_1^{-1} = -\begin{pmatrix} 0 & -1 \\ -1 & 0 \end{pmatrix} = \begin{pmatrix} 0 & 1 \\ 1 & 0 \end{pmatrix}$$

となる．

2. まず $|A|=1\neq 0$ だから,その逆行列があり,$A^{-1}=\begin{pmatrix} 7 & -4 \\ -5 & 3 \end{pmatrix}$ である.これをかけることで

$$X=A^{-1}B=\begin{pmatrix} 9 & -2 \\ -5 & 1 \end{pmatrix},\quad Y=BA^{-1}=\begin{pmatrix} 59 & -34 \\ 85 & -49 \end{pmatrix}$$

3. $A+B=\begin{pmatrix} 4 & 2 \\ 2 & 3 \end{pmatrix},\ A-B=\begin{pmatrix} 2 & 0 \\ 0 & 1 \end{pmatrix}$ だから,

$$C=\frac{1}{8}\begin{pmatrix} 3 & -2 \\ -2 & 4 \end{pmatrix}+\frac{1}{2}\begin{pmatrix} 1 & 0 \\ 0 & 2 \end{pmatrix}=\frac{1}{8}\begin{pmatrix} 7 & -2 \\ -2 & 12 \end{pmatrix}$$

4. $X=\begin{pmatrix} -2 & 1 \\ 5 & -2 \end{pmatrix},\quad X^{-1}=\begin{pmatrix} 2 & 1 \\ 5 & 2 \end{pmatrix}$

5. まず

$$|A|=\frac{1}{3!\,4!\,5!}\begin{vmatrix} 6 & 3 & 2 \\ 12 & 8 & 6 \\ 40 & 30 & 24 \end{vmatrix}=\frac{2^3}{3!\,4!\,5!}$$

である.次に余因子を計算するとき,対称性を利用して計算量を節約しよう.

$$D_{11}=\begin{vmatrix} \frac{1}{3} & \frac{1}{4} \\ \frac{1}{4} & \frac{1}{5} \end{vmatrix}=\frac{1}{240},\quad D_{12}=-\begin{vmatrix} \frac{1}{2} & \frac{1}{4} \\ \frac{1}{3} & \frac{1}{5} \end{vmatrix}=-\frac{1}{60},\quad D_{13}=\begin{vmatrix} \frac{1}{2} & \frac{1}{3} \\ \frac{1}{3} & \frac{1}{4} \end{vmatrix}=\frac{1}{72}$$

$$D_{21}=D_{12}=-\frac{1}{60},\quad D_{22}=\begin{vmatrix} 1 & \frac{1}{3} \\ \frac{1}{3} & \frac{1}{5} \end{vmatrix}=\frac{4}{45},\quad D_{23}=-\begin{vmatrix} 1 & \frac{1}{2} \\ \frac{1}{3} & \frac{1}{4} \end{vmatrix}=-\frac{1}{12}$$

$$D_{31}=D_{13}=\frac{1}{72},\quad D_{32}=D_{23}=-\frac{1}{12},\quad D_{33}=\begin{vmatrix} 1 & \frac{1}{2} \\ \frac{1}{2} & \frac{1}{3} \end{vmatrix}=\frac{1}{12}$$

$$\therefore A^{-1}=\frac{3!\,4!\,5!}{2^3}\begin{pmatrix} \frac{1}{240} & -\frac{1}{60} & \frac{1}{72} \\ -\frac{1}{60} & \frac{4}{45} & -\frac{1}{12} \\ \frac{1}{72} & -\frac{1}{12} & \frac{1}{12} \end{pmatrix}=\begin{pmatrix} 9 & -36 & 30 \\ -36 & 192 & -180 \\ 30 & -180 & 180 \end{pmatrix}$$

6. (1) $|A| = 12, \quad |B| = 56$

(2) まず $|A| \neq 0$ だから A の逆行列 A^{-1} が存在し，4次正方行列 X は $X = A^{-1}B$ として得られる．したがって

$$|X| = |A^{-1}B| = |A^{-1}| \cdot |B| = \frac{1}{|A|}|B| = \frac{56}{12} = \frac{14}{3}$$

7. 4点の座標を代入した式を行列を使って表すと

$$\begin{pmatrix} u_1{}^3 & u_1{}^2 & u_1 & 1 \\ u_2{}^3 & u_2{}^2 & u_2 & 1 \\ u_3{}^3 & u_3{}^2 & u_3 & 1 \\ u_4{}^3 & u_4{}^2 & u_4 & 1 \end{pmatrix} \begin{pmatrix} A \\ B \\ C \\ D \end{pmatrix} = \begin{pmatrix} v_1 \\ v_2 \\ v_3 \\ v_4 \end{pmatrix}$$

ここにある行列を M とおくとき，M が正則ならばその逆行列 M^{-1} が存在し，それを両辺に左からかけることにより，A, B, C, D を定めることができる．そこで，行列式を計算すると（これはヴァンデルモンドの行列式である）

$$|M| = \begin{vmatrix} u_1{}^3 & u_1{}^2 & u_1 & 1 \\ u_2{}^3 - u_1{}^3 & u_2{}^2 - u_1{}^2 & u_2 - u_1 & 0 \\ u_3{}^3 - u_1{}^3 & u_3{}^2 - u_1{}^2 & u_3 - u_1 & 0 \\ u_4{}^3 - u_1{}^3 & u_4{}^2 - u_1{}^2 & u_4 - u_1 & 0 \end{vmatrix}$$

共通因数をくくり出して次数を下げると

$$|M| = -(u_2 - u_1)(u_3 - u_1)(u_4 - u_1) \begin{vmatrix} u_2{}^2 + u_1 u_2 + u_1{}^2 & u_2 + u_1 & 1 \\ u_3{}^2 + u_1 u_3 + u_1{}^2 & u_3 + u_1 & 1 \\ u_4{}^2 + u_1 u_4 + u_1{}^2 & u_4 + u_1 & 1 \end{vmatrix}$$

さらに，第2行と第3行からそれぞれ第1行を引き，共通因数をくくり出して次数を下げると

$$|M| = (u_2 - u_1)(u_3 - u_1)(u_4 - u_1)(u_3 - u_2)(u_4 - u_2)(u_4 - u_3)$$

となる．ここで，x 座標が互いに相異なることより，この値は 0 でない．したがって M は正則である．

8. それぞれの行列を A とおいて

(1) $|A| = (ad - bc)e$ だから A が正則であるための必要十分条件は「$ad \neq bc$ かつ $e \neq 0$」である．逆行列は，余因子を計算することで次のように得られる．

$$A^{-1} = \frac{1}{(ad - bc)e} \begin{pmatrix} de & -be & 0 \\ -ce & ae & 0 \\ 0 & 0 & ad - bc \end{pmatrix}$$

(2) $|A| = (a-2b)(25-c)$ だから A が正則であるための必要十分条件は「$a \neq 2b$ かつ $c \neq 25$」である．逆行列は，余因子を計算することで次のように得られる．

$$A^{-1} = \frac{1}{(a-2b)(25-c)} \begin{pmatrix} 25-c & -2(25-c) & 0 \\ -5(b-3) & 5(a-6) & -(a-2b) \\ bc-75 & -(ac-150) & 5(a-2b) \end{pmatrix}$$

9. 一般に行列を成分とする行列 $Q = \begin{pmatrix} Q_{11} & Q_{12} \\ Q_{21} & Q_{22} \end{pmatrix}, R = \begin{pmatrix} R_{11} & R_{12} \\ R_{21} & R_{22} \end{pmatrix}$ があるとき（Q_{ij}, R_{ij} は行列）

$$QR = \begin{pmatrix} Q_{11}R_{11} + Q_{12}R_{21} & Q_{11}R_{12} + Q_{12}R_{22} \\ Q_{21}R_{11} + Q_{22}R_{21} & Q_{21}R_{12} + Q_{22}R_{22} \end{pmatrix}$$

が成り立つ．ただし積が可能である（列数と行数が一致すること）とする．

P が正則ならば逆行列があるので，それを $P^{-1} = \begin{pmatrix} P_{11} & P_{12} \\ P_{21} & P_{22} \end{pmatrix}$ とおけば，

$$P^{-1}P = \begin{pmatrix} P_{11}A & P_{11}B + P_{12}C \\ P_{21}A & P_{21}B + P_{22}C \end{pmatrix} = \begin{pmatrix} E & O \\ O & E \end{pmatrix}$$

$$PP^{-1} = \begin{pmatrix} AP_{11} + BP_{21} & AP_{12} + BP_{22} \\ CP_{21} & CP_{22} \end{pmatrix} = \begin{pmatrix} E & O \\ O & E \end{pmatrix}$$

だから

$$P_{11} = A^{-1}, \quad P_{12} = -A^{-1}BC^{-1}, \quad P_{21} = O, \quad P_{22} = C^{-1}$$

である．ここから C^{-1} の存在が示され，C は正則であり，

$$P^{-1} = \begin{pmatrix} A^{-1} & -A^{-1}BC^{-1} \\ O & C^{-1} \end{pmatrix}$$

10. $B = A^2 + A + I$ とおくと，$AB = I + A^2 + A = B$ だから，もし B^{-1} が存在するなら，$ABB^{-1} = A = I$ となり，$A \neq I$ に矛盾する．したがって B の逆行列はない．

■ 練習問題 3.2 （60 ページ）

1. (1) （左）2 行 n 列の行列に対して，その第 1 行と第 2 行を入れ替える．
   （右）n 行 2 列の行列に対して，その第 1 列と第 2 列を入れ替える．

   (2) （左）2 行 n 列の行列に対して，その第 1 行と第 2 行を入れ替えたのち，第 1 行を第 2 行に加える．
   （右）n 行 2 列の行列に対して，その第 1 列と第 2 列を入れ替えたのち，第 1 列

を第 2 列に加える.

(3) (左) 2 行 n 列の行列に対して, その第 2 行を a 倍したものを第 1 行に加える.
(右) n 行 2 列の行列に対して, その第 1 列を a 倍したものを第 2 列に加える.

(4) (左) 3 行 n 列の行列に対して, その第 3 行を a 倍する.
(右) n 行 3 列の行列に対して, その第 3 列を a 倍する.

(5) (左) 3 行 n 列の行列に対して, その第 2 行から第 1 行をひく.
(右) n 行 3 列の行列に対して, その第 1 列から第 2 列をひく.

(6) (左) 4 行 n 列の行列に対して, その第 2 行と第 4 行を入れ替える.
(右) n 行 4 列の行列に対して, その第 2 列と第 4 列を入れ替える.

2. (1) 基本変形を, それを表す行列で示すにとどめるが, 具体的にどういう操作なのかを言葉で説明しながら変形するのがよいだろう. まず行に関する基本変形としては次の行列を順に左からかける.

$$P_1 = \begin{pmatrix} 1 & 0 & 0 \\ -2 & 1 & 0 \\ 0 & 0 & 1 \end{pmatrix}, \quad P_2 = \begin{pmatrix} 1 & 0 & 0 \\ 0 & 1 & 0 \\ 1 & 0 & 1 \end{pmatrix}$$

$$P_3 = \begin{pmatrix} 1 & -3 & 0 \\ 0 & 1 & 0 \\ 0 & 0 & 1 \end{pmatrix}, \quad P_4 = \begin{pmatrix} 1 & 0 & 0 \\ 0 & 1 & 0 \\ 0 & -1 & 1 \end{pmatrix}$$

また, 列に関する基本変形として次の行列を順に右からかける.

$$Q_1 = \begin{pmatrix} 1 & 0 & 0 & 0 \\ 0 & 0 & 0 & 1 \\ 0 & 0 & 1 & 0 \\ 0 & 1 & 0 & 0 \end{pmatrix}, \quad Q_2 = \begin{pmatrix} 1 & 0 & 0 & 0 \\ 0 & 1 & 2 & 0 \\ 0 & 0 & 1 & 0 \\ 0 & 0 & 0 & 1 \end{pmatrix}$$

$$Q_3 = \begin{pmatrix} 1 & 0 & -5 & 0 \\ 0 & 1 & 0 & 0 \\ 0 & 0 & 1 & 0 \\ 0 & 0 & 0 & 1 \end{pmatrix}, \quad Q_4 = \begin{pmatrix} 1 & 0 & 0 & -2 \\ 0 & 1 & 0 & 0 \\ 0 & 0 & 1 & 0 \\ 0 & 0 & 0 & 1 \end{pmatrix}$$

(2) 以上の行列の積をとればよい. 個々の基本変形を表す行列は正則なので, P, Q も正則である.

$$P = P_4 P_3 P_2 P_1 = \begin{pmatrix} 7 & -3 & 0 \\ -2 & 1 & 0 \\ 3 & -1 & 1 \end{pmatrix}$$

$$Q = Q_1 Q_2 Q_3 Q_4 = \begin{pmatrix} 1 & 0 & -5 & -2 \\ 0 & 0 & 0 & 1 \\ 0 & 0 & 1 & 0 \\ 0 & 1 & 2 & 0 \end{pmatrix}$$

3. (1) 次のように, AP は第 2 列と第 3 列が入れ替わったものに, PA は第 2 行と第 3 行が入れ替わったものになる.

$$AP = \begin{pmatrix} a_{11} & a_{13} & a_{12} \\ a_{21} & a_{23} & a_{22} \\ a_{31} & a_{33} & a_{32} \end{pmatrix}, \quad PA = \begin{pmatrix} a_{11} & a_{12} & a_{13} \\ a_{31} & a_{32} & a_{33} \\ a_{21} & a_{22} & a_{23} \end{pmatrix}$$

(2) $Q = \begin{pmatrix} 2 & 0 & 0 \\ 0 & 1 & 0 \\ 0 & 0 & 5 \end{pmatrix}$. もしほかに Q' があって $AQ' = AQ$ ならば, Q は正則でありまた A は任意であるので, 両辺の右から Q^{-1} をかけることで $Q'Q^{-1} = E$ となり $Q' = Q$ である.

4. 実際の問題には, 余因子を使うか, または掃き出し法を使うかの指定はないので, 求め方は自由であるが, どちらにしても途中経過を明瞭に示すことが大切である. ここでは, その途中経過を省略し, 結果だけを示す.

(1) $\dfrac{1}{10} \begin{pmatrix} 4 & 2 & -2 \\ -12 & 4 & 6 \\ 3 & -1 & 1 \end{pmatrix}$

(2) $\begin{pmatrix} -1 & 0 & 2 \\ 1 & -1 & 0 \\ 0 & 1 & -1 \end{pmatrix}$

(3) $\begin{pmatrix} 4 & -6 & 4 & -1 \\ -6 & 14 & -11 & 3 \\ 4 & -11 & 10 & -3 \\ -1 & 3 & -3 & 1 \end{pmatrix}$

■ 練習問題 3.3 (65 ページ)

1. 実際に計算すると $A^2 = cA, A^3 = c^2 A$ がわかるので $A^n = c^{n-1}A$ と予想できる. この予想が正しいことを数学的帰納法で証明しよう. まず $n = 1$ のとき右辺は $c^0 A = A$ となって予想式は成り立つ. 次に $n = k$ のとき $A^k = c^{k-1}A$ が成り立つとすれば, $n = k + 1$ に対して

$$A^{k+1} = A^k \cdot A = c^{k-1}AA = c^{k-1}cA = c^k A$$

と成り立つ. ゆえに予想式はすべての自然数 n に対して正しい.

2. (1) まず自然数 n に対して, 例 3.9 と同じなので省略する. $n = 0$ に対しては $T^0 = E$ と考える. また,
$$T^{-1} = \begin{pmatrix} 1 & -1 \\ 0 & 1 \end{pmatrix}$$
だから, $T^{-n} = (T^{-1})^n$ と考えることにすると, 任意の整数 n に対して等式 $T^n = \begin{pmatrix} 1 & n \\ 0 & 1 \end{pmatrix}$ が成り立つ.

(2) $AT^n = \begin{pmatrix} -3 & -3n+7 \\ -4 & -4n+9 \end{pmatrix}$ だから
$$a_1 = -3, \quad b_1 = -3n+7, \quad c_1 = -4, \quad d_1 = -4n+9$$
$0 < d_1 < |c_1|$ より $n = 2$ がわかる.

(3) $AT^2 ST^m = \begin{pmatrix} 1 & m+3 \\ 1 & m+4 \end{pmatrix}$ であり, $d_2 = 0$ より $m = -4$ となる.

(4) $AT^2 ST^{-4} = \begin{pmatrix} 1 & -1 \\ 1 & 0 \end{pmatrix} = TS$ であるから $A = TST^4 S^{-1} T^{-2}$

3. (1) $P^{-1}AP = \begin{pmatrix} \alpha+\beta & 0 \\ 0 & \alpha-\beta \end{pmatrix}$

(2) $A = P \begin{pmatrix} \alpha+\beta & 0 \\ 0 & \alpha-\beta \end{pmatrix} P^{-1}$ だから
$$A^n = P \begin{pmatrix} (\alpha+\beta)^n & 0 \\ 0 & (\alpha-\beta)^n \end{pmatrix} P^{-1}$$
$$= \frac{1}{2} \begin{pmatrix} (\alpha+\beta)^n + (\alpha-\beta)^n & (\alpha+\beta)^n - (\alpha-\beta)^n \\ (\alpha+\beta)^n - (\alpha-\beta)^n & (\alpha+\beta)^n + (\alpha-\beta)^n \end{pmatrix}$$

(3) まず, 行列の積を用いて
$$\begin{pmatrix} a_{n+1} \\ b_{n+1} \end{pmatrix} = \begin{pmatrix} \frac{2}{3} & \frac{1}{3} \\ \frac{1}{3} & \frac{2}{3} \end{pmatrix}^n \begin{pmatrix} 1 \\ 0 \end{pmatrix}$$
と表すことができ, ここで $\alpha = \frac{2}{3}, \beta = \frac{1}{3}$ とすれば, $\alpha + \beta = 1, \alpha - \beta = \frac{1}{3}$ だ

から

$$\begin{pmatrix} a_{n+1} \\ b_{n+1} \end{pmatrix} = \frac{1}{2} \begin{pmatrix} 1+\frac{1}{3^n} & 1-\frac{1}{3^n} \\ 1-\frac{1}{3^n} & 1+\frac{1}{3^n} \end{pmatrix} \begin{pmatrix} 1 \\ 0 \end{pmatrix}$$

$$= \frac{1}{2} \begin{pmatrix} 1+\frac{1}{3^n} \\ 1-\frac{1}{3^n} \end{pmatrix}$$

$$\therefore a_n = \frac{1}{2}\left(1+\frac{1}{3^{n-1}}\right), \quad b_n = \frac{1}{2}\left(1-\frac{1}{3^{n-1}}\right)$$

4. (1) 実際に積をとれば

$$P^2 = \begin{pmatrix} 0 & 0 & 1 \\ 0 & 0 & 0 \\ 0 & 0 & 0 \end{pmatrix}, \quad P^n = \begin{pmatrix} 0 & 0 & 0 \\ 0 & 0 & 0 \\ 0 & 0 & 0 \end{pmatrix} = O \quad (n \geq 3)$$

である.

(2) $A = \alpha I + \beta P, \quad A^2 = \alpha^2 I + 2\alpha\beta P + \beta^2 P^2$

(3) $A^n = \alpha^n I + n\alpha^{n-1}\beta P + \frac{n(n-1)}{2}\alpha^{n-2}\beta^2 P^2$

$$\therefore A^n = \begin{pmatrix} \alpha^n & n\alpha^{n-1}\beta & \frac{n(n-1)}{2}\alpha^{n-2}\beta^2 \\ 0 & \alpha^n & n\alpha^{n-1}\beta \\ 0 & 0 & \alpha^n \end{pmatrix}$$

(4) 上の結果を使うと,

$$\begin{aligned}
\exp A &= I + (\alpha I + \beta P) \\
&\quad + \frac{1}{2!}(\alpha^2 I + 2\alpha\beta P + \beta^2 P^2) \\
&\quad + \frac{1}{3!}(\alpha^3 I + 3\alpha^2 \beta P + 3\alpha\beta^2 P^2) + \cdots \\
&= \left(1 + \alpha + \frac{1}{2!}\alpha^2 + \frac{1}{3!}\alpha^3 + \cdots\right) I \\
&\quad + \beta\left(1 + \alpha + \frac{1}{2!}\alpha^2 + \cdots\right) P \\
&\quad + \frac{\beta^2}{2}\left(1 + \alpha + \frac{1}{2!}\alpha^2 + \cdots\right) P^2
\end{aligned}$$

$$= e^{\alpha}I + \beta e^{\alpha}P + \frac{\beta^2}{2}e^{\alpha}P^2$$

$$= e^{\alpha}\begin{pmatrix} 1 & \beta & \frac{\beta^2}{2} \\ 0 & 1 & \beta \\ 0 & 0 & 1 \end{pmatrix}$$

(5) $-A = -\alpha I - \beta P$ を上の結果にあてはめると,

$$\exp(-A) = e^{-\alpha}\begin{pmatrix} 1 & -\beta & \frac{\beta^2}{2} \\ 0 & 1 & -\beta \\ 0 & 0 & 1 \end{pmatrix}$$

である.そして $\exp A \cdot \exp(-A) = E$ となることがわかるので, $\exp(-A) = (\exp A)^{-1}$ となる.

5. まず $\mathrm{tr}\,A = 4, \det A = 5$ だから,固有多項式は $f(x) = x^2 - 4x + 5$ である.したがって,ハミルトン・ケーリーの定理より $A^2 - 4A + 5I = O$ となる.問題はこの等式を導くことでなく,それを用いて A^5, A^{-1} を求めよということである.まず, x^5 を $x^2 - 4x + 5$ で割ると,商は $x^3 + 4x^2 + 11x + 24$,余りは $41x - 120$ となるので,

$$x^5 = (x^2 - 4x + 5)(x^3 + 4x^2 + 11x + 24) + 41x - 120$$

$$A^5 = 41A - 120I = \begin{pmatrix} -79 & 82 \\ -41 & 3 \end{pmatrix}$$

次に, $A^2 - 4A + 5I = O$ の両辺に A^{-1} をかけると $A - 4I + 5A^{-1} = O$ だから

$$A^{-1} = \frac{1}{5}(4I - A) = \frac{1}{5}\begin{pmatrix} 3 & -2 \\ 1 & 1 \end{pmatrix}$$

6. まず $\mathrm{tr}\,A = 7, \det A = 6$ だから,固有多項式は $f(x) = x^2 - 7x + 6$ である. x^n を $f(x)$ で割ったときの商を $g(x)$,余りを $ax + b$ とすれば

$$x^n = f(x)g(x) + ax + b = (x-6)(x-1)g(x) + ax + b$$

である.この等式に $x = 6, x = 1$ を代入すれば

$$6^n = 6a + b, \quad 1 = a + b$$

これから $a = \dfrac{6^n - 1}{5}, b = \dfrac{6 - 6^n}{5}$ を得る.ハミルトン・ケーリーの定理より $A^2 - 7A + 6E = O$ だから

$$A^n = \frac{6^n - 1}{5}A + \frac{6 - 6^n}{5}E$$

$$= \frac{1}{5}\begin{pmatrix} 4\cdot 6^n+1 & 4(6^n-1) \\ 6^n-1 & 6^n+4 \end{pmatrix}$$

7. まず $\operatorname{tr}A=1+b$, $\det A=b$ だから
$$A^2-(1+b)A+bE=O \quad \therefore (A-E)(A-bE)=O$$
x^n を $(x-1)(x-b)$ で割って余りを $\alpha x+\beta$ とすれば
$$x^n=(x-1)(x-b)\,g(x)+\alpha x+\beta$$
$x=1,b$ を代入して, $\alpha=\dfrac{1-b^n}{1-b}, \beta=\dfrac{b^n-b}{1-b}$ になるから
$$A^n=\frac{1-b^n}{1-b}A+\frac{b^n-b}{1-b}E=\begin{pmatrix} 1 & \dfrac{1-b^n}{1-b}a \\ 0 & b^n \end{pmatrix}$$

8. まず $\operatorname{tr}A=4$, $\det A=3$ だから $A^2-4A+3E=O$ である. $x^4-3x^3+2x^2+4x+1$ を x^2-4x+3 で割ったときの余りは $13x-8$ だから
$$B=13A-8E=\begin{pmatrix} 5 & 26 \\ 0 & 31 \end{pmatrix}$$

9. (1) $A=\begin{pmatrix} a & b \\ c & d \end{pmatrix}$ とおいて, 関係式
$$\begin{pmatrix} a & b \\ c & d \end{pmatrix}\begin{pmatrix} 5 \\ 5 \end{pmatrix}=\begin{pmatrix} 16 \\ 13 \end{pmatrix}, \quad \begin{pmatrix} a & b \\ c & d \end{pmatrix}\begin{pmatrix} 16 \\ 13 \end{pmatrix}=\begin{pmatrix} 50 \\ 35 \end{pmatrix}$$
から a,b,c,d を定めると, $A=\dfrac{1}{5}\begin{pmatrix} 14 & 2 \\ 2 & 11 \end{pmatrix}$ を得る.

(2) $\operatorname{tr}A=5$, $\det A=6$ だから $A^2-5A+6E=O$ である. x^n を x^2-5x+6 で割ったときの余りを $\alpha x+\beta$ とすれば,
$$\alpha=3^n-2^n, \quad \beta=3\cdot 2^n-2\cdot 3^n$$
となる. したがって $A^n=\alpha A+\beta E$ より
$$A^n=\frac{1}{5}\begin{pmatrix} 2^n+4\cdot 3^n & 2\cdot 3^n-2\cdot 2^n \\ 2\cdot 3^n-2\cdot 2^n & 3^n+4\cdot 2^n \end{pmatrix}$$
である. また $\mathbf{p}_n=A^n\mathbf{p}_0$ であるから
$$\mathbf{p}_n=\begin{pmatrix} 2\cdot 3^{n+1}-2^n \\ 3^{n+1}+2^{n+1} \end{pmatrix}$$
となる.

10. (1)～(3) は本文で述べているので, (4) について考えよう. x^n を $(x-\lambda_1)(x-\lambda_2)$ で割ったときの余りを $\alpha x + \beta$ として
$$x^n = (x-\lambda_1)(x-\lambda_2)f(x) + \alpha x + \beta$$
とおけば, これに $x = \lambda_1, x = \lambda_2$ を代入することで
$$\alpha = \frac{\lambda_2^n - \lambda_1^n}{\lambda_2 - \lambda_1}, \quad \beta = \frac{\lambda_1^n \lambda_2 - \lambda_1 \lambda_2^n}{\lambda_2 - \lambda_1}$$
を得る.

11. この問題はハミルトン・ケーリーの定理を使うものではないが, 以下のように解法そのものは似ている. まず $A = \dfrac{1}{2}\begin{pmatrix} 0 & 1 & 1 \\ 1 & 0 & 1 \\ 1 & 1 & 0 \end{pmatrix}$ としたほうが計算が楽である.

(1) $A - E = \dfrac{1}{2}\begin{pmatrix} -2 & 1 & 1 \\ 1 & -2 & 1 \\ 1 & 1 & -2 \end{pmatrix}$ また $A + \dfrac{1}{2}E = \dfrac{1}{2}\begin{pmatrix} 1 & 1 & 1 \\ 1 & 1 & 1 \\ 1 & 1 & 1 \end{pmatrix}$ であり

$(A - E)\left(A + \dfrac{1}{2}E\right) = O$ となる.

(2) x^n を $(x-1)\left(x+\dfrac{1}{2}\right)$ で割った余りを $a_n x + b_n$ とするとき
$$x^n = (x-1)\left(x+\frac{1}{2}\right)g(x) + a_n x + b_n$$
のように表すことができる. ここに $x = 1, -\dfrac{1}{2}$ を代入すると
$$1 = a_n + b_n, \quad \left(-\frac{1}{2}\right)^n = -\frac{1}{2}a_n + b_n$$
ここから
$$a_n = \frac{2}{3}\left(1 - \left(\frac{-1}{2}\right)^n\right), \quad b_n = \frac{2}{3}\left(\frac{1}{2} + \left(\frac{-1}{2}\right)^n\right)$$

(3) 略

(4) $\displaystyle\lim_{n\to\infty} a_n = \dfrac{2}{3}, \quad \lim_{n\to\infty} b_n = \dfrac{1}{3}$ だから
$$\lim_{n\to\infty} A^n = \frac{2}{3}A + \frac{1}{3}E = \frac{1}{3}\begin{pmatrix} 1 & 1 & 1 \\ 1 & 1 & 1 \\ 1 & 1 & 1 \end{pmatrix}$$

■ 練習問題 3.4 （71 ページ）

1. それぞれの連立方程式を行列の積を使った形に書き直し，係数行列（それを A とおく）の逆行列を求めてかけるとよい．なお，答は $x = 2, y = -3$ のように書くべきであるが，以下ベクトルのままで計算結果を示す．

(1) $\begin{pmatrix} 1 & 1 \\ 2 & 1 \end{pmatrix} \begin{pmatrix} x \\ y \end{pmatrix} = \begin{pmatrix} -1 \\ 1 \end{pmatrix}, \quad A^{-1} = -\begin{pmatrix} 1 & -1 \\ -2 & 1 \end{pmatrix}$

$$\therefore \begin{pmatrix} x \\ y \end{pmatrix} = -\begin{pmatrix} 1 & -1 \\ -2 & 1 \end{pmatrix} \begin{pmatrix} -1 \\ 1 \end{pmatrix} = \begin{pmatrix} 2 \\ -3 \end{pmatrix}$$

(2) $\begin{pmatrix} 2 & 1 & 1 \\ 3 & -2 & 3 \\ -1 & 2 & 0 \end{pmatrix} \begin{pmatrix} x \\ y \\ z \end{pmatrix} = \begin{pmatrix} 2 \\ -1 \\ 5 \end{pmatrix}$

$$A^{-1} = -\frac{1}{11} \begin{pmatrix} -6 & 2 & 5 \\ -3 & 1 & -3 \\ 4 & -5 & -7 \end{pmatrix}$$

$$\therefore \begin{pmatrix} x \\ y \\ z \end{pmatrix} = -\frac{1}{11} \begin{pmatrix} -6 & 2 & 5 \\ -3 & 1 & -3 \\ 4 & -5 & -7 \end{pmatrix} \begin{pmatrix} 2 \\ -1 \\ 5 \end{pmatrix} = \begin{pmatrix} -1 \\ 2 \\ 2 \end{pmatrix}$$

2. $A^2 = \begin{pmatrix} \cos\frac{\pi}{2} & -\sin\frac{\pi}{2} \\ \sin\frac{\pi}{2} & \cos\frac{\pi}{2} \end{pmatrix} = \begin{pmatrix} 0 & -1 \\ 1 & 0 \end{pmatrix}$ だから

$$\begin{pmatrix} x \\ y \end{pmatrix} = \begin{pmatrix} 0 & 1 \\ -1 & 0 \end{pmatrix} \begin{pmatrix} 1 \\ -1 \end{pmatrix} = \begin{pmatrix} -1 \\ -1 \end{pmatrix} \quad \therefore x = y = -1$$

3. (1) $a \neq -2$ かつ $a \neq 1$

(2) $a = 0, -1$ であるから，$a = 0$ のとき

$$\begin{pmatrix} 1 & 1 \\ 2 & 0 \end{pmatrix} \begin{pmatrix} x \\ y \end{pmatrix} = \begin{pmatrix} 0 \\ -2 \end{pmatrix}$$

より

$$\begin{pmatrix} x \\ y \end{pmatrix} = \begin{pmatrix} 1 & 1 \\ 2 & 0 \end{pmatrix}^{-1} \begin{pmatrix} 0 \\ -2 \end{pmatrix} = \begin{pmatrix} -1 \\ 1 \end{pmatrix}$$

また $a = -1$ のとき

練習問題の解答と解説

$$\begin{pmatrix} 0 & 1 \\ 2 & -1 \end{pmatrix} \begin{pmatrix} x \\ y \end{pmatrix} = \begin{pmatrix} 0 \\ -2 \end{pmatrix}$$

より

$$\begin{pmatrix} x \\ y \end{pmatrix} = \begin{pmatrix} 0 & 1 \\ 2 & -1 \end{pmatrix}^{-1} \begin{pmatrix} 0 \\ -2 \end{pmatrix} = \begin{pmatrix} -1 \\ 0 \end{pmatrix}$$

4. 例 3.12 のように考えると，像ベクトル $\begin{pmatrix} 2 \\ -2 \end{pmatrix}$ に変換される前のベクトルはすべて，始点を原点におき，終点は直線 $y = x - 2$ 上にあるものと特徴づけられる．

■ 練習問題 3.5 （76 ページ）

1. 同時には 0 でない実数 α, β があり，$\mathbf{c} = \alpha\mathbf{a} + \beta\mathbf{b}$ と表すとき

$$\begin{vmatrix} a_1 & b_1 & c_1 \\ a_2 & b_2 & c_2 \\ a_3 & b_3 & c_3 \end{vmatrix} = \begin{vmatrix} a_1 & b_1 & \alpha a_1 + \beta b_1 \\ a_2 & b_2 & \alpha a_2 + \beta b_2 \\ a_3 & b_3 & \alpha a_3 + \beta b_3 \end{vmatrix}$$

$$= \begin{vmatrix} a_1 & b_1 & \alpha a_1 \\ a_2 & b_2 & \alpha a_2 \\ a_3 & b_3 & \alpha a_3 \end{vmatrix} + \begin{vmatrix} a_1 & b_1 & \beta b_1 \\ a_2 & b_2 & \beta b_2 \\ a_3 & b_3 & \beta b_3 \end{vmatrix} = 0$$

2. 3 つのベクトルがあれば，1 次従属の関係になってしまうことをいえばよいから

$$\mathbf{v}_1 = \begin{pmatrix} x_1 \\ y_1 \end{pmatrix}, \quad \mathbf{v}_2 = \begin{pmatrix} x_2 \\ y_2 \end{pmatrix}, \quad \mathbf{v}_3 = \begin{pmatrix} x_3 \\ y_3 \end{pmatrix}$$

を考える．このとき

$$A = \begin{pmatrix} x_1 & x_2 \\ y_1 & y_2 \end{pmatrix}$$

とおくと，$|A| = 0$ ならば例 3.14 により 2 つのベクトル $\mathbf{v}_1, \mathbf{v}_2$ は 1 次従属である．また $|A| \neq 0$ ならば，a, b を未知数とする連立方程式

$$\begin{cases} x_1 a + x_2 b = x_3 \\ y_1 a + y_2 b = y_3 \end{cases}$$

が一意に解ける．その解を用いると

$$a\mathbf{v}_1 + b\mathbf{v}_2 - \mathbf{v}_3 = \mathbf{0}$$

となり，3 つのベクトルは 1 次従属である．

3. (1) 1次独立（行列式の値を計算するとよい）

(2) 1次従属（同じ）

(3) 1次従属．次のように1次結合で表すことができるので．

$$\begin{pmatrix} 1 \\ 1 \\ 1 \end{pmatrix} = \frac{1}{2}\begin{pmatrix} 1 \\ 1 \\ 0 \end{pmatrix} + \frac{1}{2}\begin{pmatrix} 1 \\ 0 \\ 1 \end{pmatrix} + \frac{1}{2}\begin{pmatrix} 0 \\ 1 \\ 1 \end{pmatrix}$$

(4) 判別するだけなら，行列式の値を計算するのがよい．

$$\begin{vmatrix} 1 & 2 & 0 \\ 1 & 1 & -2 \\ -1 & 0 & 5 \end{vmatrix} = -1 \neq 0$$

だから，1次独立である．

4. 1次独立であることを示せという問題であるから，単に行列式の値を計算するのではなく，定義に従って示すほうがよいであろう．まず $x\mathbf{a}_1 + y\mathbf{a}_2 + z\mathbf{a}_3 = \mathbf{0}$ とおくと，

$$\begin{pmatrix} 2 & -1 & 1 \\ 1 & 0 & 1 \\ 1 & -1 & 2 \end{pmatrix} \begin{pmatrix} x \\ y \\ z \end{pmatrix} = \begin{pmatrix} 0 \\ 0 \\ 0 \end{pmatrix}$$

となる．ここで，係数行列 $A = \begin{pmatrix} 2 & -1 & 1 \\ 1 & 0 & 1 \\ 1 & -1 & 2 \end{pmatrix}$ について $|A| = 2 \neq 0$ だから，逆行列 A^{-1} が存在する．上の等式の両辺に左から A^{-1} をかけると

$$\begin{pmatrix} x \\ y \\ z \end{pmatrix} = A^{-1} \begin{pmatrix} 0 \\ 0 \\ 0 \end{pmatrix} \quad \therefore x = y = z = 0$$

ゆえに $\mathbf{a}_1, \mathbf{a}_2, \mathbf{a}_3$ は1次独立である．

5. $a\mathbf{v}_1 + b\mathbf{v}_2 + c\mathbf{v}_3 = \mathbf{0}$ とすると

$$\begin{cases} a + 3b + 3c = 0 \\ 2a + 4b + 3c = 0 \\ 3a + b - 3c = 0 \\ 4a + 2b - 3c = 0 \end{cases} \quad \therefore b = -a, \quad 2a = 3c$$

このことから，たとえば $3\mathbf{v}_1 - 3\mathbf{v}_2 + 2\mathbf{v}_3 = \mathbf{0}$ が成り立つ．したがって $\mathbf{v}_1, \mathbf{v}_2, \mathbf{v}_3$ は1次従属である．

6. $p\mathbf{x} + q\mathbf{y} + r\mathbf{z} = \mathbf{0}$ とおくと

$$(p+q+r)\mathbf{a} + (p-q)\mathbf{b} + (-2p-q+r)\mathbf{c} = \mathbf{0}$$

となり，ベクトル $\mathbf{a}, \mathbf{b}, \mathbf{c}$ が1次独立であるので

$$p+q+r=0, \quad p-q=0, \quad -2p-q+r=0$$

ここで $\begin{vmatrix} 1 & 1 & 1 \\ 1 & -1 & 0 \\ -2 & -1 & 1 \end{vmatrix} = -5 \neq 0$ だから $p=q=r=0$ となる．したがって $\mathbf{x}, \mathbf{y}, \mathbf{z}$ は1次独立である．

7. (1) $k = -4$

(2) $p\mathbf{a} + q\mathbf{b} + r\mathbf{c} = \mathbf{0}$ とおけば $p = r, p = 3q$ が得られるから，$3\mathbf{a} + \mathbf{b} + 3\mathbf{c} = \mathbf{0}$

第4章

■ 練習問題 4.1 （81 ページ）

1. (1) 2 　(2) 3

2. (1) 第2行から第1行の x 倍を，第3行から第1行の z 倍を，それぞれ引くと

$$\begin{pmatrix} 1 & x & z \\ 0 & 1-x^2 & y-xz \\ 0 & y-xz & 1-z^2 \end{pmatrix}$$

という形になるから

$$1-x^2 = 0, \quad 1-z^2 = 0, \quad y-xz = 0$$

でなければならない．したがって，

$$(1,1,1), (1,-1,-1), (-1,-1,1), (-1,1,-1)$$

(2) $\det A = -(z-2)^2 = 0$ より $z=2$ である．$\det A \neq 0$ のとき

$$A^{-1} = -\frac{1}{(z-2)^2} \begin{pmatrix} -3 & 2z-1 & 2-z \\ 2z-1 & 1-z^2 & z-2 \\ 2-z & z-2 & 0 \end{pmatrix}$$

3. (1) 基本変形を行って

$$\begin{pmatrix} 1 & 0 & -8 & 0 \\ 0 & 1 & 2 & 0 \\ 0 & 0 & 0 & 1 \\ 0 & 0 & 0 & 0 \end{pmatrix}$$

とすることができるから $\mathrm{rank}\,A = 3$ である.

(2) 問題の連立方程式は

$$\begin{pmatrix} 1 & 0 & -8 & 0 \\ 0 & 1 & 2 & 0 \\ 0 & 0 & 0 & 1 \\ 0 & 0 & 0 & 0 \end{pmatrix} \begin{pmatrix} x \\ y \\ z \\ w \end{pmatrix} = \begin{pmatrix} 0 \\ 0 \\ 0 \\ 0 \end{pmatrix}$$

と同値だから, $x - 8z = 0, y + 2z = 0, w = 0$ となる. したがって解は $c\begin{pmatrix} 8 \\ -2 \\ 1 \\ 0 \end{pmatrix}$ の形のベクトル(c は任意の実数)であり, 基底として $\begin{pmatrix} 8 \\ -2 \\ 1 \\ 0 \end{pmatrix}$ をとることができる.

4. (1) 基本変形を行って

$$\begin{pmatrix} 1 & 0 & a & 3 \\ 0 & 1 & 1 & -1 \\ 0 & 0 & 0 & a-1 \end{pmatrix}$$

とすることができるから, $a = 1$ のとき $\mathrm{rank}\,A = 2$ で, $a \neq 1$ のとき $\mathrm{rank}\,A = 3$ である.

(2) 上の結果を見ると $a \neq 1$ のとき解がないから, $a = 1$ でなければならない. 解は $x + z = 3, y + z = -1$ を満たす x, y, z の組であり, また $x = k, y = k - 4, z = 3 - k$, ($k$ は任意) と表すこともできる.

■ 練習問題 4.2 (86 ページ)

1. 行列 $A = \begin{pmatrix} a & b \\ c & d \end{pmatrix}$ に対して, $\mathbf{v} = \begin{pmatrix} a \\ c \end{pmatrix}, \mathbf{w} = \begin{pmatrix} b \\ d \end{pmatrix}$ とおくとき

$${}^t\!A A = \begin{pmatrix} a^2 + c^2 & ab + cd \\ ab + cd & b^2 + d^2 \end{pmatrix} = \begin{pmatrix} \mathbf{v} \cdot \mathbf{v} & \mathbf{v} \cdot \mathbf{w} \\ \mathbf{v} \cdot \mathbf{w} & \mathbf{w} \cdot \mathbf{w} \end{pmatrix}$$

である. ここで $\mathbf{v} \cdot \mathbf{w}$ などはベクトルの内積を表す. $\mathbf{v}$ と $\mathbf{w}$ が互いに垂直な単位ベクト

ルであることは
$$\mathbf{v}\cdot\mathbf{v} = \mathbf{w}\cdot\mathbf{w} = 1, \quad \mathbf{v}\cdot\mathbf{w} = 0$$
と同値である．したがって，${}^t\!AA = E$ である．これは一般に n 次の行列に対しても同様である．

2. $a^2 = c^2 = 1, b = 0$ となるから，次の4種類である．ここで $R = R(\pi)$ とする．

$$\begin{pmatrix} 1 & 0 \\ 0 & 1 \end{pmatrix} = E = R^2, \quad \begin{pmatrix} 1 & 0 \\ 0 & -1 \end{pmatrix} = S$$

$$\begin{pmatrix} -1 & 0 \\ 0 & 1 \end{pmatrix} = RS = SR, \quad \begin{pmatrix} -1 & 0 \\ 0 & -1 \end{pmatrix} = R$$

3. y 軸を回転軸とし，xz 平面上で見れば点（ベクトル）を θ だけ回転する変換である．説明するいいまわしが難しいかもしれないが，このような行列を見て幾何学的なイメージ（意味）を思い浮かべることが肝心である．

4. $\begin{pmatrix} \cos\theta & -\sin\theta & 0 \\ \sin\theta & \cos\theta & 0 \\ 0 & 0 & 2 \end{pmatrix}$

5. この問題は例 3.15 と内容が同じであるので，要点だけを述べてみよう．
線形変換 f が表す行列を A とすれば，第4章の最初のところで見たように，行列 A の成分はベクトル $\mathbf{a}_1, \mathbf{a}_2, \mathbf{a}_3$ の成分をそのまま並べた形になっている．例 3.15（73ページ）より

$$\mathbf{a}_1, \mathbf{a}_2, \mathbf{a}_3 \text{ は1次独立である} \iff |A| \neq 0$$

であり，また

$$|A| \neq 0 \iff A \text{ は正則（逆行列をもつ）}$$

であることと，定理 4.2（82ページ）により

$$\mathbf{a}_1, \mathbf{a}_2, \mathbf{a}_3 \text{ は1次独立である} \iff f \text{ は逆変換をもつ}$$

となる．

6. (1) A はベクトルを y 軸に対称に移し，B は原点のまわりに 30° 回転するものである．

(2) $BA = \begin{pmatrix} -\cos\frac{\pi}{6} & -\sin\frac{\pi}{6} \\ -\sin\frac{\pi}{6} & \cos\frac{\pi}{6} \end{pmatrix} = \begin{pmatrix} -\frac{\sqrt{3}}{2} & -\frac{1}{2} \\ -\frac{1}{2} & \frac{\sqrt{3}}{2} \end{pmatrix}$

(3) $\begin{pmatrix} -\frac{\sqrt{3}}{2} & -\frac{1}{2} \\ -\frac{1}{2} & \frac{\sqrt{3}}{2} \end{pmatrix}$

(4) 直線 $y = 3x + 2$ 上の 2 点 $(0, 2), (-1, -1)$ の像を計算すると, それぞれ $(-1, \sqrt{3}), \left(\frac{1+\sqrt{3}}{2}, \frac{1-\sqrt{3}}{2}\right)$ になるから, この 2 つの像点を通る直線を求めて $y = \frac{6 - 5\sqrt{3}}{3} x + \frac{6 - 2\sqrt{3}}{3}$ を得る.

■ 練習問題 4.3 （93 ページ）

1. 以下, 固有ベクトルについては代表的な 1 つだけを答えておく. たとえば $\begin{pmatrix} 1 \\ -2 \end{pmatrix}$ とあれば, そのスカラー倍 $k \begin{pmatrix} 1 \\ -2 \end{pmatrix}$ （k は 0 でない任意の実数）が固有ベクトルであるとする.

(1) 固有値は $-3, 2$ であり, それぞれに対する固有ベクトルは

$$\begin{pmatrix} 1 \\ -2 \end{pmatrix}, \begin{pmatrix} 2 \\ 1 \end{pmatrix}$$

この問題にだけ, ついでに固有空間についても答えておくと, 固有値 -3 に対する固有空間は原点と点 $(1, -2)$ を通る直線であり, この直線上にあるすべてのベクトルは, 行列 $\begin{pmatrix} 1 & 2 \\ 2 & -2 \end{pmatrix}$ による変換によって逆向きになって大きさが 3 倍にされる. 固有値 2 に対する固有空間は原点と点 $(2, 1)$ を通る直線であり, この直線上にあるすべてのベクトルは, 向きは変わらず大きさが 2 倍に変換される.

(2) 固有値は $1, -1, 2$ であり, それぞれに対する固有ベクトルは

$$\begin{pmatrix} 0 \\ 1 \\ 0 \end{pmatrix}, \begin{pmatrix} 1 \\ 0 \\ -1 \end{pmatrix}, \begin{pmatrix} 2 \\ 3 \\ 1 \end{pmatrix}$$

(3) 固有値は $2, 1, -1$ であり, それぞれに対する固有ベクトルは

$$\begin{pmatrix} 1 \\ -1 \\ 1 \end{pmatrix}, \begin{pmatrix} 2 \\ 1 \\ 1 \end{pmatrix}, \begin{pmatrix} 1 \\ 0 \\ 1 \end{pmatrix}$$

(4) 固有値は $-2, 1, 3$ であり，それぞれに対する固有ベクトルは
$$\begin{pmatrix} 1 \\ -1 \\ -1 \end{pmatrix}, \quad \begin{pmatrix} 1 \\ -4 \\ -1 \end{pmatrix}, \quad \begin{pmatrix} 1 \\ 2 \\ 1 \end{pmatrix}$$

2. (1) 固有値は $-7, -2, 1$ である．

   (2) この場合はスカラー倍を考える必要はなく，上の固有値に対するそれぞれの代表的な固有ベクトルを答えればよい．たとえば次のようになる．
$$\begin{pmatrix} 1 \\ -1 \\ 1 \end{pmatrix}, \quad \begin{pmatrix} 1 \\ -6 \\ 6 \end{pmatrix}, \quad \begin{pmatrix} 0 \\ 1 \\ -2 \end{pmatrix}$$

3. 固有値を λ とすると
$$\begin{pmatrix} -1 & -1 & a \\ 2 & 1 & -1 \\ a^2 & 2 & 1 \end{pmatrix} \begin{pmatrix} 1 \\ 0 \\ 2 \end{pmatrix} = \begin{pmatrix} 2a-1 \\ 0 \\ a^2+2 \end{pmatrix} = \begin{pmatrix} \lambda \\ 0 \\ 2\lambda \end{pmatrix}$$

より $\dfrac{a^2+2}{2a-1} = 2$ である．これを解いて $a=2$ を得る．このとき固有値は $\lambda = 3$ であることもわかる．また，固有方程式は $-(\lambda+1)^2(\lambda-3)$ となり，すべての固有値は $-1, 3$ (-1 は 2 重解) である．したがって，$|A| = (-1)^2 \times 3 = 3$ となる．

4. $A = \begin{pmatrix} a_{11} & \cdots & a_{1n} \\ \vdots & & \vdots \\ a_{n1} & \cdots & a_{nn} \end{pmatrix}$ とおけば，

$$\begin{vmatrix} a_{11}-\lambda & \cdots & a_{1n} \\ \vdots & & \vdots \\ a_{n1} & \cdots & a_{nn}-\lambda \end{vmatrix} = (-1)^n(\lambda-\lambda_1)\cdots(\lambda-\lambda_n)$$

ここで $\lambda = 0$ とおけば左辺は $|A|$ であり，右辺は $\lambda_1 \cdots \lambda_n$ である．
ついでにここで
$$\mathrm{tr}A = \lambda_1 + \lambda_2 + \cdots + \lambda_n$$
を証明しよう．まず，固有方程式 $|A - \lambda E| = 0$ の左辺を展開し
$$|A - \lambda E| = (-1)^n\{\lambda^n + c_1\lambda^{n-1} + c_2\lambda^{n-2} + \cdots + c_n\}$$
とおけば，
$$c_1 = -(a_{11} + a_{22} + \cdots + a_{nn}) = -\mathrm{tr}A$$

である．他方
$$|A - \lambda E| = (-1)^n(\lambda - \lambda_1)\cdots(\lambda - \lambda_n)$$
の右辺を展開し，λ^{n-1} の係数を見れば
$$-(\lambda_1 + \lambda_2 + \cdots + \lambda_n)$$
である．これで定理 4.4 が証明された．

5. (1) A を交代行列すれば ${}^tA = -A$ である．固有方程式を解くと，一般には複素解が得られるので，固有値を $\lambda = a + bi$ とおこう．ここで a, b は実数であり，i は虚数単位である．もし $b = 0$ ならば固有値 λ は実数となり，また，もし $a = 0$ ならば λ は純虚数である．

　さて，固有値 λ に対する固有ベクトル $\mathbf{v} \neq 0$ をとる．もし λ が複素数ならば $\mathbf{v}$ の成分にも複素数が入っているかもしれない．そこで各成分の共役複素数をとったものを $\bar{\mathbf{v}}$ と表す．

　以上の準備のもとに証明しよう．まず，$A\mathbf{v} = \lambda \mathbf{v}$ より
$$A\mathbf{v}\cdot\bar{\mathbf{v}} = \lambda\mathbf{v}\cdot\bar{\mathbf{v}} = \lambda(\mathbf{v}\cdot\bar{\mathbf{v}})$$
である．他方
$$A\mathbf{v}\cdot\bar{\mathbf{v}} = {}^t(A\mathbf{v})\bar{\mathbf{v}} = -{}^t\mathbf{v}(A\bar{\mathbf{v}}) = -{}^t\mathbf{v}(\bar{\lambda}\bar{\mathbf{v}}) = -\bar{\lambda}(\mathbf{v}\cdot\bar{\mathbf{v}})$$
となるので，$\lambda = -\bar{\lambda}$ となる．したがって
$$a + bi = -(a - bi) = -a + bi \quad \therefore a = 0$$
ゆえに $\lambda = bi$ となり，$b = 0$ のとき固有値は 0 であり，また $b \neq 0$ のときは純虚数である．

(2) A がべきゼロ行列とすれば，ある自然数 n に対して $A^n = O$ である．A の固有値 λ とその固有ベクトル $\mathbf{v}$ があるとき，
$$A^2\mathbf{v} = A(A\mathbf{v}) = A(\lambda\mathbf{v}) = \lambda(A\mathbf{v}) = \lambda^2\mathbf{v}$$
だから $A^n\mathbf{v} = \lambda^n\mathbf{v}$ となる．$A^n = O$ より $\lambda^n = 0$．したがって $\lambda = 0$ である．

6. (1) $\mathrm{tr}A = 2, \det A = -3$ より $\lambda^2 - 2\lambda - 3 = 0$．ここから固有値 $\lambda = -1, 3$ を得る．

　$\lambda = -1$ のとき関係式 $x + y = 0$ が，また $\lambda = 3$ のとき関係式 $x = y$ が得られるので，それぞれの固有ベクトルは
$$a\begin{pmatrix} 1 \\ -1 \end{pmatrix}, \quad b\begin{pmatrix} 1 \\ 1 \end{pmatrix}, \quad a, b \text{ は任意}$$
である．

(2) 固有値 $\lambda = -1$ の場合, 直線上 $x + y = 0$ のベクトルは変換 f によって大きさは変わらず向きが逆になるだけである. したがって, その直線と単位円 $x^2 + y^2 = 1$ の交点は変換後も像点が単位円上にある. その点 P の座標は $\left(\pm \dfrac{1}{\sqrt{2}}, \mp \dfrac{1}{\sqrt{2}} \right)$ である. (復号同順)

■ **練習問題 4.4** (97 ページ)

1. (1) 固有方程式は $\lambda^2(3 - \lambda) = 0$ となるので, 固有値は 0 (重解) と 3 である. それぞれの固有空間は $x + y + z = 0$ と $x = y = z$ だから, 例 4.13 と同じように固有ベクトルをとることができる.

(2) 固有方程式をたて, その第 3 列に第 1 列の 2 倍を加えると

$$\begin{vmatrix} 8-\lambda & 4 & -14 \\ -1 & 1-\lambda & 2 \\ 3 & 2 & -5-\lambda \end{vmatrix} = \begin{vmatrix} 8-\lambda & 4 & 2-2\lambda \\ -1 & 1-\lambda & 0 \\ 3 & 2 & 1-\lambda \end{vmatrix}$$

因数 $(1-\lambda)$ をくくり出し, 第 1 行から第 3 行の 2 倍を引くと,

$$(1-\lambda) \begin{vmatrix} 8-\lambda & 4 & 2 \\ -1 & 1-\lambda & 0 \\ 3 & 2 & 1 \end{vmatrix} = (1-\lambda) \begin{vmatrix} 2-\lambda & 0 & 0 \\ -1 & 1-\lambda & 0 \\ 3 & 2 & 1 \end{vmatrix}$$

$(1-\lambda)^2(2-\lambda) = 0$ から固有値 $1, 2$ を得る. (1 は 2 重解)
$\lambda = 1$ のとき関係式 $x = 2z, y = 0$ が, また $\lambda = 2$ のとき関係式 $x = 3z, y + z = 0$ が得られる. したがって, それぞれの固有ベクトルは $a \begin{pmatrix} 2 \\ 0 \\ 1 \end{pmatrix}, b \begin{pmatrix} 3 \\ -1 \\ 1 \end{pmatrix}$

である. ただし a, b は任意定数.

2. 固有方程式は

$$\begin{vmatrix} 1-\lambda & 0 & 0 & 1 \\ 0 & 1-\lambda & 1 & 0 \\ 0 & 1 & 1-\lambda & 0 \\ 1 & 0 & 0 & 1-\lambda \end{vmatrix} = \lambda^2(\lambda-2)^2 = 0$$

となるので, 固有値は $0, 2$ である. (どちらも 2 重解)

$$\begin{pmatrix} 1-\lambda & 0 & 0 & 1 \\ 0 & 1-\lambda & 1 & 0 \\ 0 & 1 & 1-\lambda & 0 \\ 1 & 0 & 0 & 1-\lambda \end{pmatrix} \begin{pmatrix} x \\ y \\ z \\ w \end{pmatrix} = \begin{pmatrix} 0 \\ 0 \\ 0 \\ 0 \end{pmatrix}$$

とおいてみると, $\lambda = 0$ のとき関係式 $x + w = 0, y + z = 0$ が得られ, この固有空間

の基底として互いに直交する 2 つのベクトル

$$\begin{pmatrix} 1 \\ 0 \\ 0 \\ -1 \end{pmatrix}, \begin{pmatrix} 0 \\ 1 \\ -1 \\ 0 \end{pmatrix}$$

をとることができるので次元は 2 である．したがって，固有値 0 に対する重複度は 2 である．また $\lambda = 2$ のとき $x = w, y = z$ となり，固有空間の基底として互いに直交する 2 つのベクトル

$$\begin{pmatrix} 1 \\ 0 \\ 0 \\ 1 \end{pmatrix}, \begin{pmatrix} 0 \\ 1 \\ 1 \\ 0 \end{pmatrix}$$

をとることができるので次元は 2 である．したがって固有値 2 に対する重複度も 2 である．

3. 固有値 λ に対する固有ベクトルを $\mathbf{v}$ とすれば，$A\mathbf{v} = \lambda\mathbf{v}$ である．この両辺に A^{-1} をかければ，$\mathbf{v} = \lambda A^{-1}\mathbf{v}$ となる．ゆえに $A^{-1}\mathbf{v} = \dfrac{1}{\lambda}\mathbf{v}$．これによって，逆行列 A^{-1} の固有値は A の固有値の逆数になることと，その固有ベクトルは共有することがわかる．また，次のような解答も考えられよう．A^{-1} の固有値 λ は $|A^{-1} - \lambda E| = 0$ の解であるが（しかも $\lambda \neq 0$）

$$\text{左辺} = |A^{-1} - \lambda A^{-1} A| = |A^{-1}(E - \lambda A)| = \frac{(-\lambda)^n}{|A|} \left| A - \frac{1}{\lambda} E \right|$$

だから，A の固有値の逆数になる．

(1) 逆行列は $\dfrac{1}{6}\begin{pmatrix} 2 & 2 \\ 2 & -1 \end{pmatrix}$ であり，固有方程式は

$$\begin{vmatrix} \dfrac{1}{3} - \lambda & \dfrac{1}{3} \\ \dfrac{1}{3} & -\dfrac{1}{6} - \lambda \end{vmatrix} = \lambda^2 - \frac{1}{6}\lambda - \frac{1}{6} = \frac{1}{6}(2\lambda - 1)(3\lambda + 1) = 0$$

だから，固有値として $\dfrac{1}{2}, -\dfrac{1}{3}$ を得る．前の練習問題で，行列 $\begin{pmatrix} 1 & 2 \\ 2 & -2 \end{pmatrix}$ の固有値 $2, -3$ を求めていたので，確かに逆数になっていることがわかる．ついでに見ておくと，固有ベクトルは変わっていないことが確かめられるであろう．これは一般にいえることであるので，ここに追加して述べておこう．

「正則な行列に対して,逆行列の固有値は,もとの行列の固有値の逆数になるが,固有ベクトルは変わらない.」

(2) まず逆行列は $\begin{pmatrix} -\frac{9}{2} & -4 & 11 \\ \frac{1}{2} & 1 & -1 \\ -\frac{5}{2} & -2 & 6 \end{pmatrix}$ である.固有方程式は

$$\begin{vmatrix} -\frac{9}{2}-\lambda & -4 & 11 \\ \frac{1}{2} & 1-\lambda & -1 \\ -\frac{5}{2} & -2 & 6-\lambda \end{vmatrix} = -\lambda^3 + \frac{5}{2}\lambda^2 - 2\lambda + \frac{1}{2} = 0$$

となり,これを解いて固有値 $1, \frac{1}{2}$ を得る.ただし 1 は 2 重解である.上の問で得られている値を見ると,確かに逆数になっていることが確かめられた.

4. (1) この命題は正しくない.反例として,$A = \begin{pmatrix} a & 0 \\ 0 & b \end{pmatrix}$ の固有値は a, b である.ここで a, b は異なる 2 つの正数としよう.また,$B = \begin{pmatrix} 0 & 1 \\ 1 & 0 \end{pmatrix}$ の固有値は $1, -1$ である.このとき,AB の固有値は $\pm\sqrt{ab}$ である.

(2) これは前問で証明したように,正しい命題である.

■ 練習問題 4.5 (101 ページ)

1. (1) 固有方程式 $\lambda^2 - 4\lambda + 3 = 0$ から,固有値は $1, 3$ それぞれに対する固有ベクトルは

$$a\begin{pmatrix} 1 \\ -1 \end{pmatrix}, \quad b\begin{pmatrix} 1 \\ 1 \end{pmatrix}, \quad a, b \text{ は任意定数}$$

(2) 固有ベクトルを単位化して,それを列ベクトルとして含む行列を

$$P = \frac{1}{\sqrt{2}}\begin{pmatrix} 1 & 1 \\ -1 & 1 \end{pmatrix}$$

とおくと P は直交行列であり

$${}^tPAP = \begin{pmatrix} 1 & 0 \\ 0 & 3 \end{pmatrix}$$

と対角化できる.

2. (1) 固有値, 固有ベクトルはそれぞれ

$$-1, \quad a\begin{pmatrix} 2 \\ -2 \\ 1 \end{pmatrix}; \quad 2, \quad b\begin{pmatrix} 2 \\ 1 \\ -2 \end{pmatrix}; \quad 5, \quad c\begin{pmatrix} 1 \\ 2 \\ 2 \end{pmatrix}$$

である. ただし a, b, c は任意定数. これらの固有ベクトルは互いに直交していることにも注意しておこう.

(2) $P = \dfrac{1}{3}\begin{pmatrix} 2 & 2 & 1 \\ -2 & 1 & 2 \\ 1 & -2 & 2 \end{pmatrix}$ とおけば

$${}^t\!PAP = \begin{pmatrix} -1 & 0 & 0 \\ 0 & 2 & 0 \\ 0 & 0 & 5 \end{pmatrix}$$

3. (1) 固有値は $\lambda_1 = 1, \lambda_2 = 2, \lambda_3 = 4$, であり, それぞれに対する固有ベクトルは

$$\mathbf{p}_1 = \begin{pmatrix} 1 \\ 0 \\ 0 \end{pmatrix}, \quad \mathbf{p}_2 = \frac{1}{\sqrt{2}}\begin{pmatrix} 0 \\ 1 \\ 1 \end{pmatrix}, \quad \mathbf{p}_3 = \frac{1}{\sqrt{2}}\begin{pmatrix} 0 \\ -1 \\ 1 \end{pmatrix}$$

である. ただし, それぞれの任意定数倍は省略. これらの固有ベクトルは互いに直交していることにも注意しておこう.

(2) $P = \begin{pmatrix} 1 & 0 & 0 \\ 0 & \dfrac{1}{\sqrt{2}} & -\dfrac{1}{\sqrt{2}} \\ 0 & \dfrac{1}{\sqrt{2}} & \dfrac{1}{\sqrt{2}} \end{pmatrix}$ とおけば, P は直交行列であり,

$${}^t\!PAP = \begin{pmatrix} 1 & 0 & 0 \\ 0 & 2 & 0 \\ 0 & 0 & 4 \end{pmatrix}$$

となる. ついでに述べると, 行列 P の中に回転の行列 $R\left(\dfrac{\pi}{4}\right)$ が入っていることにも注意を向けておこう. そうすることで, この1次変換がどういう意味をもっているかもわかる.

(3) いろいろな求め方があると思うが, 次のようにして解くこともできる.

$$A^{-1} = {}^t\!P \begin{pmatrix} 1 & 0 & 0 \\ 0 & 1/2 & 0 \\ 0 & 0 & 1/4 \end{pmatrix} P = \begin{pmatrix} 1 & 0 & 0 \\ 0 & 3/8 & 1/8 \\ 0 & 1/8 & 3/8 \end{pmatrix}$$

4. この行列の固有値は $0, 2$ (どちらも2重解) であり, 固有ベクトル

178

$$\begin{pmatrix} 1 \\ 0 \\ 0 \\ -1 \end{pmatrix}, \begin{pmatrix} 0 \\ 1 \\ -1 \\ 0 \end{pmatrix}, \begin{pmatrix} 0 \\ 1 \\ 1 \\ 0 \end{pmatrix}, \begin{pmatrix} 1 \\ 0 \\ 0 \\ 1 \end{pmatrix}$$

をとることができるので,それぞれ単位化して

$$P = \frac{1}{\sqrt{2}} \begin{pmatrix} 1 & 0 & 0 & 1 \\ 0 & 1 & 1 & 0 \\ 0 & -1 & 1 & 0 \\ -1 & 0 & 0 & 1 \end{pmatrix}$$

とおくと

$${}^tPAP = \begin{pmatrix} 0 & 0 & 0 & 0 \\ 0 & 0 & 0 & 0 \\ 0 & 0 & 2 & 0 \\ 0 & 0 & 0 & 2 \end{pmatrix}$$

となる.

■ **練習問題 4.6** (107 ページ)

1. (1) 固有方程式 $-\lambda^3 + 4\lambda^2 - 5\lambda + 2 = 0$ を解いて,固有値は $1, 2$ である.ただし 1 は重解なので注意を要する.

   まず,固有値 1 に対する固有ベクトルは $a\begin{pmatrix} 1 \\ 1 \\ 0 \end{pmatrix}, b\begin{pmatrix} 0 \\ 1 \\ 1 \end{pmatrix}$ である.次に,固有値 2 に対する固有ベクトルは $c\begin{pmatrix} 1 \\ 1 \\ 1 \end{pmatrix}$ である.ここで a, b, c は任意定数.したがって,$P = \begin{pmatrix} 1 & 0 & 1 \\ 1 & 1 & 1 \\ 0 & 1 & 1 \end{pmatrix}$ をとると,

   $$P^{-1} = \begin{pmatrix} 0 & 1 & -1 \\ -1 & 1 & 0 \\ 1 & -1 & 1 \end{pmatrix}, \quad P^{-1}AP = \begin{pmatrix} 1 & 0 & 0 \\ 0 & 1 & 0 \\ 0 & 0 & 2 \end{pmatrix}$$

   (2) 固有方程式 $\lambda^2 - \lambda - 2 = 0$ を解いて,固有値は $2, -1$ である.それぞれの固有ベクトルとして $\begin{pmatrix} 5 \\ 2 \end{pmatrix}, \begin{pmatrix} 1 \\ 1 \end{pmatrix}$ を選び,それを列ベクトルにもつ行列 $P =$

$\begin{pmatrix} 5 & 1 \\ 2 & 1 \end{pmatrix}$ をとると,

$$P^{-1} = \frac{1}{3}\begin{pmatrix} 1 & -1 \\ -2 & 5 \end{pmatrix}, \quad P^{-1}AP = \begin{pmatrix} 2 & 0 \\ 0 & -1 \end{pmatrix}$$

2. (1) 固有値は $1, 2$ である. ただし 1 は 2 重解.
   (2) 固有値 1 に対しては, 平面 $x+y-z=0$ 上に 1 次独立なベクトル

$$\begin{pmatrix} 1 \\ 0 \\ 1 \end{pmatrix}, \begin{pmatrix} 0 \\ 1 \\ 1 \end{pmatrix}$$

をとり, 固有値 2 に対しては, 直線 $y=0, z=2x$ 上にベクトル $\begin{pmatrix} 1 \\ 0 \\ 2 \end{pmatrix}$ をとり

$$P = \begin{pmatrix} 1 & 0 & 1 \\ 0 & 1 & 0 \\ 1 & 1 & 2 \end{pmatrix}$$

とすれば

$$P^{-1} = \begin{pmatrix} 2 & 1 & -1 \\ 0 & 1 & 0 \\ -1 & -1 & 1 \end{pmatrix}, \quad P^{-1}AP = \begin{pmatrix} 1 & 0 & 0 \\ 0 & 1 & 0 \\ 0 & 0 & 2 \end{pmatrix}$$

3. まず, いくつかの事項を先に説明しておかなければならない. この行列の成分は**複素数** (complex number) になっている. 複素行列については, 高専での授業で扱われることはほとんどないであろうから, 詳しく説明を入れておこう. まず, 虚数単位 i ($i^2 = -1$ という性質をもつ) を含んだ行列として, 固有値をいままでと同じやり方で求めよう. ユニタリー行列とは何かというと, 複素数を成分とする行列 U に対して, 各成分を**共役複素数** (conjugate complex number) にして**転置** (transpose) した行列 (これを**共役転置行列**という) を U^* という記号で表すとき, $U^*U = E$ つまり $U^{-1} = U^*$ となれば, その U を**ユニタリー行列** (unitary matrix) というのである.

また, 行列 A が $A^* = A$ という性質をもつとき, A を**エルミート行列** (Hermitian matrix) という. そして結論としていえることとして, エルミート行列の固有値はすべて実数となり, それを $\alpha_1, \alpha_2, \cdots, \alpha_n$ とするとき, 適当なユニタリー行列 U をとって A を $\begin{pmatrix} \alpha_1 & & 0 \\ & \ddots & \\ 0 & & \alpha_n \end{pmatrix}$ のように対角化することができるのである. この問題は

まさに, このことを計算させようとしていることがわかる.

なお, 固有ベクトルをとり, その単位化を考えるとき, 内積が必要となるが, 複素ベクトルの場合の内積は

$$(\mathbf{v}, \mathbf{w}) = v_1 \overline{w_1} + \cdots + v_n \overline{w_n}$$

のように定義され, 実数の場合の定義

$$\mathbf{v} \cdot \mathbf{w} = v_1 w_1 + \cdots + v_n w_n$$

と違うので注意が必要である. ここで $\overline{w_k}$ などは共役複素数を意味する.

実数だけを成分とする行列を考えるときも, 実数を虚数部分が 0 である複素数とみれば, 対称行列はエルミート行列であり, 直交行列はユニタリー行列である. そして, 対称行列の固有値はすべて実数であり, 適当な直交行列によって対角化できる.

(1) 固有方程式 $\begin{vmatrix} -\lambda & 0 & i \\ 0 & -\lambda & 1 \\ -i & 1 & -\lambda \end{vmatrix} = 0$ より, 固有値 $\lambda = 0, \pm\sqrt{2}$ を得る. 確かに実数であることに注意.

(2) それぞれの固有値に対する固有ベクトルを求め, それを単位化しておこう. まず $\lambda = 0$ に対して

$$\begin{pmatrix} 0 & 0 & i \\ 0 & 0 & 1 \\ -i & 1 & 0 \end{pmatrix} \begin{pmatrix} x \\ y \\ z \end{pmatrix} = \begin{pmatrix} 0 \\ 0 \\ 0 \end{pmatrix}$$

より $y = ix, z = 0$ という関係式が得られる. 単位化した固有ベクトルは

$\dfrac{1}{\sqrt{2}} \begin{pmatrix} 1 \\ i \\ 0 \end{pmatrix}$ である. 次に $\lambda = \sqrt{2}$ に対して

$$\begin{pmatrix} -\sqrt{2} & 0 & i \\ 0 & -\sqrt{2} & 1 \\ -i & 1 & -\sqrt{2} \end{pmatrix} \begin{pmatrix} x \\ y \\ z \end{pmatrix} = \begin{pmatrix} 0 \\ 0 \\ 0 \end{pmatrix}$$

より $y = -ix, z = -\sqrt{2}ix$ という関係式が得られる. 単位化した固有ベクトルは $\dfrac{1}{2} \begin{pmatrix} 1 \\ -i \\ -\sqrt{2}i \end{pmatrix}$ である. 最後に $\lambda = -\sqrt{2}$ に対して

$$\begin{pmatrix} \sqrt{2} & 0 & i \\ 0 & \sqrt{2} & 1 \\ -i & 1 & \sqrt{2} \end{pmatrix} \begin{pmatrix} x \\ y \\ z \end{pmatrix} = \begin{pmatrix} 0 \\ 0 \\ 0 \end{pmatrix}$$

より $y = -ix, z = \sqrt{2}\,ix$ という関係式が得られる. 単位化した固有ベクトルは $\dfrac{1}{2}\begin{pmatrix} 1 \\ -i \\ \sqrt{2}\,i \end{pmatrix}$ である. 以上から

$$U = \frac{1}{2}\begin{pmatrix} \sqrt{2} & 1 & 1 \\ \sqrt{2}\,i & -i & -i \\ 0 & -\sqrt{2}\,i & \sqrt{2}\,i \end{pmatrix}$$

とおけば, U はユニタリー行列になる.

(3) 一般論として証明されていることではあるが, 短い計算で

$$U^*AU = \begin{pmatrix} 0 & 0 & 0 \\ 0 & \sqrt{2} & 0 \\ 0 & 0 & -\sqrt{2} \end{pmatrix}$$

となることがわかる. したがって

$$A = U\begin{pmatrix} 0 & 0 & 0 \\ 0 & \sqrt{2} & 0 \\ 0 & 0 & -\sqrt{2} \end{pmatrix}U^*$$

$$A^6 = U\begin{pmatrix} 0 & 0 & 0 \\ 0 & 8 & 0 \\ 0 & 0 & 8 \end{pmatrix}U^* = 4\begin{pmatrix} 1 & i & 0 \\ -i & 1 & 0 \\ 0 & 0 & 2 \end{pmatrix}$$

特に工夫せず, 実際に計算すると,

$$A^2 = \begin{pmatrix} 1 & i & 0 \\ -i & 1 & 0 \\ 0 & 0 & 2 \end{pmatrix},\quad A^3 = 2\begin{pmatrix} 0 & 0 & i \\ 0 & 0 & 1 \\ -i & 1 & 0 \end{pmatrix} = 2A$$

となることで, A^6 を得ることも可能である.

4. (1) 固有方程式は $\lambda^2 - (1 + 2a) = 0$ であるから, その判別式を調べると, $a > -\dfrac{1}{2}$ のとき異なる 2 つの実固有値をもつ. したがって, そのとき対角化可能. また $a = -\dfrac{1}{2}$ のとき,

$$A = \begin{pmatrix} 1 & 2 \\ -\frac{1}{2} & -1 \end{pmatrix}$$

であり，固有値は $\lambda = 0$. その固有ベクトルは $k\begin{pmatrix} -2 \\ 1 \end{pmatrix}$ の 1 つしかない．別のいい方をすれば，固有空間は 1 次元の直線 $x + 2y = 0$ であり，2 次元（重複度）にならない．したがって対角化できない．

(2) 固有方程式
$$|B - \lambda E| = -(\lambda - a)(\lambda - 1)(\lambda - 2) = 0$$

より $\lambda = a, 1, 2$ を得るので，まず
$$a \neq 1, a \neq 2 \implies B \text{ は対角化可能}$$

である．$a = 1$ のとき $\lambda = 1$ は 2 重解となるが，上の問で見たように 1 次独立な固有ベクトルを 2 つとることができるので B は対角化可能である．

$a = 2$ のとき $\lambda = 2$ は 2 重解となり，
$$(B - 2E) \begin{pmatrix} x \\ y \\ z \end{pmatrix} = \begin{pmatrix} -2 & -1 & 1 \\ 0 & 0 & 0 \\ -2 & -2 & 1 \end{pmatrix} \begin{pmatrix} x \\ y \\ z \end{pmatrix} = \begin{pmatrix} 0 \\ 0 \\ 0 \end{pmatrix}$$

より $y = 0, z = 2x$ であるから 1 次独立な固有ベクトルは 1 つしかない．したがって，行列 B を対角化することはできない．これはまた
$$\text{rank}(B - 2E) = \text{rank} \begin{pmatrix} -2 & -1 & 1 \\ 0 & 0 & 0 \\ -2 & -2 & 1 \end{pmatrix} = 2$$

であり，$n - \alpha = 3 - 2 = 1$ に反することからも判断できる．

以上をまとめて，結論は次のようになる．
$$a \neq 2 \implies B \text{ は対角化可能}.$$

第 5 章

■ 練習問題 5.1 （113 ページ）

1. $X^2 = \begin{pmatrix} 0 & 0 & ab \\ 0 & 0 & 0 \\ 0 & 0 & 0 \end{pmatrix}, X^3 = \begin{pmatrix} 0 & 0 & 0 \\ 0 & 0 & 0 \\ 0 & 0 & 0 \end{pmatrix}$ である．また，

$$\exp(X) = \begin{pmatrix} 1 & 0 & 0 \\ 0 & 1 & 0 \\ 0 & 0 & 1 \end{pmatrix} + \begin{pmatrix} 0 & a & 0 \\ 0 & 0 & b \\ 0 & 0 & 0 \end{pmatrix} + \frac{1}{2}\begin{pmatrix} 0 & 0 & ab \\ 0 & 0 & 0 \\ 0 & 0 & 0 \end{pmatrix}$$

$$= \begin{pmatrix} 1 & a & \frac{ab}{2} \\ 0 & 1 & b \\ 0 & 0 & 1 \end{pmatrix}$$

2. まず固有値は $1, 3$ であり,それぞれに対する固有ベクトルとして

$$\frac{1}{\sqrt{2}}\begin{pmatrix} 1 \\ -1 \end{pmatrix}, \quad \frac{1}{\sqrt{2}}\begin{pmatrix} 1 \\ 1 \end{pmatrix}$$

をとり $P = \dfrac{1}{\sqrt{2}}\begin{pmatrix} 1 & 1 \\ -1 & 1 \end{pmatrix}$ とおいて対角化すると

$$A^n = \frac{1}{2}\begin{pmatrix} 3^n+1 & 3^n-1 \\ 3^n-1 & 3^n+1 \end{pmatrix}$$

3. 固有値は $-1, 2, 5$. 行列 $P = \dfrac{1}{3}\begin{pmatrix} 2 & 2 & 1 \\ -2 & 1 & 2 \\ 1 & -2 & 2 \end{pmatrix}$ をとれば,${}^t\!PAP = \begin{pmatrix} -1 & 0 & 0 \\ 0 & 2 & 0 \\ 0 & 0 & 5 \end{pmatrix}$

であることをすでにやってあるので

$$\therefore A^n = \frac{1}{9}\begin{pmatrix} 2 & 2 & 1 \\ -2 & 1 & 2 \\ 1 & -2 & 2 \end{pmatrix}\begin{pmatrix} (-1)^n & 0 & 0 \\ 0 & 2^n & 0 \\ 0 & 0 & 5^n \end{pmatrix}\begin{pmatrix} 2 & -2 & 1 \\ 2 & 1 & -2 \\ 1 & 2 & 2 \end{pmatrix}$$

この結果を $A^n = \dfrac{1}{9}\begin{pmatrix} a_{11} & a_{12} & a_{13} \\ a_{21} & a_{22} & a_{23} \\ a_{31} & a_{32} & a_{33} \end{pmatrix}$ とおけば

$$a_{11} = (-1)^n 4 + 2^{n+2} + 5^n$$
$$a_{22} = (-1)^n 4 + 2^n + 4\cdot 5^n$$
$$a_{33} = (-1)^n + 2^{n+2} + 4\cdot 5^n$$
$$a_{12} = a_{21} = (-1)^{n+1} 4 + 2^{n+1} + 2\cdot 5^n$$
$$a_{13} = a_{31} = (-1)^n 2 - 2^{n+2} + 2\cdot 5^n$$
$$a_{23} = a_{32} = (-1)^{n+1} 2 - 2^{n+1} + 4\cdot 5^n$$

4. (1) $\lambda_1 = 1, \lambda_2 = 2, \lambda_3 = 3$

(2) $\mathbf{p}_1 = \begin{pmatrix} 0 \\ -1 \\ 1 \end{pmatrix}$, $\mathbf{p}_2 = \begin{pmatrix} 1 \\ 0 \\ 1 \end{pmatrix}$, $\mathbf{p}_3 = \begin{pmatrix} 1 \\ 1 \\ 1 \end{pmatrix}$

(3) $P = \begin{pmatrix} 0 & 1 & 1 \\ -1 & 0 & 1 \\ 1 & 1 & 1 \end{pmatrix}$ とおけば

$$P^{-1} = \begin{pmatrix} -1 & 0 & 1 \\ 2 & -1 & -1 \\ -1 & 1 & 1 \end{pmatrix}, \quad P^{-1}AP = \begin{pmatrix} 1 & 0 & 0 \\ 0 & 2 & 0 \\ 0 & 0 & 3 \end{pmatrix}$$

$$\therefore (tA)^n = t^n P \begin{pmatrix} 1 & 0 & 0 \\ 0 & 2^n & 0 \\ 0 & 0 & 3^n \end{pmatrix} P^{-1}$$

$$= t^n \begin{pmatrix} 2a-b & -a+b & -a+b \\ 1-b & b & -1+b \\ -1+2a-b & -a+b & 1-a+b \end{pmatrix}$$

となる.ただし,ここで $a = 2^n$, $b = 3^n$ とおいている.すると

$$\sum_{n=1}^{\infty} \frac{t^n a}{n!} = e^{2t} - 1, \quad \sum_{n=1}^{\infty} \frac{t^n b}{n!} = e^{3t} - 1$$

$$\therefore \exp(tA) = \begin{pmatrix} 2e^{2t} - e^{3t} & -e^{2t} + e^{3t} & -e^{2t} + e^{3t} \\ e^t - e^{3t} & e^{3t} & -e^t + e^{3t} \\ -e^t + 2e^{2t} - e^{3t} & -e^{2t} + e^{3t} & e^t - e^{2t} + e^{3t} \end{pmatrix}$$

5. (1) $\begin{vmatrix} a-\lambda & 1-b \\ 1-a & b-\lambda \end{vmatrix} = 0$ より固有値として $\lambda = a+b-1, 1$ を得る.それぞれの固有値に対する固有ベクトルは $\begin{pmatrix} 1 \\ -1 \end{pmatrix}$, $\begin{pmatrix} 1 \\ \frac{1-a}{1-b} \end{pmatrix}$ である.

(2) $P = \begin{pmatrix} 1 & 1 \\ -1 & \frac{1-a}{1-b} \end{pmatrix}$ とおけば $P^{-1} = \frac{1-b}{2-a-b} \begin{pmatrix} \frac{1-a}{1-b} & -1 \\ 1 & 1 \end{pmatrix}$ であり,

$$P^{-1}AP = \begin{pmatrix} a+b-1 & 0 \\ 0 & 1 \end{pmatrix}$$

となる.

(3) 簡単のために $(a+b-1)^n = \theta$ とおけば

$$A^n = \frac{1}{2-a-b}\begin{pmatrix} (1-b)+(1-a)\theta & (1-b)-(1-b)\theta \\ (1-a)-(1-a)\theta & (1-a)+(1-b)\theta \end{pmatrix}$$

■ **練習問題 5.2** (117 ページ)

1. 固有値は $\lambda = \pm 1$ であり，$\lambda = 1$ に対する単位化した固有ベクトルとして $\dfrac{1}{\sqrt{2}}\begin{pmatrix} 1 \\ 1 \end{pmatrix}$ を，また $\lambda = -1$ に対する単位化した固有ベクトルとして $\dfrac{1}{\sqrt{2}}\begin{pmatrix} -1 \\ 1 \end{pmatrix}$ をとることができる．これらを列ベクトルにもつ行列は原点のまわりに $\pi/4$ だけ回転する変換にほかならない．そして，対角化された行列の成分に固有値 $\lambda = \pm 1$ が現れている．実は，2 次形式の標準化は，このようにして固有値と固有ベクトルを用いて実現できることが要点である．

2. まず

$$F = 5x^2 + 2\sqrt{3}\,xy + 3y^2$$
$$= \begin{pmatrix} x & y \end{pmatrix} \begin{pmatrix} 5 & \sqrt{3} \\ \sqrt{3} & 3 \end{pmatrix} \begin{pmatrix} x \\ y \end{pmatrix}$$

とおく．原点のまわりの $\pi/3$ の回転によって，

$$\begin{pmatrix} X \\ Y \end{pmatrix} = \frac{1}{2}\begin{pmatrix} 1 & -\sqrt{3} \\ \sqrt{3} & 1 \end{pmatrix}\begin{pmatrix} x \\ y \end{pmatrix}$$

だから

$$\begin{pmatrix} x \\ y \end{pmatrix} = \frac{1}{2}\begin{pmatrix} 1 & \sqrt{3} \\ -\sqrt{3} & 1 \end{pmatrix}\begin{pmatrix} X \\ Y \end{pmatrix}$$

あるいは

$$(x\ y) = \frac{1}{2}(X\ Y)\begin{pmatrix} 1 & -\sqrt{3} \\ \sqrt{3} & 1 \end{pmatrix}$$

したがって

$$F = \frac{1}{4}(X\ Y)\begin{pmatrix} 1 & -\sqrt{3} \\ \sqrt{3} & 1 \end{pmatrix}\begin{pmatrix} 5 & \sqrt{3} \\ \sqrt{3} & 3 \end{pmatrix}\begin{pmatrix} 1 & \sqrt{3} \\ -\sqrt{3} & 1 \end{pmatrix}\begin{pmatrix} X \\ Y \end{pmatrix}$$
$$= (X\ Y)\begin{pmatrix} 2 & 0 \\ 0 & 6 \end{pmatrix}\begin{pmatrix} X \\ Y \end{pmatrix}$$
$$= 2X^2 + 6Y^2$$

標準形 $\dfrac{X^2}{12} + \dfrac{Y^2}{4} = 1$ を得る．実は，ここで対角化された行列の成分 2, 6 は行列 $\begin{pmatrix} 5 & \sqrt{3} \\ \sqrt{3} & 3 \end{pmatrix}$ の固有値である．

3. $R = \begin{pmatrix} \cos\theta & -\sin\theta \\ \sin\theta & \cos\theta \end{pmatrix}$ とおけば

$$F = (X\ Y) R \begin{pmatrix} a & h \\ h & b \end{pmatrix} {}^tR \begin{pmatrix} X \\ Y \end{pmatrix}$$

ここで

$$R \begin{pmatrix} a & h \\ h & b \end{pmatrix} {}^tR = \begin{pmatrix} \alpha & 0 \\ 0 & \beta \end{pmatrix}$$

左辺を計算し，右辺と比較すると

$$\begin{aligned} a\cos^2\theta - 2h\sin\theta\cos\theta + b\sin^2\theta &= \alpha \\ a\sin^2\theta + 2h\sin\theta\cos\theta + b\cos^2\theta &= \beta \\ (a-b)\sin\theta\cos\theta + h(\cos^2\theta - \sin^2\theta) &= 0 \end{aligned}$$

第3式から $(a-b)\sin 2\theta + 2h\cos 2\theta = 0$.

$$\therefore \tan 2\theta = \frac{2h}{b-a}$$

実際に前問にあてはめてみると $\tan 2\theta = \dfrac{2\sqrt{3}}{3-5} = -\sqrt{3}$ より $\theta = \dfrac{\pi}{3}$ となることが確かめられる．なお，$a = b$ のときは $\theta = \dfrac{\pi}{4}$ とする．

4. (1) 省略．

(2) $\begin{vmatrix} 1-\lambda & \sqrt{3} \\ \sqrt{3} & -1-\lambda \end{vmatrix} = 0$ より $\lambda = \pm 2$

(3) $P^{-1}AP$ を実際に計算すると，簡単のために $c = \cos\theta, s = \sin\theta$ とおいて，

$$\begin{pmatrix} c^2 - s^2 + 2\sqrt{3}sc & \sqrt{3}c^2 - 2sc - \sqrt{3}s^2 \\ \sqrt{3}c^2 - 2sc - \sqrt{3}s^2 & s^2 - c^2 - 2\sqrt{3}sc \end{pmatrix}$$

となるから，これが対角行列になるには

$$\sqrt{3}c^2 - 2sc - \sqrt{3}s^2 = (\sqrt{3}\cos\theta + \sin\theta)(\cos\theta - \sqrt{3}\sin\theta) = 0$$

でなければならない．$\sqrt{3}\cos\theta + \sin\theta = 0$ より $2\sin\left(\theta + \dfrac{\pi}{3}\right) = 0$. また

$\cos\theta - \sqrt{3}\sin\theta$ より $2\sin\left(\theta - \dfrac{\pi}{6}\right) = 0$. 範囲が $0 \leq \theta \leq \pi/2$ であるから $\theta = \dfrac{\pi}{6}$ を得る.

(4) そのとき

$$P^{-1}AP = \begin{pmatrix} 2 & 0 \\ 0 & -2 \end{pmatrix}, \quad P = \begin{pmatrix} \dfrac{\sqrt{3}}{2} & -\dfrac{1}{2} \\ \dfrac{1}{2} & \dfrac{\sqrt{3}}{2} \end{pmatrix}$$

となり,したがって座標変換

$$\begin{pmatrix} X \\ Y \end{pmatrix} = P^{-1}\begin{pmatrix} x \\ y \end{pmatrix} = \dfrac{1}{2}\begin{pmatrix} \sqrt{3} & 1 \\ -1 & \sqrt{3} \end{pmatrix}\begin{pmatrix} x \\ y \end{pmatrix}$$

をすることによって $x^2 + 2\sqrt{3}xy - y^2 = 2$ が双曲線の標準形

$$X^2 - Y^2 = 1$$

になる.その概形は省略するが,要するに,原点を中心に xy 座標軸を 30 度回転させたものを新しい XY 座標軸として,直角双曲線 $X^2 - Y^2 = 1$ を描けばよい.

■ **練習問題 5.3** (120 ページ)

1. 2次曲線を標準形に直すだけなら簡単である.つまり固有値を求めて標準形の式を書くだけでいいからである.それを図示することで,座標軸の変換をしっかりと理解することが大切である.ただし図は省略する.

(1) $3x^2 + 4xy + 3y^2 = \begin{pmatrix} x & y \end{pmatrix}\begin{pmatrix} 3 & 2 \\ 2 & 3 \end{pmatrix}\begin{pmatrix} x \\ y \end{pmatrix}$ と書き直して,行列 $A = \begin{pmatrix} 3 & 2 \\ 2 & 3 \end{pmatrix}$

の固有値を求めると 1, 5 だから,だ円の標準形

$$X^2 + 5Y^2 = 25 \quad \text{または} \quad 5X^2 + Y^2 = 25$$

が得られる.固有値 1 に対する固有ベクトルを求めると,それは直線 $y = -x$ 上にあることがわかるので,単位ベクトル $\dfrac{1}{\sqrt{2}}\begin{pmatrix} 1 \\ -1 \end{pmatrix}$ を選ぶ.つまり,このベクトルの向きを新しい X 座標の正の方向とする.次に,固有値 5 に対する固有ベクトルとして,直線 $y = x$ 上にある単位ベクトル $\dfrac{1}{\sqrt{2}}\begin{pmatrix} 1 \\ 1 \end{pmatrix}$ を選ぶ.つまり,このベクトルの向きを新しい Y 座標の正の方向とする.すると

$$^{t}PAP = \begin{pmatrix} 1 & 0 \\ 0 & 5 \end{pmatrix} \quad \text{ただし} \quad P = \frac{1}{\sqrt{2}}\begin{pmatrix} 1 & 1 \\ -1 & 1 \end{pmatrix}$$

となる．したがって，座標変換 $\begin{pmatrix} X \\ Y \end{pmatrix} = {}^{t}P\begin{pmatrix} x \\ y \end{pmatrix}$ によって標準形 $X^2 + 5Y^2 = 25$ つまり $\dfrac{X^2}{25} + \dfrac{Y^2}{5} = 1$ が得られる．これは x, y 軸を $-45°$ 回転（時計まわり）して，それを新しい X, Y 軸にして見たとき，だ円の標準形 $X^2 + 5Y^2 = 25$ が得られたといえるが，単に x, y 軸上だけで考えると，$3x^2 + 4xy + 3y^2 = 25$ のグラフを $45°$ 回転（反時計まわり）することで標準形 $x^2 + 5y^2 = 25$ になったということと同じである．

(2) 行列 $A = \begin{pmatrix} 1 & 3 \\ 3 & 1 \end{pmatrix}$ の固有値を求めると $4, -2$ だから，双曲線の標準形

$$4X^2 - 2Y^2 = 8 \quad \text{または} \quad -2X^2 + 4Y^2 = 8$$

が得られる．固有値 4 に対する固有ベクトルとして直線 $y = x$ 上にある単位ベクトル $\dfrac{1}{\sqrt{2}}\begin{pmatrix} 1 \\ 1 \end{pmatrix}$ を選び，これを新しい X 座標の正の方向とする．次に，固有値 -2 に対する固有ベクトルとして，直線 $y = -x$ 上にある単位ベクトル $\dfrac{1}{\sqrt{2}}\begin{pmatrix} -1 \\ 1 \end{pmatrix}$ を選び，これを新しい Y 座標の正の方向とする．すると

$$^{t}PAP = \begin{pmatrix} 4 & 0 \\ 0 & -2 \end{pmatrix} \quad \text{ただし} \quad P = \frac{1}{\sqrt{2}}\begin{pmatrix} 1 & -1 \\ 1 & 1 \end{pmatrix}$$

となる．したがって，座標変換 $\begin{pmatrix} X \\ Y \end{pmatrix} = {}^{t}P\begin{pmatrix} x \\ y \end{pmatrix}$ によって双曲線の標準形 $\dfrac{X^2}{2} - \dfrac{Y^2}{4} = 1$ が得られる．グラフを図示するとき，漸近線 $Y = \pm\sqrt{2}\,X$ を明示することを忘れないようにしよう．

(3) 前問とほとんど同様なので結果だけを示すと，2 直線 $y = x$ と $y = -x$ を新しい座標軸として，双曲線の標準形 $3X^2 - Y^2 = 3$ または $-X^2 + 3Y^2 = 3$ になる．この場合も，図示するとき漸近線 $Y = \pm\sqrt{3}\,X$ を書くことを忘れないように．

以上どの場合も，固有値のとる順序，または直交行列 P の列ベクトルのとり方によって，標準形の式における係数の違いがありうるが，それは新しい X 軸と Y 軸のとり方，またはそれぞれの座標軸の正の方向の違いにすぎず，グラフそのものはまったく変わらない．

2. この問題の解法にはいろいろあろうが，ここでは 2 次形式の標準化を応用してやってみよう．まず

$$f(x,y) = \begin{pmatrix} x & y \end{pmatrix} \begin{pmatrix} 1 & 2\sqrt{2} \\ 2\sqrt{2} & 3 \end{pmatrix} \begin{pmatrix} x \\ y \end{pmatrix}$$

と表し，行列 $A = \begin{pmatrix} 1 & 2\sqrt{2} \\ 2\sqrt{2} & 3 \end{pmatrix}$ の固有値と固有ベクトルを求めると，

$$-1, \quad \begin{pmatrix} \sqrt{2} \\ -1 \end{pmatrix}; \quad 5, \quad \begin{pmatrix} 1 \\ \sqrt{2} \end{pmatrix}$$

であるから，直交行列 $P = \dfrac{1}{\sqrt{3}} \begin{pmatrix} \sqrt{2} & 1 \\ -1 & \sqrt{2} \end{pmatrix}$ によって

$$^tPAP = \begin{pmatrix} -1 & 0 \\ 0 & 5 \end{pmatrix}, \quad A = P \begin{pmatrix} -1 & 0 \\ 0 & 5 \end{pmatrix} {}^tP$$

となる．このとき

$$f(x,y) = \begin{pmatrix} x & y \end{pmatrix} P \begin{pmatrix} -1 & 0 \\ 0 & 5 \end{pmatrix} {}^tP \begin{pmatrix} x \\ y \end{pmatrix}$$

なので，座標変換 $\begin{pmatrix} X \\ Y \end{pmatrix} = {}^tP \begin{pmatrix} x \\ y \end{pmatrix}$ をすれば，

$$f(x,y) = \begin{pmatrix} X & Y \end{pmatrix} \begin{pmatrix} -1 & 0 \\ 0 & 5 \end{pmatrix} \begin{pmatrix} X \\ Y \end{pmatrix} = -X^2 + 5Y^2$$

のように変形できる．また $x^2 + y^2 = X^2 + Y^2$ だから，この問題は「$-1 \leq X \leq 1$ のとき $f = -6X^2 + 5$ の最大値と最小値を求めよ」と同じことになる．こうなれば簡単で，$X = 0 (Y = \pm 1)$ のとき最大値 $f = 5$，また $X = \pm 1 (Y = 0)$ のとき最小値 $f = -1$ をとることがすぐわかる．また

$$\begin{pmatrix} x \\ y \end{pmatrix} = P \begin{pmatrix} 0 \\ \pm 1 \end{pmatrix} = \frac{1}{\sqrt{3}} \begin{pmatrix} \pm 1 \\ \pm\sqrt{2} \end{pmatrix}, \quad \begin{pmatrix} x \\ y \end{pmatrix} = P \begin{pmatrix} \pm 1 \\ 0 \end{pmatrix} = \frac{1}{\sqrt{3}} \begin{pmatrix} \pm\sqrt{2} \\ \mp 1 \end{pmatrix}$$

であるから，解答は次のようになる．（複号同順）

最大値 $f = 5$, $x = \pm\dfrac{1}{\sqrt{3}}$, $y = \pm\dfrac{\sqrt{2}}{\sqrt{3}}$ のとき

最小値 $f = -1$, $x = \pm\dfrac{\sqrt{2}}{\sqrt{3}}$, $y = \mp\dfrac{1}{\sqrt{3}}$ のとき

3. この問題は，2 次形式の標準化をもう少し広い視野で考えるための練習である．

(1) $F(x,y,z) = \begin{pmatrix} x & y & z \end{pmatrix} \begin{pmatrix} 0 & 1 & 2 \\ 1 & a & 1 \\ 2 & 1 & 0 \end{pmatrix} \begin{pmatrix} x \\ y \\ z \end{pmatrix}$

(2) $a = 1$

(3) $3, -2, 0$

(4) 行列 A は対称行列だから，ある直交行列によって対角行列にすることができる．そのとき対角成分に固有値が並ぶのだから，

$$\begin{pmatrix} 3 & 0 & 0 \\ 0 & -2 & 0 \\ 0 & 0 & 0 \end{pmatrix}, \quad \begin{pmatrix} -2 & 0 & 0 \\ 0 & 3 & 0 \\ 0 & 0 & 0 \end{pmatrix}, \quad \begin{pmatrix} 0 & 0 & 0 \\ 0 & 3 & 0 \\ 0 & 0 & -2 \end{pmatrix}, \quad \cdots$$

となる．つまり，適当な座標変換によって，2次形式 F は
$$3X^2 - 2Y^2, \quad -2X^2 + 3Y^2, \quad 3Y^2 - 2Z^2, \quad \cdots$$

などの標準形になる．しかしどの場合も，係数が正の項が1つと負の項が1つの形である．この性質は**シルベスターの慣性法則** (Sylvester's law of inertia) と呼ばれていて，一般には，2次形式 $F(x_1, x_2, \cdots, x_n)$ は正則な1次変換 $P : (x_1, \cdots, x_n) \to (X_1, \cdots, X_n)$ のいかんによらず標準形における正係数の項数と負係数の項数は一定であることが成り立つ．したがって，たとえば $F(x,y)$ の場合，座標変換のとり方によって標準形が，だ円になったり双曲線になったりするようなことは起こらないのである．

4. 2次形式を行列表現すると

$$F(x,y,z) = \begin{pmatrix} x & y & z \end{pmatrix} \begin{pmatrix} -1 & 2 & 2 \\ 2 & -1 & 2 \\ 2 & 2 & -1 \end{pmatrix} \begin{pmatrix} x \\ y \\ z \end{pmatrix}$$

となる．ここにある対称行列を A とおき，その固有値 λ を求めると，$\lambda = 3, -3$ を得る．ここで -3 は2重解である．

$\lambda = 3$ に対する固有ベクトルは直線 $x = y = z$ 上にあり，$\lambda = -3$ に対する固有ベクトルは平面 $x + y + z = 0$ 上にあるので，互いに直交する単位ベクトルをとり，それらを列成分とする行列

$$P = \begin{pmatrix} 1/\sqrt{3} & 1/\sqrt{2} & 1/\sqrt{6} \\ 1/\sqrt{3} & -1/\sqrt{2} & 1/\sqrt{6} \\ 1/\sqrt{3} & 0 & -2/\sqrt{6} \end{pmatrix}$$

を考えると，

$${}^tPAP = \begin{pmatrix} 3 & 0 & 0 \\ 0 & -3 & 0 \\ 0 & 0 & -3 \end{pmatrix}$$

のように対角化できるので, 座標変換
$$\begin{pmatrix} X & Y & Z \end{pmatrix} = \begin{pmatrix} x & y & z \end{pmatrix} P$$
により, 標準形
$$F = 3X^2 - 3Y^2 - 3Z^2$$
を得る. 次に, 上で現れた対角行列 ${}^t\!PAP$ を D とおくと, 行列 P による変換ではベクトルの大きさは変化せず, 行列 D による変換によって X 軸方向に 3 倍, Y 軸方向と Z 軸方向には逆向きに 3 倍される. したがって, $Y = Z = 0$ のとき最大値 3 となり, $X = Z = 0$ または $X = Y = 0$ のとき最小値 -3 となる. つまり $x = y = z = a$ (a は任意の実数) のとき, 最大値
$$\frac{F(a,a,a)}{G(a,a,a)} = \frac{9a^2}{3a^2} = 3$$
となり, $x = b, y = -b, z = 0$ (b は任意の実数) のとき, 最小値
$$\frac{F(b,-b,0)}{G(b,-b,0)} = \frac{-6b^2}{2b^2} = -3$$
また, $x = c, y = c, z = -2c$ (c は任意の実数) のとき, 最小値
$$\frac{F(c,c,-2c)}{G(c,c,-2c)} = \frac{-18c^2}{6c^2} = -3$$
となる.

ただし, 固有値のとり方の順番が違えば標準形も
$$3X^2 - 3Y^2 - 3Z^2, \quad -3X^2 + 3Y^2 - 3Z^2, \quad -3X^2 - 3Y^2 + 3Z^2$$
のように変わる. どれにしても, 正係数の項は 1 つ, 負係数の項は 2 つであるから, 一般に, u, v, w は X^2, Y^2, Z^2 のどれかとして
$$3u - 3v - 3w = 3(u - t), \quad t = v + w$$
とおけば,
$$\frac{F}{G} = \frac{3(u-t)}{u+t} = 3\left(\frac{2u}{u+t} - 1\right), \quad u \geq 0, t \geq 0$$
だから
$$-3 = 3\left(\frac{0}{0+t} - 1\right) \leq \frac{F}{G} \leq 3\left(\frac{2u}{u+0} - 1\right) = 3$$
である. また, $u = 0$ のとき $x + y + z = 0$ であり, $t = 0$ のとき $x = y = z$ となるので, まとめると

$$x=y=z \text{ のとき最大値 } 3, \quad x+y+z=0 \text{ のとき最小値 } -3$$

となる．

■ **練習問題 5.4** （126 ページ）

1. 点 A を始点とする 2 つのベクトル

$$\overrightarrow{\mathrm{AB}} = \begin{pmatrix} -6 \\ 6 \end{pmatrix}, \quad \overrightarrow{\mathrm{AC}} = \begin{pmatrix} -1 \\ 4 \end{pmatrix}$$

を考えると，これらを辺にもつ平行四辺形の面積は

$$\begin{vmatrix} -6 & -1 \\ 6 & 4 \end{vmatrix} = -18 \text{ の絶対値} \quad \therefore 18$$

なので，三角形 ABC の面積は 9 である．

2. $\mathrm{P}(\cos\theta, \sin\theta)$ とおくとき

$$\begin{vmatrix} 1 & \cos\theta & \sin\theta \\ 1 & 2 & 0 \\ 1 & 1 & -\sqrt{3} \end{vmatrix} = -2\sqrt{3} - 2\sin\left(\theta - \frac{\pi}{3}\right)$$

なので，$S = \sqrt{3} + \sin\left(\theta - \frac{\pi}{3}\right)$ である．それが最大になるのは $\theta - \frac{\pi}{3} = \frac{\pi}{2}$，つまり $\theta = \frac{5\pi}{6}$ のときであり，最大値は $S = \sqrt{3} + 1$，P の座標は $\left(-\frac{\sqrt{3}}{2}, \frac{1}{2}\right)$ である．また，最小になるのは $\theta - \frac{\pi}{3} = -\frac{\pi}{2}$，つまり $\theta = -\frac{\pi}{6}$ のときであり，最小値 $S = \sqrt{3} - 1$，P の座標は $\left(\frac{\sqrt{3}}{2}, -\frac{1}{2}\right)$ である．

3. (1) 恒等式 $ax^2 + (b+c)xy + dy^2 = x^2 + y^2$ より $a = d = 1, b + c = 0$

   (2) 四角形 OP'Q'R' の面積は

   $$\begin{vmatrix} a & b \\ c & d \end{vmatrix} = \begin{vmatrix} 1 & b \\ -b & 1 \end{vmatrix} = 1 + b^2$$

   に等しく，S はその半分であるので $S = \dfrac{1+b^2}{2}$ または $\dfrac{1+c^2}{2}$．

   (3) $S = 1$ のとき $b^2 = 1$ だから $X^2 - Y^2 = 4$ または $-X^2 + Y^2 = 4$ を得る．そのグラフは双曲線である（図は省略する）．

4. ベクトルを使った 1 つの解答を示してみよう．

(1) 任意の正方形の頂点を（反時計まわりに）P_1, P_2, P_3, P_4 とする．正方形であるということから

$$\overrightarrow{P_1P_2} = \overrightarrow{P_4P_3}, \quad \overrightarrow{P_1P_4} = \overrightarrow{P_2P_3}$$

というベクトルの関係式が成り立つ．この1次変換 f による像をそれぞれ

$$f(P_k) = Q_k, \quad k = 1, 2, 3, 4$$

とすると

$$\overrightarrow{Q_1Q_4} = \overrightarrow{OQ_4} - \overrightarrow{OQ_1} = A\left(\overrightarrow{OP_4}\right) - A\left(\overrightarrow{OP_1}\right) = A\left(\overrightarrow{P_1P_4}\right)$$

同様にして

$$\overrightarrow{Q_2Q_3} = A\left(\overrightarrow{P_2P_3}\right)$$

ここで $\overrightarrow{P_1P_4} = \overrightarrow{P_2P_3}$ だから $\overrightarrow{Q_1Q_4} = \overrightarrow{Q_2Q_3}$ である．この2つのベクトル $\overrightarrow{Q_1Q_4}$ と $\overrightarrow{Q_2Q_3}$ が等しいということは，辺 Q_1Q_4 と辺 Q_2Q_3 が平行であり，しかもその長さが等しいことを意味する．したがって Q_1, Q_2, Q_3, Q_4 を頂点とする四角形は平行四辺形である．

(2) 一般に2つのベクトル $\mathbf{v} = \begin{pmatrix} x_1 \\ y_1 \end{pmatrix}$ と $\mathbf{w} = \begin{pmatrix} x_2 \\ y_2 \end{pmatrix}$ を辺にもつ平行四辺形の面積は行列式 $\begin{vmatrix} x_1 & x_2 \\ y_1 & y_2 \end{vmatrix}$ の絶対値に等しいので，$\mathbf{v} = \overrightarrow{Q_1Q_4}, \mathbf{w} = \overrightarrow{Q_1Q_2}$ とすれば，$S_0 = \begin{vmatrix} x_1 & x_2 \\ y_1 & y_2 \end{vmatrix}$ の絶対値となる．そして

$$\overrightarrow{Q_1Q_4} = A\left(\overrightarrow{P_1P_4}\right) = \begin{pmatrix} ax_1 + by_1 \\ cx_1 + dy_1 \end{pmatrix}$$

$$\overrightarrow{Q_1Q_2} = A\left(\overrightarrow{P_1P_2}\right) = \begin{pmatrix} ax_2 + by_2 \\ cx_2 + dy_2 \end{pmatrix}$$

であるから

$$S = \begin{vmatrix} ax_1 + by_1 & ax_2 + by_2 \\ cx_1 + dy_1 & cx_2 + dy_2 \end{vmatrix} \text{ の絶対値}$$

となり，この右辺は行列式 $|A|$ の絶対値と面積 S_0 の積に等しいので，$S = |ad - bc|S_0$ である．

(3) $A^2 = E$ より，関係式

$$a^2 + bc = bc + d^2 = 1, \quad ab + bd = ac + cd = 0$$

を得る. さらに $\begin{pmatrix} a & b \\ c & d \end{pmatrix} \begin{pmatrix} 1 \\ 1 \end{pmatrix} = \begin{pmatrix} 2 \\ 0 \end{pmatrix}$ より, 関係式

$$a + b = 2, \quad c + d = 0$$

を得る. これらの式から a, b, c, d を解くことで

$$A = \frac{1}{2} \begin{pmatrix} 1 & 3 \\ 1 & -1 \end{pmatrix}$$

5. (1) 固有値と固有ベクトルを求めよということであるから,

$$\begin{vmatrix} 5 - \lambda & -2 \\ -2 & 2 - \lambda \end{vmatrix} = \lambda^2 - 7\lambda + 6 = 0$$

より $\lambda = 1, 6$ である. したがって

$$\lambda = 1, \mathbf{u} = a \begin{pmatrix} 1 \\ 2 \end{pmatrix} \quad と \quad \lambda = 6, \mathbf{u} = b \begin{pmatrix} -2 \\ 1 \end{pmatrix}$$

となる. ただし a, b は (0 でない) 任意の実数とする.

(2) $P(p_x, p_y), Q(q_x, q_y)$ とおくと三角形 OPQ の面積は

$$S = \frac{1}{2} \begin{vmatrix} 1 & 0 & 0 \\ 1 & p_x & p_y \\ 1 & q_x & q_y \end{vmatrix} \text{ の絶対値}$$

である. また

$$A \begin{pmatrix} p_x \\ p_y \end{pmatrix} = \begin{pmatrix} 5p_x - 2p_y \\ -2p_x + 2p_y \end{pmatrix}, \quad A \begin{pmatrix} q_x \\ q_y \end{pmatrix} = \begin{pmatrix} 5q_x - 2q_y \\ -2q_x + 2q_y \end{pmatrix}$$

であるから, 三角形 $\mathrm{OP'Q'}$ の面積は

$$S' = \frac{1}{2} \begin{vmatrix} 1 & 0 & 0 \\ 1 & 5p_x - 2p_y & -2p_x + 2p_y \\ 1 & 5q_x - 2q_y & -2q_x + 2q_y \end{vmatrix} \text{ の絶対値}$$

である. ここで

$$\begin{pmatrix} 1 & 0 & 0 \\ 1 & 5p_x - 2p_y & -2p_x + 2p_y \\ 1 & 5q_x - 2q_y & -2q_x + 2q_y \end{pmatrix} = \begin{pmatrix} 1 & 0 & 0 \\ 1 & p_x & p_y \\ 1 & q_x & q_y \end{pmatrix} \begin{pmatrix} 1 & 0 & 0 \\ 0 & 5 & -2 \\ 0 & -2 & 2 \end{pmatrix}$$

であり，$\begin{vmatrix} 1 & 0 & 0 \\ 0 & 5 & -2 \\ 0 & -2 & 2 \end{vmatrix} = 6$ だから $S' = 6S$ となる．したがって面積は 6 倍になる．

■ **練習問題 5.5** （129 ページ）

1. 点 A を始点とする 3 つのベクトル

$$\overrightarrow{AB} = \begin{pmatrix} 1 \\ 1 \\ 1 \end{pmatrix}, \quad \overrightarrow{AC} = \begin{pmatrix} 0 \\ 0 \\ -4 \end{pmatrix}, \quad \overrightarrow{AD} = \begin{pmatrix} 1 \\ 2 \\ 2 \end{pmatrix}$$

を考えると，これらを辺にもつ平行六面体の体積は

$$\begin{vmatrix} 1 & 0 & 1 \\ 1 & 0 & 2 \\ 1 & -4 & 2 \end{vmatrix} \text{の絶対値} = 4$$

であるから，ABCD を頂点とする 4 面体の体積はその $\frac{1}{6}$ になり，$\frac{2}{3}$ である．

2. (1) $-6\mathbf{i} + 6\mathbf{j} - 6\mathbf{k} = \begin{pmatrix} -6 \\ 6 \\ -6 \end{pmatrix}$

   (2) $S = \sqrt{(-6)^2 + 6^2 + (-6)^2} = 6\sqrt{3}$

   (3) $\begin{vmatrix} 3-2 & -1-3 & 1+1 \\ 1+1 & 2-1 & 0-2 \\ 1-0 & 1-1 & -3-1 \end{vmatrix} = -30$ だから $V = 30$

3. $\begin{vmatrix} 2 & -3 & 4 \\ 1 & 2 & -1 \\ 3 & -1 & 2 \end{vmatrix} = -7$ だから体積は 7 である．

4. 2 つのベクトル $\overrightarrow{OA} = \begin{pmatrix} 1 \\ 2 \\ 1 \end{pmatrix}, \overrightarrow{OB} = \begin{pmatrix} 2 \\ 0 \\ -1 \end{pmatrix}$ で張られる平面上の方程式は

$$\begin{vmatrix} x & y & z \\ 1 & 2 & 1 \\ 2 & 0 & -1 \end{vmatrix} = 0$$

より $2x - 3y + 4z = 0$ である．点 X の座標を (a, b, c) とおくとき，

$$\overrightarrow{\mathrm{XC}} = \begin{pmatrix} 6-a \\ 1-b \\ 5-c \end{pmatrix} = k \begin{pmatrix} 2 \\ -3 \\ 4 \end{pmatrix}$$

より $a = 6-2k, b = 1+3k, c = 5-4k$ となる．点 X(a,b,c) からこの平面までの距離

$$\frac{2(6-2k) - 3(1+3k) + 4(5-4k)}{\sqrt{29}}$$

を 0 と等しくすることで，$k = 1$ となる．ゆえに X$(4,4,1)$ である．点 C からこの平面までの距離は $\sqrt{29}$ である．

■ **練習問題 5.6** （134 ページ）

1. A は n 次の行列とする．もし A が逆行列をもてば，方程式 $A\mathbf{v} = \mathbf{0}$ の解は，その両辺に A^{-1} をかけることで $\mathbf{v} = \mathbf{0}$ となる．すなわち $\mathrm{Ker} f = \{\mathbf{0}\}$ である．逆に $\mathrm{Ker} f$ が $\mathbf{0}$ だけであれば，$\dim(\mathrm{Ker} f) = 0$ であるから定理 5.5 より $\mathrm{rank} A = n$ となり，例 4.2 より逆行列が存在する．

   あるいは，方程式 $A\mathbf{v} = \mathbf{0}$ は自明な解しかもたないことから，$|A| \neq 0$ であり，したがって逆行列が存在すると答えることもできる．

2. (1) W の元は $k(2,1,0,0)$ のように表すことができるので，スカラー倍について閉じていることは明らかである．また

   $$k_1(2,1,0,0) + k_2(2,1,0,0) = (k_1 + k_2)(2,1,0,0)$$

   だから，和についても閉じていることがわかる．ゆえに W は部分空間である．

   (2) スカラー積を考えると，

   $$(ax_1)^2 + (ax_2)^2 + (ax_3)^2 + (ax_4)^2 = a^2 \neq 1 \quad (a \neq \pm 1)$$

   だから W はスカラー倍について閉じていない．和について閉じているかどうか調べるまでもなく，W は部分空間でない．もっと簡単な証拠として，ゼロ・ベクトルをもっていないことをあげることもできる．

3. (1) 基本変形の途中は省略するが，次の形になる．

   $$\begin{pmatrix} 1 & 0 & -8 & 0 \\ 0 & 1 & 2 & 0 \\ 0 & 0 & 0 & 1 \\ 0 & 0 & 0 & 0 \end{pmatrix}$$

   したがって $\mathrm{rank} A = 3$ である．なお，行列 A で表される 1 次変換を f とすれば，このことから $\dim(\mathrm{Ker} f) = 1$ がわかる．

(2) この連立方程式の解は

$$\begin{pmatrix} 1 & 0 & -8 & 0 \\ 0 & 1 & 2 & 0 \\ 0 & 0 & 0 & 1 \\ 0 & 0 & 0 & 0 \end{pmatrix} \begin{pmatrix} x \\ y \\ z \\ w \end{pmatrix} = \begin{pmatrix} 0 \\ 0 \\ 0 \\ 0 \end{pmatrix}$$

の解と同じである. これから

$$x = 8z, \quad y = -2z, \quad w = 0$$

だから, 求める基底は $\begin{pmatrix} 8 \\ -2 \\ 1 \\ 0 \end{pmatrix}$ である.

4. まず $x = \begin{pmatrix} a \\ b \\ c \end{pmatrix}$ とおくと $\langle v, x \rangle = a + 2b - c$ だから

$$f(x) = \begin{pmatrix} 5a - 2b + c \\ -2a + 2b + 2c \\ a + 2b + 5c \end{pmatrix}$$

となる.

(1) 省略.

(2) $A = \begin{pmatrix} 5 & -2 & 1 \\ -2 & 2 & 2 \\ 1 & 2 & 5 \end{pmatrix}$

(3) 行列に対して基本変形をすると

$$\begin{array}{ccc} 1 & 0 & 1 \\ 0 & 1 & 2 \\ 0 & 0 & 0 \end{array}$$

のようになるので, $\mathrm{rank} A = 2$ である. したがって, $\dim(\mathrm{Im} f) = 2$. これで $\dim(\mathrm{Ker} f) = 1$ がわかるが, 連立方程式

$$\begin{pmatrix} 1 & 0 & 1 \\ 0 & 1 & 2 \\ 0 & 0 & 0 \end{pmatrix} \begin{pmatrix} a \\ b \\ c \end{pmatrix} = \begin{pmatrix} 0 \\ 0 \\ 0 \end{pmatrix}$$

の解を求めると，それは $k\begin{pmatrix}1\\2\\-1\end{pmatrix}$ の形をしていることがわかるので，$\dim(\mathrm{Ker}f)=1$ であることがはっきりする．

(4) $\mathrm{Im}f$ の基底として $\begin{pmatrix}5\\-2\\1\end{pmatrix}, \begin{pmatrix}-2\\2\\2\end{pmatrix}$ をとることができるので，像 $\mathrm{Im}f$ に属するベクトル x はその1次結合

$$x = a\begin{pmatrix}5\\-2\\1\end{pmatrix}+b\begin{pmatrix}-2\\2\\2\end{pmatrix}=\begin{pmatrix}5a-2b\\-2a+2b\\a+2b\end{pmatrix}$$

と表される．直交することより，$\langle e,x\rangle = 0$ だから，$5a-2b=0$ となり，$x=\begin{pmatrix}0\\3a\\6a\end{pmatrix}$．したがって，一例として，$\begin{pmatrix}0\\1\\2\end{pmatrix}$．

ついでに，核 $\mathrm{Ker}f$ についてそのようなベクトルが存在するかどうかも調べてみると，$x=k\begin{pmatrix}1\\2\\-1\end{pmatrix}$ とおけば，$\langle e,x\rangle = k$ だから，直交するためには $k=0$ しかない．ゆえに，そのようなベクトルは存在しない．

5. (1) $A = \begin{pmatrix}1&2&-1\\0&3&1\\1&7&1\end{pmatrix}$

(2) $\det A = 1$

(3) $\varphi(e) = \begin{pmatrix}1\\0\\1\end{pmatrix}$

(4) $x = A^{-1}\begin{pmatrix}1\\0\\1\end{pmatrix} = \begin{pmatrix}-4&-9&5\\1&2&-1\\-3&-5&3\end{pmatrix}\begin{pmatrix}1\\0\\1\end{pmatrix} = \begin{pmatrix}1\\0\\0\end{pmatrix}$

(5) まず $V = \{x \in \mathbf{R}^3 | x_3 = 0\}$ は，集合 V は $x_3=0$ という条件を満たす3次元空間 $\mathbf{R}^3$ 内のベクトル x からなることを意味する．このような集合の表記法にも見慣れていないと問題の意味がわからないことになる．このとき，$\varphi(x) =$

$\begin{pmatrix} x_1 + 2x_2 \\ 3x_2 \\ x_1 + 7x_2 \end{pmatrix}$ なので, $v = \begin{pmatrix} 1 \\ 0 \\ 1 \end{pmatrix}, w = \begin{pmatrix} 2 \\ 3 \\ 7 \end{pmatrix}$ とおくと, $\varphi(x) = x_1 v + x_2 w$

となる. つまり, $\varphi(V)$ に含まれる任意のベクトル $\varphi(x)$ は v と w の 1 次結合で表される. 部分空間については, スカラー倍とベクトルの和について閉じていることを示せということである. そこで, 任意のスカラー a とベクトル $\varphi(x) = x_1 v + x_2 w$ に対して

$$a\varphi(x) = a(x_1 v + x_2 w) = ax_1 v + ax_2 w$$

であるから, スカラー倍 $a\varphi(x)$ も v と w の 1 次結合で表される. したがって, $a\varphi(x)$ は $\varphi(V)$ に含まれる. これを, スカラー倍について閉じているというのである. 次に, 任意の 2 つのベクトル $\varphi(x) = x_1 v + x_2 w, \varphi(y) = y_1 v + y_2 w$ に対して

$$\begin{aligned} \varphi(x) + \varphi(y) &= (x_1 v + x_2 w) + (y_1 v + y_2 w) \\ &= (x_1 + y_1)v + (x_2 + y_2)w \end{aligned}$$

だから, 和についても $\varphi(V)$ は閉じている. ゆえに V は部分空間である. さらに, v と w は 1 次独立だから $\varphi(V)$ は 2 次元である.

索　引

記号・欧字先頭

∈　属する　130
Cauchy–Schwartz の不等式　8, 9
Cramer の公式　43
det　行列式　51, 63, 90
dim　次元　132
Gauss–Jordan の消去法　44
Hamilton–Cayley の定理　64, 100
Hensel の定理　112

Im f　像　131
Ker f　核　131
Leontief 逆行列　113
rank　階数　79
$\mathbf{R}^n$　実ベクトル空間　130
Sarrus の方法　28
sgn　置換の符号　26
Sylvester の慣性法則　191
tr　トレース　63, 90
Vandermonde の行列式　153

あ　行

1次結合　5
1次写像　20
1次従属　72
1次独立　72
1次変換　20
ヴァンデルモンドの行列式　153
エルミート行列　181
円すい曲線　114
円の方程式　126

か　行

階　数　79, 132
外　積　11
　　　—の成分表示　12
回　転　83, 84
ガウス・ジョルダンの消去法　44
可　換　16
核　131
基　底　73
基本ベクトル　5
基本変形　44, 56

逆行列　52
逆変換　82
行　14
共役転置　181
共役複素数　94, 174, 181
行　列　14
　　　—の指数関数　66, 111
　　　—のべき　61, 109
行列式　27
　　　—の成分　27
虚数単位　92, 174
距離（2点間の）　1
クラメルの公式　43
合成変換　83
交代行列　16, 41, 92
恒等変換　83
互　換　25
コーシー・シュワルツの不等式　8
固有空間　88
固有多項式　63
固有値　88
固有ベクトル　88

索　引

固有方程式　89

さ　行

サラスの方法　28
三角行列　33, 91
三角形の面積　124
三角不等式　4
次　元　76
始　点　3
自明でない解　49, 75
自明な解　48
収束する　112
終　点　3
重複度　97, 106, 107
主　軸　119
　　　―変換　119
純虚数　92, 174
シルベスターの慣性法則　191
数学的帰納法　62
スカラー　3
　　　―3 重積　128
　　　―積　7
　　　―倍　4, 130
正規直交基底　73
正規直交系　119
正射影　18
正　則　52
成　分　14
成分表示　3
正方行列　14
ゼロ因子　17
ゼロ行列　16
ゼロ・ベクトル　4
線形写像　20
線形性　20
線形変換　20
像（空間）　131
双曲線　114

た　行

対角化　78, 98, 107
対角行列　14

対角成分　14, 33
対称行列　16, 94, 99
だ　円　114
単位行列　16
置　換　25
　　　奇置換　26
　　　偶置換　26
　　　互換　25
　　　―の合成　25
　　　―の積　25
直線の方程式　13, 122
直交行列　85, 99
直交変換　85
展　開　35, 36
転　置　30, 181
転置行列　16
特性多項式　63
特性方程式　89
トレース　63, 90

な　行

内　積　7
　　　―の成分表示　8

は　行

掃き出し法　44, 58
ハミルトン・ケーリーの定理　64
標準形　114
複素行列　181
部分空間　130
平行四辺形の面積　124
平行六面体の体積　128
平　面　136, 138
　　　―の方程式　128
　　　―までの距離　139
べき級数　112
べきゼロ行列　92
ベクトル　3
　　　―空間　130
　　　―3 重積　12
　　　―積　11
　　　―の大きさ　3

索引

　　　―の加法　4
　　　―の減法　4
　　　―の長さ　3
　　　―のなす角　7, 12
ヘンゼルの定理　112
方　向
　　　―比　14
　　　―ベクトル　13
法線ベクトル　138

ま　行
マクローリン展開　110

右手系　11
命　題　62, 98

や　行
有向線分　2
ユニタリー行列　181
余因子　35

ら　行
レオンチェフ逆行列　113
列　14

著 者 略 歴

林　義実（はやし・よしみ）
1947 年　栃木県生まれ
1972 年　北海道大学大学院理学研究科数学専攻修士課程修了
　　　　　釧路工業高等専門学校に赴任，数学教育に従事
1979 年　同校助教授
2002 年　同校教授
　　　　　趣味：モーツァルト研究

ベクトル・行列・行列式 徹底演習　　　　　　　　　Ⓒ 林　義実　2002

2002 年 6 月 28 日　第 1 版 第 1 刷 発行　　【本書の無断転載を禁ず】
2022 年 8 月 10 日　第 1 版 第 9 刷 発行

著　　者　林　義実
発 行 者　森北博巳
発 行 所　森北出版株式会社
　　　　　東京都千代田区富士見 1-4-11（〒 102-0071）
　　　　　電話 03-3265-8341/FAX 03-3264-8709
　　　　　https://www.morikita.co.jp/
　　　　　日本書籍出版協会・自然科学書協会　会員
　　　　　JCOPY <（一社）出版者著作権管理機構　委託出版物>

落丁・乱丁本はお取替え致します　　　　　印刷/太洋社・製本/協栄製本

Printed in Japan ／ ISBN 978-4-627-07551-1

MEMO